全国高等院校应用型创新规划教材·计算机系列

操作系统原理及应用

陈　敏　主　编

许雪林　汤龙梅
　　　　　　副主编
王　璇　杨海燕

U0341435

清华大学出版社
北　京

内 容 简 介

操作系统是现代计算机中必不可少的核心软件,是计算机学科各专业的必修课程,也是从事计算机应用人员的必备知识。

本书系统地讲述了操作系统的基本概念、原理、技术、策略及功能,尽可能多方面地提示操作系统的精髓和特征,以简洁、易懂的语言组织全书内容。

全书共 7 章,第 1 章介绍操作系统的基本知识,第 2 章详细说明进程管理的相关内容,第 3 章阐述处理机调度,第 4 章介绍存储管理,第 5 章介绍设备管理,第 6 章介绍文件系统,第 7 章介绍 Linux 网络及服务器配置实例。

本书既可作为高等院校计算机及相关专业本科、专科的教材,也可供从事计算机科学、工程、应用等方面工作的科技人员参考使用。

图书在版编目(CIP)数据

操作系统原理及应用/陈敏主编. —北京:清华大学出版社,2017(2022.1重印)

(全国高等院校应用型创新规划教材. 计算机系列)

ISBN 978-7-302-47892-8

Ⅰ. ①操… Ⅱ. ①陈… Ⅲ. ①Linux 操作系统—高等学校—教材 Ⅳ. ①TP316.85

中国版本图书馆 CIP 数据核字(2017)第 193377 号

责任编辑:汤涌涛
封面设计:杨玉兰
责任校对:李玉茹
责任印制:沈 露

出版发行:清华大学出版社

    网 址:http://www.tup.com.cn, http://www.wqbook.com
    地 址:北京清华大学学研大厦 A 座   邮 编:100084
    社 总 机:010-62770175   邮 购:010-62786544
    投稿与读者服务:010-62776969, c-service@tup.tsinghua.edu.cn
    质量反馈:010-62772015, zhiliang@tup.tsinghua.edu.cn
    课件下载:http://www.tup.com.cn, 010-62791865

印 装 者:三河市科茂嘉荣印务有限公司

经 销:全国新华书店

开 本:185mm×260mm   印 张:16.75   字 数:390 千字

版 次:2017 年 10 月第 1 版   印 次:2022 年 1 月第 6 次印刷

定 价:45.00 元

产品编号:073377-02

前　　言

操作系统是计算机系统中较为重要的系统软件，在计算机学科的课程体系中占有重要的地位，是计算机及相关专业的一门基础必修课，也是计算机专业从业者必须掌握的知识。一本适用的教材对于操作系统的学习尤为重要。因此，作者在多年教学工作的基础上，结合 Linux 2.4 内核相关内容编写了此书。

考虑到课程学习的有限课时数，我们对内容进行了精选，着重于操作系统基本概念、基本原理、实现策略、基本算法原理的阐述，力图从两个主线——操作系统的资源管理角度和面向用户的角度将操作系统内容组织成一个逻辑清晰的整体。

全书共分 7 章。从操作系统的资源管理角度分别介绍了相关软硬件资源管理的内容，并在其中引入 Linux 2.4 相关的内容进行实例说明。

第 1 章　概述　介绍操作系统的基本知识、操作系统的历史与发展、操作系统的分类，简要介绍了计算机系统相关部件，并引入系统调用的概念，说明了操作系统的特征及发展趋势，并对 Linux 操作系统的产生及发展特征做了简要说明。

第 2 章　进程控制　介绍进程的概念，对进程控制、进程互斥、同步、通信、进程死锁、管程、线程的概念等问题进行了分析和讨论，并介绍了 Linux 进程控制、Linux 进程通信的内容，设计了两次实验。

第 3 章　处理机调度　介绍作业的概念、作业与进程的关系、多级调度的概念、作业及进程调度算法、Linux 进程调度等相关内容。

第 4 章　存储管理　介绍存储管理功能、单一连续存储管理、分区式管理、分页式管理、分段式管理、段页式管理、虚拟存储技术、Linux 存储管理等知识。

第 5 章　设备管理　介绍设备管理概述、设备控制器、设备的数据传输控制方式、中断技术、缓冲技术、设备独立性、设备分配、SPOOLing 技术等内容。

第 6 章　文件系统　介绍文件的基本概念、文件组织形式、文件存储空间管理方法、文件目录管理、文件操作、文件系统的层次模型、Linux 文件系统概述等内容。

第 7 章　Linux 网络及服务器配置实例　介绍 Linux 网络基础知识、网卡配置、Linux 网络服务、samba 服务器配置、DNS 服务器配置、FTP 服务器配置等相关内容。

本书主要由福建工程学院陈敏、许雪林、汤龙梅、王璇、杨海燕等教师合作编写，在本书的编写过程中参考了大量的相关技术资料及经典案例，吸取了许多宝贵经验，在此一并表示谢意！

由于编者水平有限，书中难免会有疏漏和不妥之处，希望读者批评指正。作者 E-mail：chenmin@fjut.edu.cn。

编　者

目录

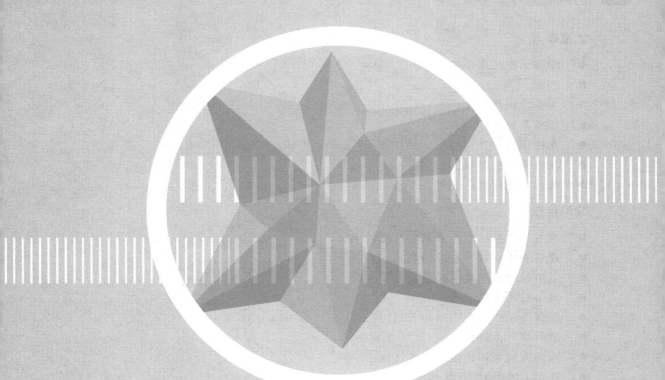

第 1 章

概　述

本章要点

- 操作系统的定义。
- CPU 的态。
- 操作系统的历史。
- 操作系统的分类。
- 系统调用。
- 操作系统的特征。
- 操作系统的发展趋势。

学习目标

- 理解操作系统在计算机中所处的地位。
- 理解并掌握操作系统的定义。
- 了解操作系统发展的各历史阶段。
- 理解时间片的概念。
- 理解各操作系统之间的差别。
- 理解操作系统的功能。
- 理解系统调用的概念及其过程。
- 理解 CPU 的态及其作用。
- 了解 Linux 操作系统。
- 熟练掌握操作系统课程学习的两条主线。

计算机硬件由处理器、内存、硬盘、显示器、键盘、鼠标、各种标准接口及其他各类 I/O 设备构成。整个计算机是一个复杂的系统。计算机的使用者一般是普通用户和编程人员。一方面，对程序员来说，如果只有了解系统的所有细节才能编写出程序，这将会限制程序员的开发工作；另一方面，如果要求普通用户在使用计算机时了解计算机内部工作原理，将极大地限制用户的使用，从而限制计算机的推广应用。因此，计算机中需要有一种软件将内部的细节和工作原理对所有用户屏蔽，并提供给用户一个统一、简便的使用环境，这个软件就是操作系统。

由图 1-1 可以看出，计算机的硬件与软件之间是一种层次结构的关系。计算机的各种实用程序和应用程序都运行在操作系统之上，操作系统是介于计算机硬件与用户软件之间的一种系统软件。通常把未配置任何软件的计算机称为裸机，而一般用户难以直接使用裸机。操作系统是计算机硬件的扩充，裸机+ 操作系统 = 虚拟机。一个裸机在每加上一层软件后，就变成了功能更强的虚拟机。

操作系统虽然也是一种软件，但它与应用软件(也称用户软件)是有很大差别的。这个差别除了用系统软件和应用软件来区分操作系统和其他用户软件之外，还可以从操作系统的管理功能上来加以区分。操作系统在计算机中起着资源管理的功能，它负责系统中的硬件及软件资源的管理，因此操作系统在计算机中扮演着举足轻重的作用。

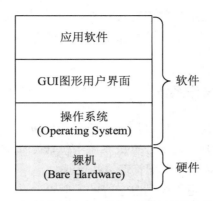

图 1-1　操作系统在计算机系统中所处的位置

1.1　操作系统的定义

目前对于操作系统并没有统一的定义，多数都是采用描述的方式加以定义。下面先从不同的角度来了解操作系统。

1.1.1　面向用户的操作系统

操作系统是计算机的核心软件，是其他一切软件运行的基础，是计算机开发的基础平台。操作系统在用户和计算机硬件之间架起了一个桥梁，通过这个桥梁，既可方便用户的使用，又可高效地发挥计算机硬件的功能，如图 1-2 所示。

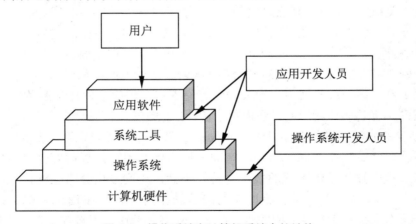

图 1-2　操作系统在计算机系统中的地位

操作系统在面向用户时，将内部工作细节对用户屏蔽，使用户不必关心开发设计的软件如何在系统中运行。同时，用户在使用计算机时不必关心软件资源如何存储、硬件资源何时可以使用等诸多细节问题。用户只需要关心程序是否被正确执行，提交的请求是否正确完成即可。这也就是将计算机系统的底层细节全部对用户抽象化。

注意：抽象其实是将复杂问题简化处理的一种方式。

实际上，与操作系统及其抽象层面直接打交道的是应用程序。而从另一方面来看，最终用户是与操作系统的用户接口提供的抽象层面直接接触的，而用户接口一般有图形界面接口、命令行接口等。

1.1.2 面向系统资源的操作系统

自顶向下看，操作系统为用户提供抽象化的系统功能。而自底向上看，操作系统主要负责管理系统的各个组成部分。现代计算机系统中包括硬件资源和软件资源，操作系统的作用就是在多任务和多用户环境下分配管理这些资源。

现代操作系统一般都是多道程序同时运行的。假设一台计算机上执行的多个程序碰巧在某一时刻同时提交打印请求到一台打印机上，打印时可能前一部分是某一程序的内容，接着打印另一程序的内容，然后又是其他程序的内容，这种情况将会使计算机变得一团混乱。但是通过在硬盘上设置打印缓冲区，可解决同时提交打印请求的定序问题，以排除潜在的打印混乱问题。同时，其他程序可以继续提交打印请求，而显然这些程序的打印请求并未真正送到打印机。

当一台计算机同时存在多个用户时，系统中硬件和软件资源的管理变得更加复杂，因为这涉及资源的共享、分配及保护问题。在这种情况下，操作系统必须能够记录哪个用户在使用哪些资源，对资源的请求进行分配管理，计算资源用量，并能协调多个用户间的资源请求的冲突等问题。

对于系统资源的共享管理分为时间和空间上的复用。在时间上复用，就意味着某一资源在时间上供各程序轮流使用。例如，一般 PC 上只有单一 CPU，而多任务环境下会有多个程序需要在 CPU 上运行，那么时间复用方式就是让多个程序在时间上轮流使用 CPU。至于如何选择下一个使用 CPU 的程序，该程序可以享用多长时间的 CPU，则是操作系统在设计实现中应该解决的问题。时间复用的另一个典型例子就是局域网中的共享打印机。

另一个资源共享管理是空间复用。对于计算机系统中的存储设备——内存和硬盘来说，从宏观上看，同一段时间中内存或硬盘存储着多道程序或软件资源(如文件、数据库等)，也就是说，允许多道程序同时在内存中运行，或硬盘中同时允许多个文件的读写操作(当然对于硬盘的同时写操作会加以一定的限制)。实际上从微观来看，多道程序或多个软件资源占用的存储空间并非同一个物理空间。但空间复用可以提高存储设备的空间利用率，也为多道程序技术提供物理的技术支持。当然，空间复用会带来操作系统管理程序的复杂度，如存储空间的共享及保护问题，是操作系统软件在设计之初必须予以解决的。因此，操作系统对于存储空间的管理必须记录哪个程序占用哪部分存储空间，同时还需要记录存储空间的使用情况。

1.1.3 操作系统的定义

尽管操作系统尚无严格、统一的定义，但是一般认为操作系统的定义是：管理计算机系统软、硬件资源，控制程序执行，改善人机界面，并合理组织计算机工作流程和为用户提供简便使用环境的系统软件。

1.2　操作系统的发展简史

操作系统的发展伴随着计算机体系结构的发展。计算机的发展大致经历了如下几代。

第一代计算机(1945—1955)：电子管和手工操作。

第二代计算机(1955—1965)：晶体管和批处理系统。

第三代计算机(1965—1980)：集成电路芯片和多道程序设计技术。

第四代计算机(1980—1990)：大规模集成电路芯片和传统操作系统。

1.2.1　手工操作阶段

最初的计算机是没有操作系统的，都是通过手工操作使用计算机。当作业需要在计算机上计算时，先将事先准备好的程序和数据在卡片上穿孔，或者将程序和数据存放在磁带上，然后把穿孔卡片或磁带连接到读卡机、磁带机上，将所需的器件手工连接好后，就可以让计算机开始计算了，计算完毕时，再将计算结果打印或输出到磁带上。以上步骤完成后，就可允许另一个用户使用计算机了。手工操作的特点是：上机用户独占计算机全部资源，手工操作时，用户必须熟悉计算机各器件的所有细节，因为若中间某一环节出错，所有操作都必须重新开始。

在手工操作阶段，程序员采用数字编码的机器语言进行编程，随后产生的汇编语言将原来的数字编码替换为助记符。

随着计算机硬件的发展，计算机的运算与人工操作之间速度匹配的矛盾越来越突出，人们开始考虑尽可能地减少人工干预，于是就出现了批处理。

1.2.2　监督程序阶段

20 世纪 50 年代，为减少系统操作员手工操作的时间，提高系统资源的利用率，人们开始利用计算机系统中的软件来代替系统操作员的部分工作。采用的办法是利用一个管理程序对重复的"装入→编译→执行→输出"操作过程实现自动控制，可以识别和装入所需程序，能处理作业之间的自动过渡和自动定序，用户可将多个作业同时提交给系统处理，这种程序处理方式就是批处理。

批处理系统的基本设计思想是：操作员将若干用户的作业中相似的操作合并成一批，如输入操作、输出操作、计算操作等，在设备准备好之后，启动一个常驻于内存的程序——监督程序(Monitor)，然后由监督程序自动控制完成这批作业的执行。

在监督程序的控制下实现作业的执行及作业之间的自动过渡，可以缩短作业之间手工操作准备时间，减少人工的干预和操作，尽可能让计算机连续执行作业。

1.2.3　执行系统阶段

批处理实现了作业的自动过渡，改善了计算机资源的使用情况。但是，批处理系统仍存在不足之处，如磁带需要人工装卸，这样操作既麻烦又容易引发程序操作的不安全性。在批处理操作过程中，没有一种监控程序，可能会引起用户程序篡改监督程序等问题。在批处理过程中，若程序出错，用户是无法对程序进行干预的，只能再次重新执行。

20世纪60年代末，硬件获得两方面的进展，即通道技术和中断技术的出现，使操作系统进入了执行系统阶段。

通道是一种专用部件，它能控制多台外设同时工作，负责外设与内存间的信息传输。通道启动后能独立于CPU运行，即通道与CPU能并行工作。

中断是指当主机接到外部信号时(如需要进行外设操作)，暂停当前工作的执行，转去处理信号产生的事件，处理完毕再返回原来被中止的工作继续执行。

借助于通道和中断技术，输入输出工作可在主机控制下完成。这时，原有的监督程序功能已经扩大，它不仅负责调度作业的自动运行，还提供输入输出的控制功能。这个功能扩展的监督程序被称为执行系统。

1.2.4　多道程序系统阶段

执行系统克服了批处理系统的不足之处，但是作业的处理仍然是串行的，系统资源利用率不高。通道和中断技术的引进，使CPU和I/O设备，CPU和通道的并行操作成为可能，这时多道程序的概念才变成现实。这里的"多道"，是指在内存中装入多个作业同时运行，使它们共享系统资源。

多道批处理系统(Multiple Batch Processing System)的基本思想是：将用户的作业先在外存排队，形成一个后备队列，由作业调度程序按照一定的策略从中选择若干作业进入内存，这些进入内存的作业共享系统中的各种资源，各作业在内存中交替使用处理器。

单道和多道程序系统的运行示意如图1-3和图1-4所示。

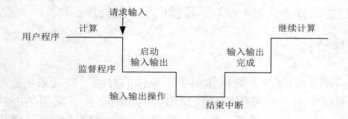

图 1-3　单道程序运行示意

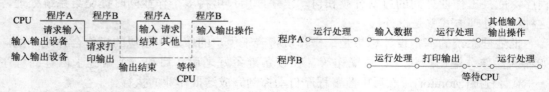

图 1-4　多道程序运行示意

多道批处理系统的特点如下。

(1) 多道性。内存中同时有多个作业并发执行。

(2) 宏观上并行。同时进入系统的几道程序都处于运行过程中，它们或于不同时刻开始，或于不同时刻结束，但在某段时间内总体上看是同时运行的。

(3) 微观上串行。在内存中的多个作业的运行顺序与其进入内存的先后是没有关系的。

(4) 多道技术会延长作业的周转时间。

引入多道程序设计技术,可以提高 CPU 的利用率,充分发挥计算机硬件的并行性。

多道程序系统(Multi Programming)与多重程序系统(Multi Processing)有必要加以区分。多重处理系统中配备有多个处理器,并配以相应的程序控制系统(即允许多个程序能并行执行),使多个程序同时运行。多重系统必须实现多道程序设计技术,这是物理硬件的软件条件支撑。但是,多道程序系统却不必一定有多重程序系统的支持。

实现多道程序设计技术必须解决以下 3 个问题。

(1) 存储保护与地址重定位。

在多道程序系统下,内存中通常装入多个程序,因此系统必须能够提供一种措施,让每道程序只能访问内存中自己的区域,以避免相互干扰。当某道程序发生错误时,不影响其他程序的执行,也不会影响系统程序,这就是存储保护。另外,为方便程序员编写程序,编写程序时无须知道程序在内存中的具体位置,因此当程序被执行时,应该由系统完成用户使用的地址与实际内存物理地址的转换,而当程序在内存中被移动时,也不会影响程序的执行,这就是地址重定位技术。

(2) 处理器的管理与分配。

系统中同时有多道程序可投入运行,但处理器只有一个,因此会存在将处理器分配给哪个程序的问题,即处理器分配调度的策略问题(详见第 3 章)。

(3) 资源的管理与调度。

系统中的资源包括硬件和软件资源,当涉及共享资源使用权的归属问题时,系统需按一定的策略来分配和调度,既要解决共享软硬件资源的竞争、共享及安全使用等问题,还要解决资源的利用率问题。

1.2.5　操作系统的形成

多道程序系统继承了批处理和执行系统的特点,它使作业操作过程更加自动化。随着计算机硬件技术的快速发展,机器运行速度进一步提高,存储容量也获得较大提升,设备数量和种类增多,这些都为软件发展提供了很好的支持。为了充分发挥硬件的功能,更好地满足用户的各类应用需求,管理程序必须满足更高的要求。

中断和通道技术使 CPU 与外设之间的并行方式工作成为可能,实现多道程序的技术条件已基本满足,但是,要真正实现系统管理程序的功能,就对大容量高速存储器提出了要求。20 世纪 60 年代磁盘的出现解决了这一需求问题,随之出现了多道批处理操作系统、分时操作系统和实时操作系统,这标志着操作系统正式形成。硬件系统中配置了操作系统之后,使管理程序的功能得到了进一步提高,可以完成处理器管理、存储器管理、设备管理、文件管理等功能。

1.3　操作系统的分类

操作系统发展的各个阶段使用不同的策略为用户提供不同的服务。为用户提供的处理方式不同,计算机的特征也就不一样,从而在用户面前呈现出具有不同处理方式和不同运行特点的操作系统。根据功能、特点和使用方式,可将操作系统分为以下几种类型。

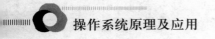

1. 批处理操作系统

采用批处理方式工作的操作系统通常称为批处理操作系统(Batch Processing Operating System)，早期计算机中运行的 DOS 就是典型的批处理操作系统。批处理操作系统根据程序的执行方式分为单道批处理(也称为早期批处理)和多道批处理。

单道批处理系统(Simple Batch Processing System)是早期出现的一种系统。在系统中每次只有一个作业在运行，当该作业运行完毕或出现错误时，由监督程序控制自动装入下一作业继续运行，这样就减少了作业切换时人工操作的时间，实现了作业的运行过渡，从一定程度上缓解了慢速的人工操作与快速的计算机运算之间的矛盾。单道批处理系统的特点如下。

(1) 单道性。一次只能将一个作业装入内存中运行。

(2) 顺序性。磁带上的一批作业是按其顺序装入内存的。

(3) 自动性。在监督程序的控制下作业自动执行，无须人工干预。

单道批处理阶段经历了联机批处理阶段和脱机批处理阶段。

第一，联机批处理系统。其工作方式如图 1-5 所示。联机批处理提高了计算机的自动化程度，减少了人工干预。但是快速 CPU 和慢速 I/O 设备之间的串行工作方式，造成了 CPU 资源的浪费。

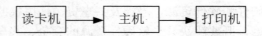

图 1-5　联机批处理系统的工作方式

第二，脱机批处理系统。其工作方式如图 1-6 所示。脱机批处理系统增设了卫星机，卫星机同时可与多台外设交互，主机不再直接与慢速的 I/O 设备进行操作。因此，脱机批处理方式缓解了 CPU 与 I/O 设备之间的矛盾，提高了 CPU 的资源利用率。但是 CPU 与外围计算机完全隔离，可能造成系统"死机"。

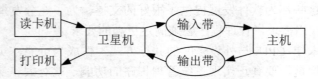

图 1-6　脱机批处理系统的工作方式

批处理操作系统的特点是系统资源利用率高，作业吞吐量大，但是作业的周转时间较长，且不允许用户任意修改，即交互性能差，不利于程序的开发与调试。

2. 分时操作系统

批处理操作系统缺乏交互性，从而使程序难以在线调试和排错，因此促成了分时操作系统的产生。分时操作系统(Time Sharing Operating System)的工作方式是：一台主机连接了若干个终端，每个终端有一个用户在使用。用户交互式地向系统提出命令请求，系统接受每个用户的命令，采用时间片轮转方式处理服务请求，并通过交互方式在终端上向用户显示结果。用户根据上步结果发出下道命令。分时操作系统将 CPU 的时间划分成若干个

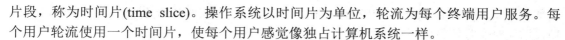

片段，称为时间片(time slice)。操作系统以时间片为单位，轮流为每个终端用户服务。每个用户轮流使用一个时间片，使每个用户感觉像独占计算机系统一样。

分时操作系统的特点如下。

(1) 同时性。同时有多个用户使用一台计算机，宏观上看是多个人同时使用一个CPU，微观上是多个人在不同时刻轮流使用 CPU。

(2) 交互性。用户根据系统响应结果进一步提出新请求(用户直接干预每一步)。

(3) 独占性。用户感觉不到计算机为其他人服务，就像整个系统为其所独占。

(4) 及时性。系统对用户提出的请求及时响应。它支持位于不同终端的多个用户同时使用一台计算机，彼此独立，互不干扰，使用户感觉似乎计算机只为自己服务。

常见的通用操作系统是分时系统与批处理系统的结合。其原则是：分时优先，批处理在后。"前台"响应需要频繁交互的作业，如终端的要求，"后台"处理时间性要求不强的作业。

分时操作系统与多道程序系统的差异如下。

(1) 分时操作系统中多个进程轮流使用处理器，每个进程在允许的时间片内可以使用CPU，而在时间片结束时必须释放 CPU 给系统中的其他进程使用，系统调度程序选中下一个使用 CPU 的进程，而放弃 CPU 的进程只能等待下一次使用 CPU 的机会，直到进程执行完毕。

(2) 因时间片而导致 CPU 使用权的切换比多道程序系统中要频繁得多，因为分时系统需要保证多个用户在较短的时间内均被响应，以保证用户的使用体验；而多道程序系统中强调的却是效率，单个程序持续占用 CPU 的时间会长得多。

(3) 所谓多道程序系统，指的是允许多个程序同时进入一个计算机系统的主存储器并启动进行计算的方法。也就是说，计算机内存中可以同时存放多道(两个以上相互独立的)程序，它们都处于开始和结束之间。从宏观上看是并行的，多道程序都处于运行中，并且都没有运行结束；从微观上看是串行的，各道程序轮流使用 CPU，交替执行。引入多道程序设计技术的根本目的是提高 CPU 的利用率，充分发挥计算机系统部件的并行性，现代计算机系统都采用了多道程序设计技术。

(4) 分时操作系统是使一台计算机同时为几个、几十个甚至几百个用户服务的一种操作系统。把计算机与许多终端用户连接起来，分时操作系统将系统处理机时间与内存空间按一定的时间间隔，轮流地切换给各终端用户的程序使用。由于时间间隔很短，每个用户的感觉就像独占计算机一样。分时操作系统的特点是可有效增加资源的使用率。

3. 实时操作系统

虽然多道程序系统和分时操作系统能使系统资源利用率得到极大的提升，能带给用户较好的使用体验，但是在一些特殊领域应用时，却无法满足实时控制和实时信息处理的需求，于是导致实时操作系统的产生。

实时操作系统(Real-Time Operating System，RTOS)是指使计算机能及时响应外部事件的请求，在规定的严格时间内完成对事件的处理，并控制所有实时设备和实时任务协调一致地工作的操作系统。实时操作系统要追求的目标是：对外部请求在严格时间范围内做出反应，有高可靠性和完整性。其主要特点是资源的分配和调度首先要考虑实时性，然后才是效率。此外，实时操作系统应有较强的容错能力。在实时操作系统中要有实时时钟管理，以便对实时任务进行实时处理。

分时操作系统与实时操作系统既有联系又有差异，具体表现如下。

分时操作系统的基本设计原则是：尽量缩短系统的平均响应时间并提高系统的吞吐率，在单位时间内为尽可能多的用户请求提供服务。由此可见，分时操作系统注重平均的性能表现，不注重个体性能表现。对整个系统来说，注重所有任务的平均响应时间而不关心单个任务的响应时间，对某个单个任务来说，注重每次执行的平均响应时间而不关心某次特定执行的响应时间。

实时操作系统除了要满足应用的功能需求以外，更重要的是，还要满足应用提出的实时性要求。组成一个应用的众多实时任务对于实时性的要求是各不相同的，并且实时任务之间可能还会有一些复杂的关联和同步关系，如执行顺序限制、共享资源的互斥访问要求等，这就为系统实时性的保证带来了很大的困难。因此，实时操作系统所遵循的最重要的设计原则是：采用各种算法和策略，始终保证系统行为的可预测性(predictability)。可预测性是指在系统运行的任何时刻，在任何情况下，实时操作系统的资源调配策略都能为争夺资源(包括 CPU、内存、网络带宽等)的多个实时任务合理地分配资源，使每个实时任务的实时性要求都能得到满足。与通用操作系统不同，实时操作系统注重的不是系统的平均表现，而是要求每个实时任务在最坏情况下都要满足其实时性要求，也就是说，实时操作系统注重的是个体表现，更准确地讲，是个体最坏情况时的表现。

4. 通用操作系统

通用操作系统一般是以上 3 种操作系统的结合。例如，批处理系统与分时系统相结合，当系统有分时用户时，系统及时地做出响应；当系统暂时没有分时用户或分时用户较少时，可以处理不太紧急的批作业，以便提高系统的资源利用率。在这种系统中，把分时作业称为前台作业，批处理作业称为后台作业。类似地，批处理系统与实时系统相结合，有实时任务请求时，进行实时处理，没有实时任务请求时运行批处理，这时把实时系统称为前台，把批处理系统称为后台。

5. 网络操作系统

网络操作系统是基于计算机网络的，是在各种计算机操作系统上按网络体系结构协议标准开发的软件，包括网络管理、通信、安全、资源共享和各种网络应用。其目标是相互通信及资源共享。在其支持下，网络中的各台计算机能互相通信和共享资源。其主要特点是与网络的硬件相结合来完成网络的通信任务。目前，流行的网络操作系统是：UNIX、NetWare、Linux、Windows 等操作系统。

6. 分布式操作系统

分布式操作系统是为分布计算系统配置的操作系统。大量的计算机通过网络被连接在一起，可以获得极高的运算能力及广泛的数据共享。这种系统在资源管理、通信控制和操作系统的结构等方面都与其他操作系统有较大的区别。由于分布式计算机系统的资源分布于系统的不同计算机上，操作系统对用户的资源需求不能像一般的操作系统那样等待有资源时直接分配的简单做法，而是要在系统的各台计算机上搜索，找到所需资源后才可进行分配。对于有些资源，如具有多个副本的文件，还必须考虑一致性。所谓一致性，是指若干个用户对同一个文件所同时读出的数据是一致的。为了保证一致性，操作系统须控制文件的读、写操作，使得多个用户可同时读一个文件，而任一时刻最多只能有一个用户在修改文件。分布式操作系统的通信功能类似于网络操作系统。由于分布式计算机系统不像网络分布得很广，同时分布式操作系统还要支持并行处理，因此它提供的通信机制和网络操作系统提供的有所不同，它要求通信速度快。分布式操作系统的结构也不同于其他操作系统，它分布于系统的各台计算机上，能并行地处理用户的各种需求，有较强的容错能力。

1.4　计算机系统硬件简介

操作系统与运行于其上的硬件有着较为紧密的关系。操作系统负责把用户提交的请求转换为机器可以直接执行的命令，当机器执行结束时又会将执行结果转换为用户习惯接受的形式(如图形化、窗口化等形式)返回给用户。因此，操作系统是将计算机系统硬件功能尽可能地展示出来的一种便利手段。为了完成其功能，操作系统必须了解系统中所有的硬件，至少必须清楚程序员编程中使用到硬件时所要了解的细节。下面对计算机系统硬件进行简要的介绍。

纯粹从概念上看，简化的计算机系统的结构如图 1-7 所示，CPU、内存，以及 I/O 设备通过总线连接在系统中，同时也通过总线与其他设备进行通信或数据传输。这种结构没有考虑多总线结构的使用。

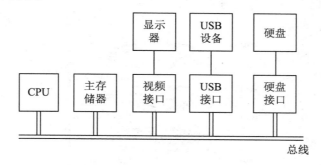

图 1-7　单总线下的计算机系统结构

在下面的各小节内容中，将对普通计算机系统中关键的部件进行简要说明。

1.4.1　中央处理器

中央处理器(CPU)是计算机的核心部件，其在现代计算机系统中的工作方式是从内存取出所要加工的内容，再进行处理。在一个 CPU 周期中，CPU 从内存取出指令，然后解码并由相应部件完成操作，接下来在后续周期中继续取指、分析、执行下一条指令。

每一种类型的计算机仅能执行该类型下的系统指令。例如，Pentium 系列的计算机无法执行 SPARC 指令，反之亦然。

1.4.2　存储器

在冯·诺伊曼提出的存储化方式运行思想的指导下，存储器在计算机中也是一大核心器件。程序和数据只有在内存中有一副本存在，CPU 才能对其进行处理。在理论设想中，存储器应该具有足够快的速度，以匹配 CPU 的运行速率；存储器也应该有巨大的存储空间，以供多任务、多用户环境中提交的无限制的各种操作请求(每一个操作请求均需要 CPU 处理，且均须在内存中有相应应用程序的副本)；存储器还应该具有适当的性价比，以满足一般用户的购买需求。以上 3 种需求对实际存储器来说，需针对诸多实际情况进行折中。因为越是高速的存储器，其造价就越昂贵；而且存取速度跟存储器容量又是成反比的关系；所以现代计算机中，存储器无法采用单一结构、单一芯片方式，因此提出了多级存储器结构，以分别满足上述 3 个方面的需求。

在多级存储结构中，为满足 CPU 的速度匹配问题，可以通过在 CPU 芯片中内嵌一级缓存(即 L1 缓存)，以及在芯片外再加二级缓存(即 L2 缓存)来尽可能平滑存储器与 CPU 之间的速度差异问题；对于尽可能大的存储空间需求，可以通过虚拟存储技术(此部分将在后续章节详细介绍)来扩充物理内存空间的限制；对于用户高性价比需求，可通过选用随机读写存储芯片 RAM 来组成内存的方式满足。

1.4.3 磁盘

相对于内存来说，磁盘就是一个无限大的存储空间。磁盘同 RAM 相比，每位(二进制)成本下降了约两个数量级，而数据传输速率慢了约 3 个数量级。磁盘的驱动结构如图 1-8 所示，因采用机械式结构，故读写速率较慢。

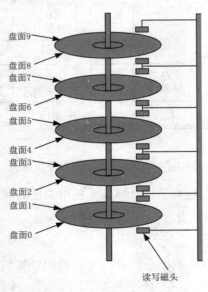

盘面9
盘面8
盘面7
盘面6
盘面5
盘面4
盘面3
盘面2
盘面1
盘面0

读写磁头

图 1-8 磁盘的驱动结构

1.4.4 I/O 设备

操作系统需要管理的硬件资源中除了上面介绍的 CPU 和存储器外，还包括 I/O 设备。I/O 设备一般包括两个组成部分：一是 I/O 接口(也称设备控制器)；二是设备本身。设备控制器是装在主板上的一块或多块芯片，用来控制相应的设备。操作系统通过控制器来实现对设备的控制与管理。

　　因 I/O 设备具有复杂且多样化的特征，故设备控制器的功能也非常复杂，各不相同。由各控制器为操作系统提供简单和统一的接口(因同一类型的设备会有不同厂商的产品)。因此，对于每类设备，需要不同的软件进行控制，这个软件即设备驱动程序。任何一个新型、复杂的设备，在计算机系统正确安装了设备驱动程序后均可在当前操作系统环境下进行数据传输(设备与计算机系统间的多数操作都是数据传输)。

　　操作系统是计算机中最基础的系统软件，它运行在核心态(又称管态、内核态、系统态)中。在这个模式下，操作系统可以对系统中连接的所有设备进行访问，可以执行机器支持的所有命令。而计算机系统中安装的其他软件运行在用户态(又称为目态)中。在用户态中，会影响计算机的控制或进行 I/O 操作的指令全部是被禁止的。设备驱动程序即是运行在核心态中的。

1.4.5　总线

　　计算机系统中的总线并不完全如图 1-7 所示那样为单总线方式。因现代计算机系统中 CPU、内存与 I/O 设备间有极大的速度差异，且 I/O 设备中也存在较大的速度差异问题，因此在系统中采用单一总线方式不符合硬件的实际情况，也会降低设备间、设备与主机间的数据传输速率，所以目前多半是采用多总线结构。如图 1-9 所示是典型计算机系统的多总线结构。

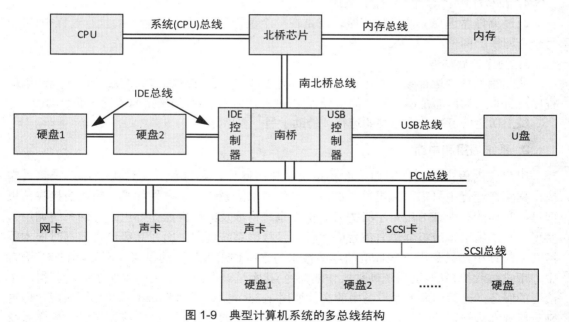

图 1-9　典型计算机系统的多总线结构

1.4.6　操作系统的工作过程

1. 管理程序启动

　　利用计算机完成任何一件工作，都必须首先运行某个程序。一个程序的运行有两个条件：一是该程序的运行代码已在内存中；另一个条件是 CPU 的程序计数器(PC)中保存了该程序在内存的起始地址(即，该程序是 CPU 将要执行的下一条指令)。这两个条件满足了，该程序就可以在计算机系统中运行。那么一个程序是由谁来启动的呢？它又是如何在系统中被启动的呢？

1) 图标方式

一般图形化界面的操作系统中都提供通过双击图标来打开一个程序的功能。这种方式的程序操作简单且有规律，用户也不必记住程序的启动命令，是目前最常用的一种程序启动方式。

2) 命令方式

所有操作系统中都提供以命令方式启动程序的途径。在 Windows 中可在"运行"对话框中键入程序名称(即命令名)并包含程序所在路径，即可启动程序。这种方式也可称为命令行方式，或称 DOS 方式。DOS 方式是在命令提示符后输入程序名(即命令)来启动程序，DOS 常见命令的提示符为"C:>"。在 UNIX 和 Linux 系统中，命令提示符的常见形式是"%"或"#"。

3) 批处理方式

几乎所有的操作系统都提供批处理命令，即把多个命令放在一个文件中，当这个文件(批处理命令)被启动时，系统就连续执行文件中的多条命令。

4) 在程序中启动另一程序的方式

通过编译器编译一个源程序时，就是在一个编译环境下(一个命令的执行过程中)启动另一个程序的例子。

5) 程序自启动方式

从光盘上直接运行某个程序就是程序自启动方式。但是这种方式的启动并非完全依赖程序自身来启动，而是借助其中的引导程序(由硬件装入并启动)来完成该程序的启动。

综上所述，可知一个程序的运行须借助于另一程序。

2. 系统调用和中断

用户应用程序在运行中如果涉及系统硬件的操作，则这部分工作由操作系统负责完成，程序在运行中只需要提出所需的硬件操作请求给系统，再在硬件操作完毕后接收结果即可，具体的实现细节用户不必关心。操作系统将涉及的硬件操作都用统一的系统调用来实现。在汇编语言或机器语言编程时才会直接接触系统调用。而在高级语言编程时根本不涉及系统调用，只是用一些标准的库函数来与系统调用做等同的事情。例如，在 C 语言中，用户编程接口(涉及系统硬件操作的命令)其实是一个函数定义，说明了如何获得一个给定的服务，比如读取外存设备中的文件使用 read()函数，就和 read 系统调用对应。但这种对应并非一一对应，往往会出现几种不同的接口内部用到同一个系统调用。当操作系统要执行系统调用命令时，通常都是通过中断来完成由用户程序转入系统调用的。

3. 准备为用户程序服务

目前的操作系统一般都为用户提供各种操作系统命令，来完成一些较为常用的操作，如目录查看、文件复制、磁盘管理等。

4. 提高工作效率

操作系统目前的特征是多用户、多任务型，那么系统必须在资源有限的情况下方便、快捷、安全地完成用户提交的各种任务。目前操作系统可通过多种技术来提高工作效率：并发、多道、虚拟存储、分时等。同时，这些技术的出现也导致操作系统规模剧增，结构更加复杂。

1.5　系统调用

从上述的分析中了解到，操作系统的功能大致可以分为两个方面：第一，当面向用户时，须为用户提供简便的使用接口，即为用户提供抽象；第二，在面向系统资源时，须提供高效的管理服务程序，以使资源有较高的利用率。

操作系统在为用户提供抽象时，实际上扮演着计算机与用户之间的接口。用户通过操作系统可以快速、便捷、安全、有效地使用计算机系统中的软、硬件资源，处理自己的程序。这个接口也称为"用户界面"，它负责用户与操作系统之间的交互，即当用户提交请求时，将其送给操作系统处理，再将处理后的结果经由该界面返回给用户。

用户界面以多种形式出现在用户面前，如联机命令形式，用户通过这些命令完成自己的操作；再如系统调用形式，提供给高级编程人员使用。在现代操作系统中，为进一步方便用户的使用，又增设了图形接口。

系统调用实现了用户与计算机硬件之间的一个接口。当用户程序在执行中涉及系统硬件时，可以编程实现在程序中直接操纵硬件设备，但是这样做会得不偿失，因为系统硬件能够接受的指令语言都属低级编程语言，如汇编语言、机器语言等，它们的特点是代码运行效率高，缺点却是用户的编程工作量将非常巨大。现在大都采用高级语言，虽然代码执行效率不如低级语言，但是极大地减少了用户的编程工作量。而对于系统硬件资源的使用，则是通过系统调用，让操作系统内部结构、硬件的细节都对用户不可见，用户只关心自己提交的请求是否准确无误地完成。系统调用是操作系统及其他用户程序获得操作系统服务的唯一途径。

系统调用命令可看作是对计算机机器指令的扩充，究其原因，系统调用在执行时好像是完成一条功能强大的机器指令。而两者的差别在于，机器指令是由系统硬件直接执行的，而系统调用则是由操作系统事先编写完成的程序模块实现的。

系统调用也是用户程序要求操作系统内核完成某项操作时的一种过程调用，但却是一种特殊的过程调用，它与一般过程调用的区别如下。

(1) 运行状态不同。一般过程调用，其调用和被调用过程或者都是子程序，或者都是系统程序，运行在同一系统状态下：系统态或用户态。系统调用的调用过程是用户程序，它运行在用户态；其被调用过程是系统过程，运行在系统态下。

(2) 进入的方式不同。一般过程调用可以直接通过过程调用语句将控制转移到被调用的过程；而执行系统调用时，由于调用和被调用过程处于不同的系统状态，必须通过访管中断进入。

(3) 代码层次不同。一般过程调用中的被调用程序是用户级程序，而系统调用是操作系统中的代码程序，是系统级程序。

1.5.1 系统调用的基本类型

操作系统提供的系统调用种类很多，常用的命令大致有如下几类。

(1) 进程控制类系统调用。主要用于进程创建、进程执行、进程撤销、进程等待、进程优先级控制等。

(2) 文件操作类系统调用。主要包括对文件的读、写、创建、删除等。

(3) 进程通信类系统调用。主要用于进程间消息或信号的传递等。

(4) 设备管理类系统调用。用于请求和释放相关设备及设备操作等。

1.5.2 系统调用的实现

不同的计算机系统提供给用户使用的系统调用各不相同，从几十条到几百条不等，但用户进入系统调用的步骤及执行过程却大致相同。为实现系统调用，操作系统内部必须有事先编写好的程序以完成系统调用的功能。

操作系统为保护内核程序不被用户任意篡改，一般均不允许用户程序直接访问内核程序和数据。同时，为了使某些应用不受限制，只允许用户通过系统调用来间接访问内核中的程序及数据。通常，当用户在程序中使用到系统调用命令时，将产生一条相应的指令(访管指令、陷阱指令)，并给指令提供必要的参数(功能号)以便能找到对应系统调用的服务子程序，处理器在执行到该指令时将发生相应的中断(访管中断，并使 CPU 进行状态的切换)，并发出相应指令给该处理机制(陷阱处理机制)。该处理机制收到信号后，启动相应处理程序去完成该系统调用所要求处理的功能。在执行该系统调用对应子程序的过程中，还有可能需要调用其他子程序以完成更基本的功能。

用户在源程序中使用系统调用，给出系统调用名和函数后，即产生一条相应的陷入指令，通过陷入处理机制调用服务，引起处理机中断，然后保护处理器现场，取系统调用功能号并寻找子程序入口，通过入口地址表来调用系统子程序。执行完毕后，退出中断，返回到用户程序的断点，恢复现场，继续执行用户程序，如图 1-10 所示。

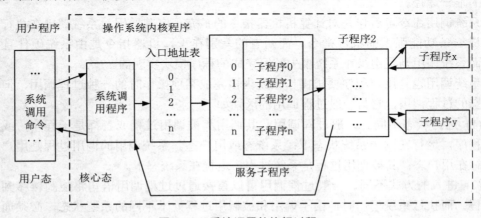

图 1-10 系统调用的执行过程

系统调用的执行过程如下。

(1) 为执行系统调用的准备工作。主要是把用户程序的"现场"保护起来，并把系统调用命令的编号(即入口地址号)送指定单元。

(2) 执行系统调用。根据系统调用命令中给定的编号，访问入口地址表，查找相应子程序在内存的起始地址，再执行相应的子程序。

(3) 系统调用命令执行完后的处理。包括恢复刚才被中断的用户程序"现场"，并将系统调用返回参数送指定位置，以供用户程序使用。

1.6 现代操作系统的特征

20 世纪 60 年代末出现的中断和通道技术，使得 CPU 和 I/O 设备间的并行度得到极大的提高，也使程序能以多道方式在系统中运行。由此也给操作系统的管理功能带来不少新的复杂问题。现代操作系统的特征，往往都是指操作系统在多道执行环境下的一些特性。

1. 并发性(concurrence)

在现代操作系统环境中，因受到资源共享分配的影响，程序不可能从开始到结束不间断地被执行，执行中必然会出现间断。因此，多任务、多用户环境下程序是并发的方式被执行。并发是程序执行的一大特征，同时也说明进程的最大特征就是并发。

并发是指两个或多个事件在同一时间间隔内发生。操作系统的并发特性是指计算机系统中同时存在多个运行中的程序，因此，它应该具有处理和调度多个程序同时执行的能力。内存中同时有多个用户的应用程序，或多个操作系统程序被启动执行、暂停执行，这些都是并发的特性。程序的并发执行方式可以提高系统资源的利用率，同时，还可改进系统的吞吐率，提高系统效率。当一个程序等待 I/O 操作时，就可将 CPU 让给其他程序使用，这样就使 CPU 不会空闲，使 CPU 与 I/O 操作可以按照并行方式工作，从而提高系统资源的利用率。

并发技术虽然从一方面提高了系统资源的利用率，但却会使系统管理程序变得更加复杂。例如，当程序执行 I/O 时，系统调度程序将选取另一个程序使用 CPU，系统如何从一个程序切换到另一个程序？当系统需要从等待的程序选中一个投入运行时，以什么策略进行调度？在内存中的多个程序如何保证数据或程序被正确地使用或调用？对于共享数据如何只允许共享的程序使用？操作系统设计实现时必须具有控制和管理程序并发执行的能力。为更好地解决上述问题，操作系统必须能够提供机制和策略来进行协调，以保证系统中各并发进程能正确地执行。另外，操作系统还需合理组织计算机的工作流程，协调系统中的所有资源，提高资源的利用率，充分发挥系统的并发特性。

2. 共享性(sharing)

在现代操作系统环境下，多任务及多用户的使用必然会使系统资源变得紧张。若要保证程序的顺利执行，一种方式是让该程序独占此资源，程序可以在不受干扰的环境下被执行，好处是系统管理程序较为简单，但这种方式也会使其他等待相同资源的程序拉长等待时间，不利于提高用户程序的响应时间。同时，某资源被一个程序独占直到程序执行完毕，而该程序在执行中却不可能一直使用这种资源，所以独占方式的资源分配必然导致资源利用率的降低。

因此，资源必须以共享的方式进行分配，一是利于系统对于用户程序响应性能的提高；二是有利于提高资源的利用率。资源共享的方式可分为以下两种。

第一种是互斥访问。系统中的打印机虽然可提供给多个程序使用，但在执行输出打印操作期间却只允许一个程序使用，其他欲使用打印机的程序必须等待，仅当占用者执行打印操作结束后，才允许另一程序对打印机进行访问。这种资源也称为互斥资源，只能被互斥地访问和共享。

第二种是同时访问。系统中还有一类资源是允许多个程序在同一时间段内对它们进行访问的，但从微观上看，多个程序在某一时刻仍只有一个程序能真正占用该类资源，这种交替访问的方式对这些程序的执行结果没有影响。典型的例子就是 CPU、磁盘等资源。

资源共享性分配相关的问题是分配策略、信息保护、存取控制等，必须妥善解决这些复杂问题。

共享性和并发性是操作系统的两个最基本特征，它们相互影响，相互依存。一方面，资源的共享是因为程序并发执行导致的，若程序不是以并发的方式执行，资源也不必进行共享。另一方面，若系统中资源不能有效地共享使用，程序的并发也就无从说起，操作系统失去并发特性，整个系统性能将很难提升。

3. 不确定性(uncertainty)

操作系统的第三个特征是不确定性或随机性。任一程序，在相同初始条件下，无论何时、何地运行，均应得到相同的结果，从这一点上看，操作系统对于程序的执行结果是确定的。但是，现代操作系统环境是支持多任务化、多道程序同时在系统中运行的，且系统必须随时响应用户提交的请求。从这一点上看，操作系统是无法确定程序执行时间长短的，这是操作系统的并发和共享特性导致的。

操作系统的不确定性并不意味着无法控制资源的使用和程序的执行。操作系统的任务就在于能够捕获任何一种随机发生的事件，并正确加以处理，否则将会导致严重后果。

4. 虚拟性(virtual)

虚拟性是操作系统中的一种管理技术，它是将物理设备虚拟成逻辑形式，一方面为了提高系统资源的利用率；另一方面也为了方便用户的使用。例如，对系统中存在的每一个进程而言，它们共享的资源是系统中的 CPU。目前大多数情况下，计算机系统中均是单 CPU 环境，因此从进程的角度来看，所有进程在共享使用 CPU 的时间。在分时系统下，CPU 的时间被划分为一段一段(不同的操作系统设计中，CPU 时间片的大小不一样，且系统中分配给进程使用的时间片也可能长短不一)，一段时间内，CPU 是同时在执行系统中的所有进程，则从进程的角度来看，每一个进程均有自己的CPU，从这个意义上来说CPU被虚拟化成了多个。类似的例子还有网络中共享的打印机。对某一局域网中的计算机而言，每一个计算机在提交自己的打印请求过程中似乎感觉是独占了网络共享打印机，但实际上却是通过 SPOOLing 技术将网络打印机虚拟化成了多台。SPOOLing 技术就是将独占设备改造成为共享设备的一种技术(详见 5.8 节)。虚拟存储技术是将物理上的多个存储设备，如 cache、主存、外存变成逻辑上的一个完整主存储器，这是将多个物理设备虚拟成一个逻辑设备的例子。

1.7　操作系统的发展趋势

1. 微内核

内核对一个操作系统而言，通常是系统中最核心的部分。目前，操作系统在使用中有诸多方面不尽如人意，其中很大部分的原因与系统内核的规模过于庞杂有关。现代操作系统正朝着微内核方向发展。微内核(英文中常表述为 μ-kernel 或者 micro kernel)是一种能够提供必要服务的操作系统内核。微内核的基本方法是把一般内核的大部分功能移出内核，而只保留必不可少的部分，使内核代码最小化，同时也减少了内核的复杂度，从而使内核的安全性得到极大的提高。

微内核操作系统的优势：可伸缩性好、可移植性好、实时性好、安全可靠性高、支持分布式系统、真正是面向对象的操作系统，能显著减小系统开销，提高系统的正确性、可靠性和易扩展性。

2. 嵌入式操作系统

嵌入式操作系统 EOS(Embedded Operating System)是一种用途广泛的系统软件，过去它主要应用于工业控制和国防系统领域。EOS 负责嵌入系统的全部软、硬件资源的分配、调度工作，控制协调并发活动；它必须体现其所在系统的特征，能够通过装卸某些模块来达到系统所要求的功能。随着 Internet 技术的发展、信息家电的普及应用及 EOS 的微型化和专业化，EOS 开始从单一的弱功能向高专业化的强功能方向发展。嵌入式操作系统在系统实时高效性、硬件的相关依赖性、软件固态化以及应用的专用性等方面具有较为突出的特点。

3. 分布式操作系统

分布式软件系统(Distributed Software Systems)是支持分布式处理的软件系统，是在由通信网络互联的多处理器体系结构上执行任务的系统。它包括分布式操作系统、分布式程序设计语言及其编译(解释)系统、分布式文件系统和分布式数据库系统等。分布式操作系统负责管理分布式处理系统资源和控制分布式程序的运行。它和集中式操作系统的区别在于资源管理、进程通信、系统结构等方面。在分布式计算机操作系统支持下，互连的计算机可以互相协调工作，共同完成一项任务。

4. 多处理器并行操作系统

目前，在商品化系统中，多处理器以完全对称式的操作系统核心并行化的方法工作，为充分发挥多处理器硬件环境下的多任务处理能力打下了基础。在提高系统性能方面，对称式多处理器(Symmetric Multi-Processor，SMP)结构计算机已经成为现代计算机技术发展的潮流和趋势，因此亟须构建能协调多处理器并发活动以及维护系统一致性的对称式多处理器操作系统，来替代原有的单处理器操作系统。多处理器并行操作系统的特征有：并行性、分布性、通信及其同步性、可重构性。目前，市场上已由不同厂家推出多个并行操作系统版本。

5. 虚拟化操作系统

虚拟化操作系统是基于虚拟机而建立的一种操作系统，是一种提供模拟管理电脑硬件与软件资源的程序，它独立于主操作系统，能在虚拟机下运行与主操作系统一样的程序，使用它不用重新启动系统，只要点击鼠标，便可以打开新的操作系统或是在操作系统之间进行切换。安装该软件后不用对硬盘进行重新分区或是识别。在虚拟操作系统下可以运行在主操作系统下具有破坏性、无法复原性的一些操作。虚拟操作系统不等于多用户，这可是想干什么工作就切换到什么样系统的方法，几乎所有的人都满意，一个虚拟软件可以装多个操作系统，只要系统内存够用就行。在这里可以自行增加虚拟硬盘、虚拟内存，还可以进行联网等。它可以真正实现同时操作多系统的功能。

1.8　Linux 操作系统简介

1.8.1　Linux 的产生

Linux 操作系统核心最早是由芬兰赫尔辛基大学的大学生 Linus Torvalds 于 1991 年发布的，后来经过众多软件工程师的不断修改和完善，Linux 得以普及，在服务器领域及个人桌面版得到越来越多的应用，在嵌入式开发方面更是具有无可比拟的优势，并以每年100%的用户递增比例显示了 Linux 强大的力量。

1.8.2　Linux 的特性

Linux 是一套免费的 32 位多用户、多任务型的操作系统，基于 UNIX 开发，但 Linux 系统的稳定性、安全性与网络功能已是许多商业操作系统无法比拟的。Linux 还有一项最大的特色，在于源代码完全公开。

Linux 操作系统的迅猛发展，与 Linux 具有的良好特性是分不开的。Linux 包含了UNIX 的全部功能和特性。简单而言，Linux 具有以下主要特性。

1. 开放性

开放性是指系统遵循开放系统互连(Open System Interconnection, OSI)国际标准。凡遵循国际标准所开发的硬件和软件，都能彼此兼容，可方便地实现互连。

2. 多用户

多用户是指系统资源可以被不同用户各自拥有、使用，即每个用户对自己的资源有特定的权限，互不影响。

3. 多任务

多任务是指计算机可以同时执行多个程序，而且各个程序的运行互相独立。Linux 系统调度每一个进程，平等地访问微处理器。由于 CPU 的处理速度非常快，其结果是，启动的应用程序看起来好像在并行运行。事实上，从处理器执行一个应用程序中的一组指令到Linux 调度微处理器再次运行这个程序之间只有很短的时间延迟，用户是感觉不出来的。

4. 良好的用户界面

Linux 向用户提供了两种界面：用户界面和系统调用。

5. 设备独立性

设备独立性是指操作系统把所有外部设备统一当作文件来看待，只要安装它们的驱动程序，任何用户都可以像使用文件一样，操纵、使用这些设备，而不必知道它们的具体存在形式。

6. 提供了丰富的网络功能

完善的内置网络是 Linux 的一大特点。Linux 在通信和网络功能方面优于其他操作系统。其他操作系统不包含如此紧密地和内核结合在一起的连接网络的能力，也没有内置这些联网特性的灵活性。而 Linux 为用户提供了完善的、强大的网络功能。

7. 可靠的系统安全

Linux 采取了许多安全技术措施，包括对读写进行权限控制、带保护的子系统、审计跟踪、核心授权等，这为网络多用户环境中的用户提供了必要的安全保障。

8. 良好的可移植性

可移植性是指将操作系统从一个平台转移到另一个平台、使它仍然能按其自身的方式运行的能力。

Linux 是一种可移植的操作系统，能够在从微型计算机到大型计算机的任何环境中和任何平台上运行。可移植性为运行 Linux 的不同计算机平台与其他任何机器进行准确而有效的通信提供了手段，不需要另外增加特殊的和昂贵的通信接口。

1.8.3　Linux 与 Windows 操作系统之间的差别

从发展的背景看，Linux 与其他操作系统的区别是，Linux 是从一个比较成熟的操作系统发展而来的，而其他操作系统，如 Windows NT 等，都是自成体系，无对应的相依托的操作系统。

和 Linux 一样，Windows 系列是完全的多任务操作系统。它们支持同样的用户接口、网络和安全性。但是，Linux 和 Windows 的真正区别在于，Linux 事实上是 UNIX 的一种版本，而且来自 UNIX 的贡献非常巨大。是什么使得 UNIX 如此重要？不仅在于对多用户机器来说，UNIX 是最流行的操作系统，而且在于它是免费软件的基础。在 Internet 上，大量免费软件都是针对 UNIX 系统编写的。而 Windows 系列是专用系统，由开发操作系统的公司控制接口和设计。

安全问题对任一种操作系统来说都是需要长期关注的。它包括基本安全、网络安全和协议、应用协议、发布与操作、确信度、可信计算、开放标准等方面。对操作系统进行大致合理的评估得出的定性结论是：到目前为止，Linux 提供了相对于 Windows 更好的安全性能。

Linux 和 Windows 在设计理念上就存在根本性的区别。Windows 操作系统倾向于将更多的功能集成到操作系统内部，并将程序与内核相结合；而 Linux 不同于 Windows，它的内核空间与用户空间有明显的界限。根据设计架构的不同，两者都可以使操作系统更加安全。

1.8.4　Linux 的用户界面

Linux 提供的用户界面有命令行界面、图形界面和系统调用。

1. Linux 的命令行界面

命令行是 Linux 操作系统的核心，要熟练地管理 Linux 操作系统，就必须对 Linux 下的命令行有深入的理解。Linux 下的命令行对初学者既是关键又是挑战，因为系统的运行情况和各种设备都是在 Linux 系统管理命令下运行的。因此，Linux 的命令行对于系统的运行及设备与文件间的交互具有核心的作用。如图 1-11 所示为 Linux 系统的命令行界面。

```
Red Hat Linux release 9 (Shrike)
Kernel 2.4.20-8 on an i686

localhost login: _
```

图 1-11　Linux 命令行界面

虽然目前图形界面已经深入人心，但是对于某些高级应用场合，如对于系统高级管理员来说，还须经常利用命令行来管理系统。相对于图形界面而言，命令行对系统的管理更为便捷和安全。

2. Linux 的图形界面

Linux 的图形界面系统是 X Window，如图 1-12 所示为 Redhat Linux 9.0 的系统窗口界面。

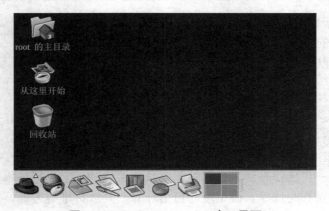

图 1-12　Redhat Linux 9.0 窗口界面

用户通常会用到的命令大多放在/usr/sbin/、/usr/bin、/sbin、/bin 目录下，对于各命令的帮助可通过 man 命令查看详情。

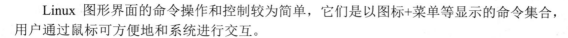

Linux 图形界面的命令操作和控制较为简单，它们是以图标+菜单等显示的命令集合，用户通过鼠标可方便地和系统进行交互。

3. Linux 的系统调用

Linux 在系统文件/usr/src/Linux-2.4/arch/i386/kernel/entry.S 中存放了系统所提供的系统调用的入口表，表中给出了函数名与调用编号之间的对应关系。如下部分代码即为系统调用入口表(以下代码为 Linux 开放源代码的一部分)。

```
ENTRY(sys_call_table)
      .long SYMBOL_NAME(sys_ni_syscall)        /* 0 - old "setup()"
system call*/
      .long SYMBOL_NAME(sys_exit)
      .long SYMBOL_NAME(sys_fork)
      .long SYMBOL_NAME(sys_read)
      .long SYMBOL_NAME(sys_write)
      .long SYMBOL_NAME(sys_open)              /* 5 */
      .long SYMBOL_NAME(sys_close)
      .long SYMBOL_NAME(sys_waitpid)
      .long SYMBOL_NAME(sys_creat)
      .long SYMBOL_NAME(sys_link)
      .long SYMBOL_NAME(sys_unlink)            /* 10 */
      .long SYMBOL_NAME(sys_execve)
      .long SYMBOL_NAME(sys_chdir)
      .long SYMBOL_NAME(sys_time)
      .long SYMBOL_NAME(sys_mknod)
      .long SYMBOL_NAME(sys_chmod)            /* 15 */
```

Linux 的系统调用形式与 POSIX 兼容，也是一套 C 语言函数名的集合，包括 fork()、exit()、read()、write 等。

本 章 小 结

本章主要介绍了操作系统的定义、发展简史、特征、发展趋势，计算机系统硬件、系统调用，以及 CPU 的工作状态。

操作系统的管理功能主要包括：处理器管理、存储器管理、设备管理、文件管理等。

操作系统的发展是与计算机硬件的发展相伴随的。操作系统的发展经历了手工操作阶段、监督程序阶段、执行系统阶段、多道程序系统阶段，直到操作系统的最终形成和发展。操作系统的基本类型有批处理操作系统、分时操作系统、实时操作系统、网络操作系统等。随着硬件的发展和应用深入的需求，操作系统目前的发展趋势有微内核、嵌入式操作系统、分布式操作系统、多处理器并行操作系统、虚拟化操作系统等。

操作系统的特征主要包括：并发性、共享性、不确定性，以及虚拟性。

本章对操作系统的用户界面进行了简要介绍，对系统调用做了详细说明。

本章最后对 Linux 做了简单介绍。对 Linux 操作系统的系统调用做了一个大致的说明。

操作系统是计算机中最基础的系统软件。从资源管理的角度看，操作系统的主要任务就是提高系统软硬件资源的利用率，将资源的功能尽可能地发挥到极致。从用户的角度看，操作系统的主要工作是简化用户的操作，为用户提供抽象化接口。这两个角度是学习操作系统时必须牢记的两点。

习　　题

问答题

1. 操作系统的功能有哪些？
2. 举例说明目前流行操作系统发布版本 Windows 与 Linux 的区别。
3. 简述计算机实现多道程序设计需要解决哪些问题。
4. 操作系统的基本分类有哪些？
5. 试比较说明分时系统与实时系统的差别。
6. 简述操作系统是如何对一个用户程序进行处理的。
7. 系统提供给用户的接口有哪些？
8. 什么是系统调用？
9. 简述系统调用与一般过程调用的区别。
10. 什么是 CPU 的态？为什么要分态？

第 2 章

进程控制

本章要点

- 进程的概念。
- 进程与程序间的区别。
- 进程控制。
- 原语。
- 临界区、临界资源。
- 进程互斥、进程同步、进程通信。
- 信号量机制。
- Linux IPC 种类。
- Linux 管道通信。
- Linux 软中断通信。
- 线程的概念。
- 管程。
- 死锁的概念。

学习目标

- 理解并掌握进程的概念。
- 理解进程与程序的区别。
- 熟悉进程状态及转换。
- 理解 Linux 进程状态及转换。
- 理解并掌握进程控制块的概念。
- 理解原语的概念。
- 掌握临界区、临界资源的概念。
- 理解并掌握进程互斥、进程同步的概念。
- 理解并掌握信号量机制。
- 理解排除死锁的三种方法。
- 理解并掌握银行家算法。
- 了解线程、管程的概念。
- 理解并掌握 Linux 管道通信及软中断通信方式。

　　计算机开机后就一直在运行各种各样的程序，而操作系统的核心任务就是管理好这些程序，确保它们正确、高效地运行。如果任何时刻，计算机系统中只有一个程序，则该程序将独占计算机系统中的所有资源，整个程序的运行过程就非常简单，管理起来也很容易。为提高计算机系统中各种资源的利用率，现代操作系统都采用了多道程序设计技术，多道程序的创建都围绕着进程的概念。因此，操作系统的程序管理也就转变成了进程管理。

　　进程是操作系统最基础和最重要的概念。进程是执行中的程序，想要了解程序在系统中的执行情况，只有通过进程才能够了解其中的细节。进程涉及操作系统中的很多内容，因此通过进程的学习，可以了解操作系统内部的工作机制，对于操作系统设计者及学生来说，这是至关重要的。

　　进程是操作系统中最为抽象的概念之一。单 CPU 系统中程序是以并发方式执行的，对进程而言，这也就是将 CPU 虚拟成多个。这种抽象是现代计算机操作环境下的应用基础。本书内容是以单 CPU 环境作为实例。

2.1　进程的概念

　　从静态的角度观察，操作系统是一组程序和表格的集合；从动态的角度观察，操作系统是进程的动态、并发执行。进程是执行中的程序。因此，可以从程序的执行方式来说明进程的概念。

　　程序的执行方式分为顺序执行和并发执行两种。顺序执行是指操作系统按顺序执行程序，每一程序在执行过程中占用系统所有资源，也不会被暂停。单道批处理系统是顺序执行的典型例子。并发执行是指系统中同时有多个程序处于运行中，这些程序以交替的方式在处理器上执行，而从宏观的角度看，这些程序是"同时"被处理器执行的。并发是操作系统的特征，因此现代操作系统中程序均是以并发的方式被执行。

2.1.1　程序的顺序执行

1. 顺序执行的概念

　　程序通常是由若干个操作构成，一个操作对应一个功能，这些功能必须有严格的先后顺序，只有前一个功能执行完毕，后一个功能才能开始执行，这是程序内部的顺序执行性。若有一个任务由若干程序组成，而这些程序之间也存在前后顺序性，这就是程序外部的顺序性。

　　假设程序的执行过程可分为输入、计算、打印，用 I 表示程序的输入操作，用 C 表示程序的计算操作，用 P 表示程序的打印输出，则顺序执行方式的示意如图 2-1 所示。

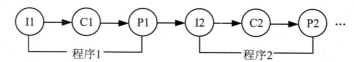

图 2-1　程序的顺序执行方式

2. 顺序执行程序的特点

顺序执行程序的特征如下。

1) 顺序性

程序的执行严格按照顺序方式进行。

2) 环境的封闭性

按顺序方式执行程序，该程序独占系统全部资源，不受外界因素的影响。

3) 结果的可再现性

一个程序在初始条件保持不变的情况下，无论在什么环境中运行、什么时间段内运行，都应该有相同的执行结果。

2.1.2　程序的并发执行

1. 并发执行的概念

在顺序执行方式下，系统资源只为一个程序服务，系统管理程序较为简单，但是当一个部件工作时，另两个部件均处于空闲状态，因此顺序执行程序时系统资源利用率不高。现代操作系统为提高系统资源的利用率，提升系统吞吐能力，程序通常是以并发的方式执行，如图 2-2 所示。

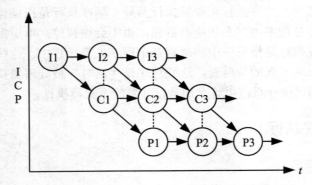

图 2-2　程序的并发执行方式

当程序 1 执行计算操作时，输入设备可以给程序 2 使用，当程序 1 执行打印操作时，可以让程序 2 执行计算操作，同时可以让程序 3 执行输入操作。从时间上看，3 个程序全部都在系统中执行，虽然它们在执行不同的操作，3 种设备也得到了充分的利用。

另一种并发是在某道程序的几个程序段中，其中包含可同时执行或颠倒执行的代码，例如：

```
read(x);
read(y);
```

这两个语句执行时互不影响，它们既可同时执行，也可颠倒次序执行。也就是说，这种语句同时执行或颠倒顺序执行不会改变程序执行结果。因此，可采用并发执行方式充分利用系统资源以提高计算机的处理能力。

综上所述，程序的并发执行是指，若干个程序或程序段同时在系统中运行，这些程序的执行时间是重叠的，即一个程序或程序段还未执行完毕，另一个程序或程序段已经开始运行，这就是几个程序或程序段的并发执行。

并发执行的程序之间可以没有交互，也可以是有交互的。没有交互的程序并发执行表示这些程序在执行过程中互不影响，例如没有共享变量或程序段，而反之就是有交互的，有共享变量或程序段的程序之间并行执行时必须加以控制，以保证程序执行结果的正确性。

并发执行的程序只有严格地保证相互之间没有交互性，才可以并发执行。1966 年，

Bernstein 提出了程序可并发执行的条件，称为 Bernstein 条件：

假设任一程序语句 Pi，在执行过程中会涉及两个变量集合 R(Pi)和 W(Pi)的操作，其中 R(Ti)={a1, a2,…, am}, aj(j=1, 2, … ,m)表示语句 Pi 在执行过程中必须进行读操作的变量集合；W(Ti)={b1, b2, … , bm}, bj(j=1, 2, … ,m)表示语句 Pi 在执行过程中必须进行写操作的变量集合；如果对语句 T1 和 T2 在执行过程中满足 R(T1)∩W(T2)＝{φ}，R(T2)∩W(T1)＝{φ}，W(T1)∩W(T2)＝{φ}同时成立，则语句 T1 和 T2 是可以并发执行的。

2. 并发执行带来的影响

程序并发执行可以使系统资源的利用率得到提高，从而提高系统的处理能力，这是并发执行的优势所在。当然，多个程序并发执行共享系统中的所有软硬件资源，这就对资源的管理提出了较高的要求。若系统分配资源出现问题，将会使并发执行程序的结果出现混乱。若并发执行的程序或程序段满足前面描述过的 Bernstein 条件，则认为不会对执行结果的可再现性产生影响。但一般程序在执行时，系统要判断各条语句或程序段是否满足 Bernstein 的 3 个条件是相当困难的。

两个交互的并发执行的程序，它们之间的相互影响通常是不可预测的，甚至无法再现。这是因为程序并发执行的相对速度不可预测，交互的速率不仅受处理器调度的影响，还要受到与其交互的程序、资源等的影响，甚至受到无关程序的影响。因此，对于有共享资源的程序，当它们以并发的方式执行时，执行结果往往取决于这一组并发程序的相对速度，各种与时间有关的错误就可能出现。与时间有关的错误或者表现为结果的不唯一，即执行结果的可再现性被破坏，或者表现为程序间相互无限等待。这些情况可通过下面的例子进行详细说明。

【例 2-1】　程序间共享公共变量。

若有共享公共变量的两个程序段 A 和程序段 B：

程序段 A

```
{
    …
    n := n+1;
    …
}
```

程序段 B

```
{
    …
    print(n);
    n := 0;
    …
}
```

当两个程序段顺序执行时，例如，A 先执行 B 后执行，执行结果具有封闭性和可再现性。但是，当两个程序段并发执行时，执行情况如表 2-1 所示。

表 2-1　程序段 A 和 B 并发执行的情况

A 的 n :=n+1 与 B 的两个语句执行顺序的关系 变量 n 的取值情况	A 在 B 之前执行	A 在 B 之后执行	A 在 B 的两个语句之间执行
n 的初值	10	10	10
打印 n 的值	11	10	10
n 最终的值	0	1	0

由表 2-1 可知，程序段 A 和 B 并发执行的 3 种情况对于变量 n 的输出和 n 的最终值均不完全相同，说明程序执行结果的可再现性被破坏。这种情况的发生是因为程序段 A 和 B 有共享公共变量 n，而且对于共享变量 n 的使用没有加以控制，因此，当程序段 A 和程序段 B 以不同的速度执行时就产生了不同的结果。

【例 2-2】　假设某飞机订票系统在 T_0 时刻有 A、B、C、D 四个终端程序同时都要对同一航班当前剩余票数 X 进行操作。如果每个终端程序的当前订票需求为 $N_i(i=A, B, C, D)$，并对共享变量 X 进行如下操作：

在数据库中取出当前航班的机票剩余数 X；

判断 $X>0$(有票吗)？

如果有，判断 $X \geqslant N_i$(票够吗)？

如果够，则出票(打印票据)；

$X_i=X-N_i$(修改剩余票数)；

将 X_i 回写到数据库中。

假设当终端 A 执行到出票还未执行完毕时，这时另有终端 B 开始读取数据库中当前剩余票数 X。因终端 A 仅执行到出票操作，还未将新的剩余机票数 X_i 修改回数据库，这时终端 B 读取到的剩余机票数 X 已经是过时的数据(也称脏数据)。本例中，多个终端共享服务器端存储的同一航班剩余机票数 X，导致上述问题的发生是因为当多个终端同时访问剩余机票数 X 时，若不加以控制，就可能出现一个终端正在修改 X 的值，而同时另一终端读取数据库中还没有来得及修改的 X 旧值，这种情况可能导致某航班售出的座位数超过实际座位数。

上述两例说明，在多道程序并发执行中，由于并发执行的程序共享资源或者互相协作，因其执行速度的不确定性以及多道程序之间缺乏控制所带来的错误称为“与时间有关的错误”。

导致这种“与时间有关的错误”出现的原因如下。

(1) 与各程序的执行速度有关。

(2) 由于多个程序都共享了同一个变量或者互相需要协调同步。

(3) 对于变量的共享或者互相协作的过程没有进行有效的控制。

3. 并发执行的特点

(1) 并发性。程序的执行在时间上可以重叠，在单处理器系统中可以并发执行；在多处理器环境中可以并行执行。

(2) 共享性。它们可以共享某些变量，通过引用这些共享变量就能互相交换信号，从而，程序的运行环境不再是封闭的。

(3) 制约性。程序并发执行或协作完成同一任务时，会产生相互制约关系，必须对它们并发执行的次序(即相对执行速率)加以协调。

(4) 交互性。由于程序在执行中共享某些变量，所以一个程序的执行可能影响其他程序的执行结果。因此，这种交互必须是有控制的，否则会出现不正确的结果。即使程序自身能正确运行，由于程序的运行环境不再是封闭的，程序结果仍可能是不确定的，计算过程具有不可再现性。

2.1.3　进程的引入原因

现代计算机使用时一般都是多个任务同时运行。例如，用户可能一边在编辑文字，一边听音乐，同时还上网查资料。当计算机启动时，后台会运行许多程序，如系统杀毒程序、系统网络服务程序等，这些程序均对用户是透明的，只有在任务管理器中才有体现。

在多任务执行环境下，操作系统中的进程是不断进行切换的，也即进程在轮流使用CPU。这种切换的时间很短，大致在毫秒或纳秒之间(根据各操作系统设计实现中设置的时间片不同而不同)。在某一时刻，CPU 只运行一道程序。人可以明显感觉到 1 秒的变化，但对 CPU 而言，在 1 秒钟的时间已经切换多个进程了，这样就给人一种错觉，系统中所有程序在同时运行。例如，一边听歌，一边上网，一边处理文字编辑，用户感觉不到音乐程序被间断执行，也感觉不出上网过程中的间断等，这种情况就是进程的并发执行。并发指的就是一段时间内的同时运行，这是一种伪并行(在多 CPU 计算机系统中，或大型机上才会有真正的并行程序执行)。并发是逻辑上的"同时"，在一段时间内的"同时"；而并行是物理上的同时，是一个时刻(或一个时间点上)的同时。若要了解并发方式下程序的执行细节，通过程序是很难说明的。但是，从操作系统中引入的进程可以清楚、明白地了解到程序在系统中的执行细节。

1. 进程的定义

根据前面的分析，进程可看作 3 个部分的组合。

(1) 一段可执行的程序代码。

(2) 程序运行所需要的相关数据(常量、变量、工作区、缓冲区等)。

(3) 程序运行时的上下文环境。

程序是一段实现某个功能的代码，由用户事先编制，在运行过程中通常不再改动。程序的数据是程序的处理对象，随着程序的运行通常会被修改。程序上下文环境包括 CPU管理和执行程序所需要的所有信息，是最重要的部分。进程实际上是一个有独立功能的程序在某个数据集合上的一次运行。

2. 进程与程序的关联

进程是执行中的程序。从抽象的角度来看，每个进程都有自己的 CPU。这是通过操作系统的分时技术和程序的并发执行方式给用户提供的一种抽象。而实际上，在一段时间内，CPU 同时运行了多道程序。这种在一段时间内多道程序的同时运行也就是多道程序设计。

多道程序的特点是在任何时候计算机系统中都允许有多个程序在运行。先来看一个多道程序的例子。

在图 2-3 中，程序 A、程序 B 和程序 C 都在 $t0$ 到 $t1$ 时间内运行，但各个程序是在该时间范围的不同时间段内运行的。换句话说，三个程序在较大时间范围内(宏观)是同时运行的，但在若干小的时间段内(微观)是单独运行的。这种运行方式被称为并发运行。

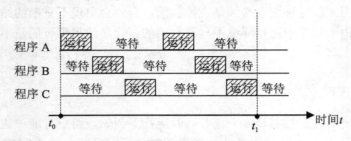

图 2-3　多道程序同时运行的例子

在多道程序并发运行过程中，由于多个程序共享 CPU 等各类资源，或者互相协作，操作系统需要解决程序运行过程中产生的下列问题。

1) 程序运行的确定性

一个程序的运行结果不能受系统中其他运行程序的干扰。一个程序不论是一次性全部运行完，还是走走停停，最后的运行结果只能跟程序的输入有关。

2) 互斥

多个处于运行过程中的程序经常要访问同一共享资源，要正确控制多个程序对共享资源的访问。例如火车售票系统中，多个售票窗口访问同一个数据库。当一个售票窗口正在修改数据库中的车票信息时，应该禁止其他窗口访问数据库，否则就可能会出现同一张票售给多个用户的情况。

3) 同步

多个程序在运行时，会出现其中一个程序需要其他程序提供数据的情况，或者需要等待其他程序的事件，所以要提供正确的同步机制。例如一个程序启动了 I/O 设备的读操作，在继续进行之前必须等到输入缓冲区有数据。在这种情况下，程序需要接收 I/O 设备的输入完成信号。如果信号机制不正确，则可能导致信号丢失或重复接收。

4) 死锁

程序在运行过程中会出现等待情况，要避免出现所有程序都在等待、而靠它们自己又结束不了等待的情况。例如，一个程序获得了一个资源的访问权，而另一个程序获得了另一个资源的访问权，假如现在两个进程都在等待对方释放其占有的资源，然后才肯释放自己占有的资源，这就导致两个程序都不能运行。

因 CPU 在多道程序间来回切换，这就表明操作系统运行期间存在的所有进程是对系统中的所有资源进行共享，包括 CPU、内存、I/O 设备、共享的文件等，因此一个程序在系统中的执行时间是未知的，因每个程序使用某种共享资源的时间是不确定的。从某种意义上说，一个程序以并发方式执行时，其执行时间是被拉长的。同时，同一道程序在不同时刻被执行两次，每次的执行时间是不确定且很有可能是不同的，但操作系统必须保证的是，对于有相同初始条件的程序，在任一时间、任一环境下执行后其结果是保持不变的，这就是程序执行结果的可再现性。

进程与程序之间的关联既紧密又微妙。这里通过一个例子来说明它们之间的关系，虽然不太恰当，但却有助于理解。例如，用户购买了一个电动手钻工具，准备在墙上打一个墙钉。电动手钻的说明书就好比程序，使用手钻的过程就好比是进程。打墙钉过程中使用到的电动手钻工具、墙、钉等三件物品就好比进程在系统中执行时涉及的程序代码、数据、堆栈、进程空间等相关资源。不管电动手钻这个工具使用与否，说明书都是一直存在的(如果用户没有将它丢掉的话)，而手钻的使用过程却是因时因人而异，一次使用完毕，这个过程也就结束了，这和进程是非常一致的。程序的一次执行过程结束之后，程序仍存在于外存上，但进程执行完毕后就没有存在的意义了。此时该进程无须继续存在于内存中，进程执行过程中所使用到的资源也将被收回。在 Linux 或 UNIX 操作系统中，进程无须继续存在时将被"杀死"。进程与程序有联系，也有区别，具体表现在以下几个方面。

(1) 程序是静态的，进程是动态的，且有生存期的。

(2) 进程的特征是并发的，而程序没有。

(3) 进程在执行过程中会占用某些系统资源，操作系统中分配资源是以进程为单位，不会以程序为单位分配资源。

(4) 进程和程序之间存在多对多关系。一个程序可以运行多次，每次运行对应不同的进程；另外，程序运行过程中可以创建多个子进程，如果子进程不重新加载其他程序，则这些进程便对应同一个程序。当进程在运行过程中加载其他程序时，将使得一个进程可以包含多个程序的运行。

3. 进程的状态

一个进程从新建到消亡前之间的任何时刻，或者正在执行，或者没有执行。某时刻正在执行的进程只有一个，而对应的没有执行的进程则往往有多个。这些没有执行的进程有两种可能：一种是处于非运行状态但已经就绪等待执行；另一种是等待 I/O 操作等被阻塞(等待)。运行、就绪、阻塞是 3 个最基本的进程状态，再加上新建和消亡两个辅助状态，共有 5 个基本状态，如图 2-4 所示。

图 2-4　进程基本状态与变迁

(1) 新建。刚刚创建的进程，操作系统还没有把它加入到可执行进程组中，通常是还没有加载到主存中的新进程。

(2) 运行。该进程正在被执行。

(3) 就绪。进程做好了运行准备，只要获得 CPU 就可以开始执行。

(4) 阻塞。进程在等待某些事件，如 I/O 操作。

(5)消亡。操作系统从可执行进程组中撤销了进程，或者自身停止，或者因为某种原因被撤销。

"新建"状态和"消亡"状态对进程管理非常有用。进程处于新建状态意味着操作系统已经执行了创建进程的必需动作，但进程未获得开始运行所需的资源。例如，操作系统基于性能或内存局限性等原因，可能会限制系统中的进程数量。当进程处于新建态时，操作系统所需要的关于该进程的信息已保存在内存相关数据结构中，但程序代码还未进入内存，也没有分配相关的数据空间。待合适时机再把程序及其数据装入内存。消亡态的进程不能再获得 CPU 的调度，但与进程相关的表和其他信息临时被保存起来，这样实用程序可从中提取进程的历史信息进行性能和效率的分析。当这些信息被使用完后，操作系统再将消亡态的进程从系统中删除。

接下来进一步分析各状态之间的转换关系。

1) 新建→就绪①，新建→运行②

刚刚创建的进程已经具备运行的条件，通常将该进程插入就绪列队而使之成为就绪态。

但如果该新建进程对应紧急事件需要立即处理，也可以直接将之投入运行，这种情况称为抢先，在实时系统中是可能的。

2) 运行→消亡③，运行→阻塞④，运行→就绪⑤

处于运行状态的进程接下来可能会进入什么状态呢？理想情况下，进程一直被执行，直到全部结束成为消亡状态。

但在多任务系统中，操作系统不能让一个进程一旦投入运行便一直占用 CPU。进程运行过程中可能需要请求一个无法立即得到的资源，此时，CPU 可以调度另外的进程来运行，该进程被阻塞成为阻塞状态。

也有可能进程运行过程中不需要频繁请求资源，但运行时间比较久，比如复杂的算法程序，这会造成其他进程长时间等待，就不能保证其他进程的快速、公平、优先权和系统总体效率。为了改善这种情况，可考虑让进程运行一段合适的时间(时间片)，如果该时间段过后，进程仍未能运行完，操作系统需要暂停该进程的执行，而将 CPU 分配给其他就绪进程。被暂停的进程只要重新获得 CPU 就可继续执行，它并不是因为等待某些事件，因而，应将它插入就绪队列，等待操作系统的调度。

3) 阻塞→就绪⑥，阻塞→运行⑦

当处于阻塞状态的进程等待的事件到来，比如已获得申请的资源时，则它也具备了运行的条件，通常将它插入就绪队列，等待调度。

跟新建→运行一样，如果该进程获得等待事件后需要立即处理，也是可以将它抢先于当前运行进程而成为运行态，被抢先的进程则进入就绪队列。

4) 就绪→运行⑧

就绪状态的进程在调度算法的调度下获得 CPU 便可投入运行。

上述状态是一般性分析，实际操作系统对进程的状态及其变迁有具体的规定。

4. Linux 进程的状态

Linux 的进程状态及其变迁如图 2-5 所示。

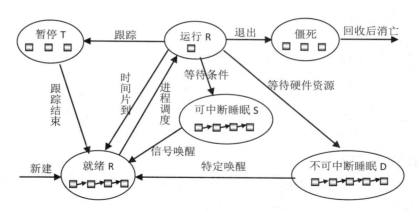

图 2-5　Linux 的进程状态及其变迁

从图 2-5 中可以看出，Linux 的进程状态有 6 种。

1) 运行态和就绪态

运行和就绪通过进程是否占有 CPU 资源来区分，它们同时由 R(TASK_RUNNING)代表。同一时刻可能有多个进程处于可执行状态，这些进程的 task_struct 结构(进程控制块)被放入对应 CPU 的可执行队列中(一个进程最多只能出现在一个 CPU 的可执行队列中)。进程调度器的任务就是从各个 CPU 的可执行队列中分别选择一个进程在该 CPU 上运行。

2) 僵死态

在 Linux 进程的状态中，僵死态是非常特殊的一种，它表示进程已经结束，但是没有从进程表中删除。它没有任何可执行代码，也不能被调度，仅仅在进程列表中保留一个位置，记载该进程的退出状态等信息供其他进程收集，除此之外，该进程不再占有任何内存空间，处于僵死状态(TASK_ZOMBIE)。

进程在退出的过程中，处于 TASK_DEAD 状态。在这个退出过程中，进程占有的所有资源将被回收，除了 task_struct 结构(以及少数资源)以外。于是进程就只剩下 task_struct 这么个空壳，故称为僵尸。之所以保留 task_struct，是因为 task_struct 里面保存了进程的退出码，以及一些统计信息。而其父进程很可能会关心这些信息。子进程在退出的过程中，内核会给其父进程发送一个信号，通知父进程来"收尸"。父进程可以通过 wait 系列的系统调用(如 wait4、waitid)来等待某个或某些子进程的退出，并获取它的退出信息。然后 wait 系列的系统调用会顺便将子进程的"尸体"(task_struct)也释放掉。

3) 可中断睡眠

可中断睡眠 S(TASK_INTERRUPTIBLE)表示进程等待某个事件或某个资源。可中断睡眠的进程可以被信号唤醒而进入就绪状态等待调度，又称为浅度睡眠。

4) 不可中断睡眠

不可中断睡眠 D(TASK_UNINTERRUPTIBLE)的进程是因为硬件资源无法满足，不能被信号唤醒，必须等到所等待的资源得到之后由特定的方式唤醒，又称为深度睡眠。

TASK_UNINTERRUPTIBLE 状态存在的意义就在于，内核的某些处理流程是不能被打断的。在进程对某些硬件进行操作时(比如进程调用 read 系统调用对某个设备文件进行读操作，而 read 系统调用最终执行到对应设备驱动的代码，并与对应的物理设备进行交互)，可能需要使用该状态对进程进行保护，以避免进程与设备交互的过程被打断，造成设备陷入不可控状态。这种情况下的 TASK_UNINTERRUPTIBLE 状态总是非常短暂的。

5) 暂停态

处于暂停状态的进程用 T(TASK_STOPPED)表示，一般都是由运行状态转换而来，等待某种特殊处理。比如处于调试跟踪的程序，每执行到一个断点，就转入暂停状态，等待新的输入信号。

向进程发送一个 sigstop 信号，它就会因响应该信号而进入 TASK_STOPPED 状态(除非该进程本身处于 TASK_UNINTERRUPTIBLE 状态而不响应信号)。

5. 进程的实现(PCB)

操作系统运行期间，在一段时间内系统中的进程数量通常都有很多个。系统为了能完成系统资源的分配与管理以保证进程间的顺利切换，需要掌握系统中进程执行的详细情况，例如需要了解进程当前的状态、进程执行中使用 CPU 的情况、进程的家族情况记录、进程使用其他资源情况等诸多信息。因此，操作系统中为每一进程维护着一个进程控制块 PCB(Process Control Block，也有称为进程表 Process Table 的)，并在其中不断记录上述信息。不同的操作系统对这些信息的组织有所不同，但大致包括三大类，如表 2-2 所示。

表 2-2　进程控制块中的典型信息

类　别	具体内容
进程标识信息	进程的标识信息有本进程标识符、父进程标识符和家族关系结构、用户标识符
进程状态信息	可通过指令访问的用户可见寄存器、CPU 自动维护的控制和状态寄存器、栈指针
进程控制信息	诸如进程状态、优先级、调度的信息、等待事件等的调度和状态信息、链接到其他进程的各种队列指针、与进程通信有关的标志/信号/信息、进程特权管理信息、本进程的虚拟存储空间的段或页指针、本进程拥有的资源及使用情况

PCB 是进程存在的唯一标识，是操作系统对进程进行控制、管理和调度的依据，它在创建进程时产生，在撤销进程时消亡。

6. 系统中 PCB 的管理

通常操作系统运行期间，内存中存在的进程数量较多。这些进程中有一部分进程正在等待处理器的执行，有些进程等待外设的操作，有些进程等待共享软件资源变为可用。操作系统管理程序要从为数众多的进程中找出其中某一个，并为其分配所需的资源，这样就存在如何管理系统中进程的问题。一般的管理方法如下。

(1) 把所有的 PCB 组织在一个表格中。这种方法管理程序简单，由于没有进行归类排序，因此系统在查找某一进程时会耗费较多时间，这种方法使用不太方便，仅适用于进程数目少的场合。

(2) 分别把有着相同状态的进程的 PCB 组织在同一表格中，如图 2-6 所示。这种方法相比前一种方法进行了较简单的归类，如将进程分别放到就绪进程表、等待进程表、运行进程表等表中。相较前一种方法，系统查找效率有较大的提高，但这种方法仍只是初步排序，在实际应用中还有些信息有待更进一步细分。

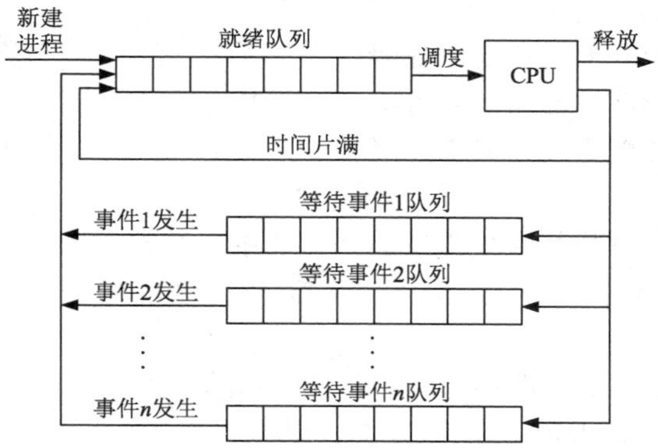

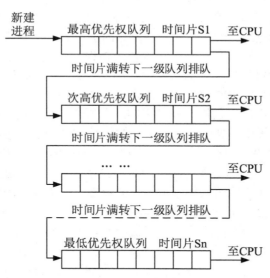

图 2-6　进程多队列管理示意

（3）分别把具有相同状态的所有进程的 PCB 按优先级排成一个或多个队列，如图 2-7 所示。这是目前较为常用的方法，如针对不同优先级有相应的就绪队列、等待队列等，虽然进程可能等待的资源相同，但优先级不同。这种分类方法与操作系统内核实际更为接近，故用这种方式管理系统中的进程 PCB，虽然增加了管理程序的复杂度，但是系统的工作效率得到极大提高。

图 2-7　不同优先级的多就绪队列管理示意

7. Linux 的进程控制块

在 Linux 中，进程又被称为任务。系统中的所有进程用一个数组表示：

```
struct task_struct * task[NR_TASKS];
```

每个进程占用 task 数组中的一项，即一个 task_struct 结构，该结构就是进程控制块（PCB）。

task_struct 的主要内容如下。

(1) 标示符：描述本进程的唯一标识符，用来区别其他进程。

(2) 状态：任务状态，退出代码，退出信号等。

(3) 优先级：相对于其他进程的优先级。

(4) 程序计数器：程序中即将被执行的下一条指令的地址。

(5) 内存指针：包括程序代码和进程相关数据的指针，还有和其他进程共享的内存块的指针。

(6) 上下文数据：进程执行时处理器的寄存器中的数据。

(7) I/O 状态信息：包括显示的 I/O 请求，分配给进程的 I/O 设备和被进程使用的文件列表。

(8) 记账信息：可能包括处理器时间总和、使用的时钟数总和、时间限制、记账号等。

task_struct 可以在 include/linux/sched.h 里找到。所有运行在系统里的进程都以 task_struct 链表的形式存在于内核中。

2.2 进 程 控 制

操作系统必须严格地管理对进程的操作。若对系统中进程未加以严格控制管理，系统将会出现严重错误。例如，在多任务环境下，某个进程创建了一个新的进程，还未执行成功系统就发生了进程切换，新被切换的进程在执行中需杀死某个进程，可能因某种计算错误而导致将被杀死的进程是刚刚被创建还未成功的进程，或者杀死的是刚刚被撤销但并未处于消亡态的进程，甚至杀死的是不被允许操作的进程等。这些情况的发生就会导致 CPU 处理时间的浪费，或者导致某用户程序出现重大错误。出现这些错误的原因，是由于操作系统没有对进程控制加以严格管理而造成的。因此，在操作系统中对于进程控制的管理须严格加以控制，对于进程控制的操作是不允许并发执行的。

以上进程控制操作可以通过原语程序来实现。原语是系统态下执行的特殊系统程序。为严格保证程序执行过程中不被中断，原语在执行时 CPU 处于关中断状态(CPU 不响应中断信号)，即原语不允许并发执行。进程控制如不使用原语，会造成状态的不确定性，不能达到进程控制的目的。原语的实现方法之一是以系统调用的方式提供原语接口，采用屏蔽中断的方式来实现，以保证原语操作不被中断的特性。原语和系统调用都使用访管指令(访管中断)实现，具有相同的调用形式，但原语由内核完成，而系统调用由系统进程或系统服务程序实现(如中断服务子程序)；原语不可被中断，而系统调用执行时允许被中断，甚至某些操作系统中的系统进程或系统服务程序就在用户态进行。原语通常供系统进程或系统服务程序使用，反之不会形成调用关系，系统进程或系统服务向实用程序提供系统调用，而实用程序向应用程序提供高层功能。与进程控制相关的操作有进程创建、进程撤销、进程阻塞、进程唤醒 4 种。

2.2.1 进程创建

当一个程序被用户提出执行请求时，进程就被创建了。例如，在 Windows 操作系统中，通过鼠标双击一个程序图标时，就表示这个程序要开始执行，操作系统就创建该程序对应的进程，再将该程序的可执行文件复制到内存指定位置。引起进程被创建的可能有如下几种。

(1) 操作系统初启。

(2) 用户请求某程序开始执行。

(3) 执行中的进程发出使用系统资源的系统调用请求。

(4) 某批处理作业的初始化。

操作系统创建一个进程时，可以按以下步骤进行。

(1) 给新进程分配一个唯一的进程标识号和一个进程控制块，并在系统进程表中增加一个表目。

(2) 给进程分配内存空间，包括进程映像中的所有元素(程序、数据、栈)等。操作系统还可以将创建者进程的进程映像中的部分内容传递给被创建进程，便于共享。

(3) 初始化进程控制块。

(4) 设置正确的连接。例如，将新创建的进程插入就绪进程队列中。

(5) 创建或扩充其他数据结构。

进程创建原语的处理流程如图 2-8 所示。

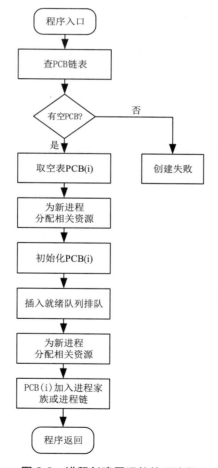

图 2-8　进程创建原语的处理流程

操作系统启动时会自动创建若干进程。其中包括用户交互进程，也称前台进程；还有一些是后台进程，例如保护系统的安全杀毒软件进程，系统等待打印服务进程等。在 Windows 操作系统中可以通过任务管理器查看系统中运行的所有进程，在 UNIX 或 Linux 操作系统中可以使用 ps 命令查看系统中的进程。

在交互式系统中，用户提交某个请求时，输入一条命令或以鼠标双击一个图标，操作系统会启动对应的程序，并为其创建相应进程以完成对用户的服务。在 Windows、UNIX、Linux 操作系统中，允许用户同时打开多个窗口，每个窗口实际上对应一个或多个进程，用户在使用过程中通过鼠标单击某个窗口，以使其变为活动窗口(即变成当前运行程序)。

一个正在执行中的进程因为要执行系统调用，系统会为其创建一个或多个进程来协调系统资源的使用。例如，有的大型机中采用多道批处理操作系统，用户在系统中(可能是远程方式)提交批处理作业，当系统中有资源可以为该作业服务时，就为该作业创建进程，同时输入设备开始处理下一作业。

在 UNIX 及 Linux 操作系统中，只能通过 fork 系统调用实现进程创建，新创建的进程(子进程)与原来进程(父进程)在内存中有相同的进程映像。通常子进程调用 exec 函数簇使自己有别于父进程所要执行的代码，因为若新创建的进程与父进程执行相同的代码，在实际中是没有意义的。

而在 Windows 操作系统中是通过一个 Win32 函数调用 createprocess，既完成进程创建，又同时实现将指定程序装入新建进程。createprocess 有 10 个参数，对进程创建中涉及的所有细节进行设定，新创建进程的信息被返回给调用者。Win32 中与进程管理相关的函数约有 100 个，用于处理进程控制相关的管理，如进程同步、互斥等操作。

在 Windows、UNIX 和 Linux 操作系统中，父子进程在内存中有不同的进程空间(也称地址空间)。在 Windows 操作系统中进程一旦被创建就与父进程有了不同的地址空间。对于 Linux 和 UNIX 操作系统，子进程被创建之初是与父进程共享地址空间的，只有当子进程执行了 exec 函数簇中某一个系统调用后，才有自己独立的地址空间。

2.2.2 进程撤销

本章前面部分已经说明过，进程是有生存期的。当进程对应的任务完成时，进程也就没有存在的必要了，操作系统会回收分配给它的所有资源，进程就终止了。通常引起进程终止的事件可能有如下几种。

(1) 进程执行完毕正常退出。

(2) 进程执行错误退出。

(3) 进程执行中出现严重错误被退出。

(4) 进程被其他进程杀死。

一般情况下，进程都是执行完毕正常退出，这时操作系统会获得一个指定的值表示进程正确执行完毕。在 UNIX 及 Linux 操作系统中是用 exit 表示进程终止，在 Windows 中是使用 exitProcess。在图形化界面中，任一应用程序的正常退出都可通过软件界面中的多种方式进行操作，如图形按钮、快捷键、菜单中的命令等。

当应用程序因自身程序编写错误而停止执行时，同上述正常退出一样，是进程以"自愿"方式的退出。

进程在执行中遇到严重错误时，会被系统强制退出。这种情况并非进程本身出错，而是由于系统的原因而导致的被动退出。

有时，在操作系统中有专门用于杀死进程的系统调用，在这种情况下，进程也是以非自愿的方式被终止。例如，Linux 操作系统中因父进程的终止，而要求父进程的所有子进程、孙子进程必须先被终止，否则父进程不能被终止。

操作系统撤销进程时的具体工作如下。

(1) 从系统的 PCB 表中找到即将被撤销进程的 PCB，将进程状态置为撤销状态。

(2) 释放该进程占用的全部资源。

(3) 释放被终止进程的 PCB。

(4) 调用进程调度程序，重新选择一个进程占用 CPU。

进程撤销原语的处理流程如图 2-9 所示。

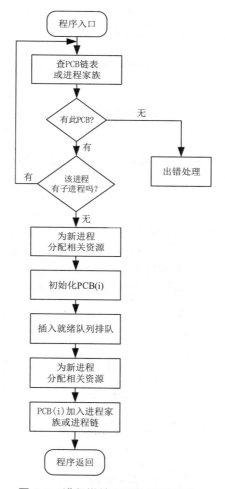

图 2-9　进程撤销原语的处理流程

2.2.3　进程阻塞

当正在执行的进程申请不能立即得到资源时，将不能继续运行，于是该进程被阻塞而进入等待状态，所要完成的工作如下。

(1) 主动放弃 CPU。

(2) 保存进程当前的现场环境。

(3) 置进程的状态为等待态,并插入到相应的等待队列中。

(4) 调用进程调度程序,重新选择一个进程占用 CPU。

进程阻塞原语的处理流程如图 2-10 所示。

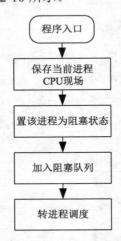

图 2-10　进程阻塞原语的处理流程

2.2.4　进程唤醒

处于等待态的进程,当所等事件到达后,进程又具备了运行的条件,必须被唤醒,使其转换为就绪态,与其他就绪进程一起参与对 CPU 的竞争。等待态进程不能自己唤醒自己,一般由具有合作关系的其他进程或系统监控进程唤醒。当等待事件到达后,唤醒进程先从相应的等待队列中查找等待该事件的等待进程,再将后者从等待队列中移到就绪队列中。进程唤醒原语的处理流程如图 2-11 所示。

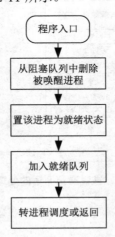

图 2-11　进程唤醒原语的处理流程

2.2.5　Linux 进程创建及执行实例

下面给出几个 Linux 系统中创建进程的实例。

【例 2-3】　父进程创建子进程的例子。

```
#include <unistd.h>
#include <stdio.h>
int main(int argc, void *argv[])
{
    int pid = fork();
    if(pid < 0)            //进程创建失败
    {
        printf("error!\n");
    }
    else if(pid == 0)     //进程创建成功，子进程运行
    {
        printf("child! \n");
    }
    else                  //进程创建成功，父进程运行
    {
        printf("parent! \n");
    }
    return 0;
}
```

例 2-3 中，当进程执行到 fork 语句时，会创建一个新的进程，原来的进程称为父进程，新产生的进程称为子进程。进程实际上就是程序在某一数据集上的一次执行过程。因此，父子进程均会被调用运行。例 2-3 中父子进程所要执行的程序相同，差别在于子进程从创建之后的语句(即 if 语句)开始运行。内存中维护的进程控制块(PCB)队列中对于例 2-3 父子进程各有一项，唯此可以分辨二者的差异及感知它们的存在。父进程创建子进程执行同一段代码就好比一件费时费力的工作可以请帮手一起完成一样。

fork 返回值有 3 种情况，具体如下。

(1) 小于 0：表示进程创建失败。

(2) 等于 0：表示进程创建成功，当前是子进程运行，变量 pid 中获取的值为 0。

(3) 大于 0：表示进程创建成功，当前是父进程运行，变量 pid 中获取的值为子进程的进程 id 号。

【例 2-4】　写出程序执行结果，并画出进程家族树。

```
int main(void)
{
    int i,pid;
    fork();
    putchar('A');
}
```

例 2-4 代码较为简单，没有考虑进程创建失败的情形，系统调用命令 fork 之后仅有一

条 putchar 语句，通过例 2-4 的分析了解到，父进程和子进程都会执行该条语句。因此，例 2-4 的进程家族树如图 2-12 所示，程序执行结果是 AA。

图 2-12　例 2-4 的进程家族树

思考：例 2-4 执行结果的两个 A 是如何得到的？

【例 2-5】 写出程序执行结果并画出进程家族树。

```
int main(void)
{
    int i,pid;
    fork();
    fork();
    putchar('A');
}
```

例 2-5 比例 2-4 多了一个 fork。假设程序最开始执行时的进程为 1 号进程，执行第一个 fork 调用之后生成了 2 号进程，在此处程序的执行发生了第一次分叉。第二个 fork 处理程序将有 1 号进程和 2 号进程执行。当 1 号进程执行第二个 fork 时，又发生一次进程创建，新生成 3 号进程；当 2 号进程执行第二个 fork 时，也会生成自己的子进程——4 号进程。在此处程序发生第二次分叉。到了 putchar 语句时，共有 4 个进程会执行该语句。程序的输出结果为 AAAA，进程家族树如图 2-13 所示。

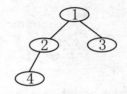

图 2-13　例 2-5 进程家族树

思考：若例 2-5 中的 fork 语句有 3 条，甚至有 4 条，那么程序的输出结果及家族树又会是什么情况？

【例 2-6】 父子进程有不同的数据空间。

```
int main(void)
{
    int pid,n=0;
    n=1;
    while((pid=fork())==-1);                   //创建进程直到成功为止
    if(pid==0)
        printf("child process,n=%d\n",n++);    //子进程运行
    else
        printf("father process,n=%d\n",n+3);   //父进程运行
}
```

分解例 2-6 中的 while 语句的执行次序如下。

① fork();

② pid← fork 的返回值；

③ pid == -1；

④ 第③步判断结果为真，while 循环就继续；否则退出 while 循环。

while 语句之后就是一条 if-else 语句，其中 if 子句由子进程运行，else 子句由父进程运行。此例强调的是子进程与父进程在内存中有不同的数据空间。例 2-6 中虽然父子进程共

享内存中的代码，但是却有各自的数据空间。例如对于变量 n，在执行 fork 之前 n 已赋初值为 1，在 fork 执行之后，父子进程各有一个内存空间存储 n 的值，也即父子进程先后执行顺序互不影响各自的变量值。

上面例 2-3、例 2-4、例 2-5 和例 2-6 均是父子进程执行相同程序代码的例子，而实际应用中会为子进程指定其他的程序。进程创建较为成功的应用是在网络环境中。例如，对于一台网络邮件服务器，假设高峰期使用时，很有可能出现因蜂拥用户的点击操作而使服务器瘫痪。假设服务器端有一个进程主要用于响应用户提交的请求，当有一个用户登录服务器时，该进程只完成创建进程这一项工作，新创建出来的进程只为当前用户服务，如图 2-14 中的简单示意。如此，即使一时间有多个用户同时登录服务器，每一个用户也都会有一个新创建出来的进程服务，这个进程根据各个用户提交的不同请求(如查看新邮件、写新邮件、浏览旧邮件等)而进行不同的服务响应。这样，邮件服务器端的进程工作如此轻松，不管高峰期同时操作的用户数量有多少，均能应对自如，一方面减少了服务器崩溃的可能，另一方面也给用户带来非常好的使用体验。

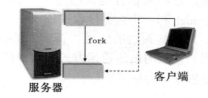

图 2-14　fork 在网络应用的简单示意

通过简单的例子来说明如何使子进程执行另外的程序。

【例 2-7】　父子进程执行不同的代码。

```c
#include <stdio.h>
int main(void)
{
    char command[32];
    char *prompt = "$";
    while(printf("%s",prompt),gets(command)!=NULL) //从键盘获取一个字符串
    {
        if ( (pid = fork()) == 0 )
            execlp(command,command,(char *)0); //将字符串作为命令让子进程执行
        else
            wait(0);                    //父进程等待子进程执行完毕，再退出
    }
}
```

例 2-7 中通过 execlp 指定子进程运行用户作为字符串输入的命令，此命令即子进程要执行的程序。在子进程初始被创建时，是与父进程共享内存中的程序代码空间，子进程与父进程有各自的数据空间。当子进程执行了 execlp 函数(或 exec 函数簇中其他的函数)时，内存中会有子进程自己的程序代码空间，这种方式称为写时拷贝(copy-on-write)技术。这种技术使地址空间上的页拷贝被推迟到实际发生写入的时候。实际上也就是说 Linux 进程创建是通过拷贝来实现的，然后对这个拷贝方式和时间进行了优化，也就出现了上述的写时拷贝技术。

2.3　进程间通信

由前述内容可知，在并发环境下，由于各进程共享资源，或者相互合作共同完成一项工作，它们之间存在互斥和同步的关系。实际上除了这两种关系外，进程之间还经常会有

交换数据的需求。因而进程之间的关系，总的来说可以表现为以下 3 种。

(1) 互斥。很多资源是进程间互斥使用的，如 CPU、打印机、共享数据等。

(2) 同步。一个进程的执行会因为要等待另一个进程的某个事情而受到影响。

(3) 通信。进程之间需要交换数据。

上述 3 种关系中，有些是隐式的，如对 CPU 的互斥使用是通过进程切换来实现的；而有些则是显式的，需要专门的机制来实现。显式地实现互斥、同步和通信有关系的机制称为进程间通信。如果传递的信息量很少，如一个信号或一个(组)按键，主要用于进程间互斥和同步，这种通信称为低级通信。相反，如果传递的信息量比较多，如常规的批量数据，这种通信称为高级通信。高级通信中经常会包含低级通信，比如一个数据发送进程 Sender 和一个数据接收进程 Receiver，Sender 进程在发送完数据后要给 Receiver 进程发送一个数据到达的信号；否则，Receiver 进程可能要不就收不到数据，要不就收到错误数据。常见的低级通信方式有软中断信号、信号量集，高级通信的则有管道、消息队列、共享内存、套接字等。

2.3.1　临界区与临界资源

系统中有许多资源一次只能允许一个进程使用，比如打印机等硬件资源，以及数据库、文件等软件资源，如果多个进程同时使用它们，可能会导致出错。例如，如果能让两个进程同时用打印机输出数据，打印结果将是两个进程的数据混在一起。

把一次只允许一个进程访问的资源称为临界资源，访问临界资源的程序段称为临界区。为保证各进程对临界资源的正确访问，各进程必须以排他方式进入各自的临界区，即如果一个进程正运行在其临界区时，其他进程必须等该进程从临界区退出后才可能进入它们自己的临界区。

对临界资源的访问要遵循下列 4 个原则。

(1) 有空让进。若无进程处于临界区时，应允许一个进程进入临界区。

(2) 忙则等待。当已经有进程正处于临界区时，其他进程必须等待。

(3) 有限等待。应保证要求进入临界区的进程在有限时间内能够进入临界区。

(4) 让权等待。当进程不能进入自己的临界区时，应释放处理器。

2.3.2　忙等的互斥

1. 互斥与同步问题

为了保证共享临界资源的各个进程都能正确运行，当临界资源被一个进程访问时，其他进程如果要访问它，必须等待前面的进程访问完毕并释放后才能进行。多个进程因不能同时访问临界资源而产生的制约关系称为进程的互斥。

进程同步则是指系统中多个进程中发生的事件存在某种时序关系，需要相互合作，共同完成一项任务。

例如，有一个缓冲区为两个相互合作的进程所共享，计算进程将计算结果存入缓冲区，而打印进程则将缓冲区中的结果打印出来。计算进程未完成计算则不能向缓冲区传送数据，此时，打印进程未得到缓冲区的数据，无法输出打印结果。而一旦计算进程向缓冲区输送了结果，就应通知打印进程输出打印结果。反过来也一样，打印进程取走了计算结果后，也应通知计算进程再次输入计算结果。将这种进程间为了完成一个共同目标，有先后次序的制约关系称为同步关系。

无论进程互斥还是同步，它们都是并发进程在执行时间顺序上相互制约的表现。它们之间的不同之处主要有以下 3 个方面。

(1) 互斥的各个进程在各自单独执行时都可以得到正确的运行结果，只是当它们在临界区内交叉执行时有可能会出现问题。而同步的各个进程各自单独执行将不能完成特定任务，只有当它们相互配合、共同协调推进才能得到正确的运行结果。

(2) 互斥的各进程只要求它们不能同时进入临界区，而无须规定进程进入临界区的先后次序。而同步的各进程必须按照严格的先后次序执行。

(3) 一般情况下，互斥的各进程并不知道对方的存在。而同步的进程不仅知道其他进程的存在，还要通过与它们进行通信来达到相互协调的目标。

2. 基本的硬件互斥机制

1) 禁止中断

这是最简单的互斥方案，不需要任何算法的辅助。进程即将进入临界区之前禁止一切中断，在离开临界区后开放中断。由于进程切换要通过中断引发，禁止中断，进程切换自然就不能发生，那么其他进程也就不可能获得调度，因此也就不可能进入它们的临界区。这种方案简单有效，但也存在两点不足：一是禁止中断的权力赋予普通用户，系统正常运行可能受影响且不安全。二是多 CPU 系统中，进程只能禁止本 CPU 的中断，其他 CPU 上的进程仍可能使用互斥资源。

2) 测试并设置指令(Test_and_Set)

有些 CPU 提供了 Test_and_Set 指令，称为测试并设置指令。该指令将指定地址中的内容读至特定寄存器，同时将一个整数写入该地址中。在多 CPU 系统中，执行这条指令的 CPU 将封锁内存总线，以禁止其他 CPU 在该指令执行前访问内存。

该指令的语义可表示为：

```
int Test_and_Set(int *target)
{
    int old;
    old=*target;
    *target=TRUE;
    return old;
}
```

用 Test_and_Set 指令实现互斥的方法如下。

(1) 针对一个临界资源可以设置一个变量 lock，该初值为 FALSE。

(2) 对每个进程在进入临界区前增加测试语句，在离开临界区后将 lock 重新置成初始值 FALSE。

```
int lock=FALSE;
…
Pi()
{
    …
    while(Test_and_Set(&lock));    //测试
```

```
    临界区;
    lock=FALSE;
    ...
}
```

假设两个进程 P1 和 P2 都想进入临界区，P1 先执 Test_and_Set 语句，它把 lock 的初始值 FALSE 读出并把 TRUE 写入 lock 后，自己进入临界区。在 P1 离开临界区之前，切换到进程 P2，P2 在执行 Test_and_Set 时，由于 P1 已经把 lock 置成 TRUE，因而返回的是 TRUE，于是进入循环测试中。P2 做测试的同时把 lock 设成 TRUE 并不影响进程 P1 的运行。只有当 P1 离开临界区执行 lock=FALSE 后，P2 的 Test_and_Set 语句返回 FALSE，P2 才进入它的临界区。由此可见，用上述方案可以实现多个进程对临界资源的互斥访问。

3) 交换指令(Swap)

Swap 指令的语义是：

```
void Swap(int *a, int *b)
{
    int temp;
    temp=*a;
    *a=*b;
    *b=temp;
}
```

用 Swap 指令实现进程互斥的代码如下：

```
int lock=0; //初值
...
Pi
{
    ...
    key=1;
    do{
        swap(&key,&lock);
    }while(key);
    临界区;
    key=0;
    ...;
}
```

该算法也能满足多个进程对临界资源的互斥访问，读者可以自行分析。

3. 软件忙等互斥机制

1) 算法 1(轮流使用)

轮流使用，顾名思义，就是将临界资源轮流分配给需要使用该资源的各进程。为此，设置一个公用变量 turn，初值无关紧要。当 turn=i 时，表示进程 Pi 可以进入临界区。进程 Pi 的算法如下：

```
Pi
{
    ...
    while(turn<>i);
    临界区;
```

```
turn=(i+1) mod n; //n 为可共享临界资源的进程个数
...
}
```

该方案能够满足互斥要求，但它要求各进程必须严格按照次序进入临界区：P0、P1、…、Pn-1、P0、P1、…这样一来，当 turn=i 时，只有进程 Pi 能进入临界区，其他进程不能进入临界区。如果进程 Pi 正执行临界区前面的语句，即还未进入临界区，而其他进程，比如 Pj，又需要访问临界资源，这时，由于 turn=i，故 Pj 必须等待。这违反了有空让进原则。

2) 算法 2(竞争型)

算法 1 严格控制各进程对临界资源的使用顺序，如果轮到某个进程，即使该进程未进入临界区，其他进程仍需等待。为此，换一种思路：某个进程进入临界区之前，先检查一下有无其他进程正处于临界区，有则等待，否则就进入临界区。实现该方案时，需要为每个进程定义一个状态变量，用于表示该进程在临界区外还是在临界区内。算法如下(以两进程为例)：

```
int flag[2];   //状态数组，初值均为 0，表示在临界区外
...
P0                              P1
{                              {
   ...                            ...
   while(flag[1]==1);             while(flag[0]==1);
   flag[0]=1;                     flag[1]=1;
   临界区;                        临界区;
   flag[0]=0;                     flag[1]=0;
   ...                            ...
}                              }
```

这种算法可以保证有空让进。但是，当两个进程都未进入临界区时，它们各自的状态都为 0，若此时刚好两个进程同时都想进入临界区，并且都发现对方的状态值为 0，于是两个进程同时进入各自的临界区，这就违背了忙则等待原则。

3) 算法 3(谦让型)

在算法 2 中，进程先检查对方进程是否处于临界区，然后再声明自己进入临界区，这样有可能导致两个进程同时进入临界区。如果先声明自己要进入临界区，再检查对方是否在临界区，则算法变成：

```
int flag[2];   //状态数组，初值均为 0，表示在临界区外
...
P0                              P1
{                              {
   ...                            ...
   flag[0]=1;                     flag[1]=1;
   while(flag[1]==1);             while(flag[0]==1);
   临界区;                        临界区;
   flag[0]=0;                     flag[1]=0;
   ...                            ...
}                              }
```

该算法可以阻止两个进程同时进入临界区。但是，当两个进程同时想进入临界区时，

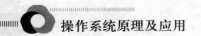

它们分别将自己的状态设置为 1，并且同时去检查对方的状态，发现对方的状态均为 1，结果谁也进不了临界区。这违反了有限等待原则。

4) 算法 4(Peterson 算法，只针对双进程)

将算法 1 和算法 3 进行综合，可以得到能满足 4 条原则的正确算法，具体如下：

```
int turn;                              P1
int flag[2];                           {
...                                        ...
P0                                         flag[1]=1;
{                                          turn=0;
    ...                                    while((flag[0]==1)&&turn==0);
    flag[0]=1;                             临界区;
    turn=1;                                flag[1]=0;
    while((flag[1]==1)&&turn==1);          ...
    临界区;                                }
    flag[0]=0;
    ...
}
```

在上述算法中，进程 Pi 先通过 flag[i]=1 声明准备进入临界区，但是接下来又把访问权让给对方。如果对方也声明准备进入临界区，且自己的谦让又成功，则对方进入临界区，自己等待；否则，即对方未做声明或者对方又把访问权让回给自己，则自己进入临界区。

以上算法都是忙等方案，即当进程不能进入临界区时，它一直在执行 while 语句，因而会浪费 CPU 执行有效程序的时间，且忙等进程为高优先级时会造成低优先权进程无限等待。针对多进程时，算法也比较复杂。故忙等式软件方案现已很少使用。

2.3.3 用信号量机制实现互斥与同步

荷兰数学家 Dijkstra 于 1965 年设计 THE 操作系统时提出了信号量(Semphore)的概念。信号量是管理相应临界区的公有资源，它代表可用资源的实体数。信号量表示系统中某一类可用资源的数量，是一个整型变量。信号量的取值从 0(表示系统中该类资源已全部被占用)开始到某一正值(表示该类资源目前的可用数目)。

当进程不能进入自己的临界区时，应立即释放处理机(让权等待)，这样可能会使多个进程等待访问同一临界资源。为此，在信号量机制中，除了需要一个用于代表资源数目的信号量外，还应增加一个进程链表，用于链接上述所有等待同一临界资源的进程，即记录型信号量。记录型信号量中包括两种信息：一种是原来的整型变量，标识当前系统中资源可用数；另一种信息用队列将等待该资源的进程信息关联在一起，方便系统管理。

Dijkstra 在提出信号量思想的同时，也定义了信号量的操作——P(passeren)操作和 V(verhogen)操作。当系统中有进程提出请求使用信号量所代表的资源(或临界资源)时(此时表示可用资源的潜在数目将会减少一个)，采用 P 操作来对信号量进行减 1 操作；当进程执行中退出临界区的使用后，表示可用资源数量将变多一个，采用 V 操作来对信号量进行加 1 操作。

1. 信号量机制

为提高 CPU 利用率，当进程不能访问被其他进程正在使用的临界资源时，应采取非忙等形式。非忙等方案又可分为阻塞型和非阻塞型。非阻塞型是指要么进程进入临界区，要么直接返回。而阻塞型则是当进程要不到临界资源时，转入阻塞状态；待别的进程释放资源时再将进程唤醒。单纯的睡眠和唤醒不足以实现互斥，还需要辅助机制。其中，信号量机制是一种卓有成效的同步与互斥机制。

每个信号量定义一个结构型数据类型。该数据结构由两个成员组成，其中一个成员是整型变量，表示该信号量的值；另一个成员是一个指向 PCB 的指针，当多个进程都等待同一信号量时，就将它们排成一个先进先出的队列，该指针指向队列头。

```
struct semaphore
{
int value;
pointer_to_pcb *queue;
}
```

信号量的值即 value 字段是有一定意义的，它与相应资源的使用情况有关。当 value≥0 时，表示当前可用资源的实体个数，当 value<0 时，|value|表示等待使用该资源的个数，即在 queue 队列中的进程个数。图 2-15 所示为信号量的一般结构和 PCB 队列情况。

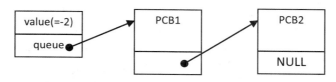

图 2-15　信号量的一般结构及 PCB 队列

在初始条件下，信号量的整型值表示系统中某类资源实体个数的总数，指针项为 NULL，表示等待队列为空。信号量在使用过程中是可变的，但对它们的改变不能被中断，故只能由特定的操作(称为 P、V 操作)来改变。设信号量为 s，则对 s 的 P 操作记为 P(s)，对 s 的 V 操作记为 V(s)。P、V 操作的定义分别如下。

```
P(s)
{
    s.value--;
    if(s.value<0)
    {
        保留调用进程的 PCB 现场;
        将该进程插入 s.queue 队列中并置为等待态;
        转调度程序;
    }
}
```

```
V(s)
{
    s.value++;
    if(s.value≤0)
    {
        取出 s.queue 队列中第一个进程;
        将该进程插入就绪队列中并置为就绪态;
    }
}
```

2. 利用信号量机制实现进程互斥

下面通过例子来讨论信号量机制是如何实现进程互斥的。

【例 2-8】 假如某系统中只有一台打印机，两个并发进程 P1、P2 在运行过程中都要使用打印机，这时，可以用信号量机制来实现它们对打印机的互斥使用。

首先，设置一个信号量 mutex，其整型域的初值为 1，表示系统中初始时可用的打印机实体个数为 1，指针域为 NULL。在各进程进入临界区前添加对信号量的 P 操作，在离开临界区后添加对信号量的 V 操作，算法描述如下：

```
struct semaphore mutex={1,NULL};
…
Pi
{
    …
    P(mutex);//申请 mutex
    使用打印机的临界区；
    V(mutex);//释放 mutex
    …
}
```

从上述算法可知，每个进程在使用打印机前，都要先执行一次 P 操作。在进程 P2 执行 P 操作时，如果 P1 已经先于它执行了 P 操作，则 P2 会被阻塞；待到 P1 使用完打印机执行 V 操作时，会唤醒 P2 进程，使得 P2 进程最终得到执行并使用打印机。既实现了并发进程对临界资源的互斥访问，又避免了忙等。

使用信号量机制在实现进程互斥时要注意下面两点。

(1) 每个进程中实现的 P、V 操作必须成对出现，在进入临界区前执行 P 操作，在离开临界区后执行 V 操作。

(2) P、V 操作应紧靠临界区的头尾，临界区的代码尽可能短，不能有死循环。

3. 用信号量机制实现进程同步

进程间的同步关系可以理解为协同完成一件事，每个进程完成其中一部分。

同步关系主要体现在并发进程在时间上的先后，可以通过在同步进程间传递消息来实现。用信号量机制实现进程同步的具体做法是：先用一个信号量与一个消息关联起来，当信号量的整型值小于或等于 0 时，表示期望的消息还未到达，大于 0 则表示消息已经到达；调用 P 操作测试消息是否到达，调用 V 操作发送一个消息。

下面通过一个例子来理解进程间同步。

【例 2-9】 假设两个进程——计算进程 P1 和打印进程 P2 一起完成数据加工及打印任务，如图 2-16 所示。

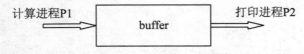

图 2-16　计算进程与打印进程的操作示意

进程 P1 和 P2 的操作过程如下。

① 进程 P1 将计算结果存入 buffer 中；

② 进程 P2 取出计算结果，打印并清空缓冲区；

③ 继续执行第①步和第②步，直到计算结束。

进程 P1 和 P2 之间的约定如下。

① 假设 buffer 的大小正好可以保存一次计算结果；

② 进程 P1 和进程 P2 共享一个缓冲区 buffer；

③ 当缓冲区为空时进程 P1 可存数据，当缓冲区有数据时进程 P2 可以打印，再清空数据。

缓冲区 buffer 的使用要求：

从上述描述中可知，进程 P1 和 P2 之间显然不是互斥的关系，而是协同完成一件事。对于缓冲区 buffer 的使用，当某一进程正在使用时是不允许另一进程同时使用的，这虽然也是资源的互斥方式使用，但对于资源的使用不再是按照申请的先后顺序得到使用权，而是根据事先规定的执行顺序才可使用资源。因此，这种进程间互相协作完成一件任务的关系是同步关系。

描述进程 P1 和 P2 之间的操作过程：

对于进程 P1，当缓冲区 buffer 没有数据状态为空时，可以将计算结果存入，则 buffer 为空是进程 P1 开始执行的先决条件；而对于进程 P2，当 buffer 中已保存有计算结果，状态为满时，P2 可以进行打印，再清空 buffer，则 buffer 为满时是 P2 执行的先决条件。

设有一个变量 bufferEmpty，初值为 1，表示缓冲区是空的条件为真；另有一个变量 bufferFull，初值为 0，表示缓冲区存满数据的情况为假(假定在初始情况下，buffer 中是没有数据的)。读者这里可以思考一下，这两个变量的取值之间有什么关联？

对于 buffer 的使用，其中一个进程是向 buffer 中存入数据，另一个进程是从 buffer 中取数据打印，然后再清空数据。为保证 buffer 中的数据能被正确使用，此例中 buffer 一次只允许一个进程操作。因此，对于 buffer 的互斥使用，进程 P1 和 P2 之间是互斥关系。同时，这两个进程合作完成了计算数据的连续存入、打印、清空等操作，这种进程之间协作完成一件事的关系称为进程同步。

当进程 P1 正在执行期间，进程 P2 若申请使用 buffer 时，只能先处于等待状态。当进程 P1 存完数据之后，可以通知进程 P2 结束等待。反之亦然，当进程 P2 正在执行操作时，若进程 P1 申请使用 buffer，也会被置于等待状态。当进程 P2 取数据打印，清空 buffer 中的数据之后，可以通知进程 P1 结束等待。

假设过程 wait 用来描述进程执行前的先决条件，过程 signal 用来描述进程之间发送的消息。

```
//P1:                          //P2:
wait(bufferEmpty);             wait(bufferFull);
存计算结果...                   取数据，打印，清空...
signal(bufferFull);            signal(bufferEmpty);
```

结合进程互斥的 PV 描述，进程 P1 开始执行的前提是 buffer 状态为空，而 buffer 被进程 P1 使用时，将向其中存入数据，buffer 的状态将潜在地不再是为空的状态，因此对于过程 wait(bufferEmpty)也可看作修改 bufferEmpty 的状态，即 bufferEmpty 的值由 1 变为 0。

而当进程 P1 执行数据存入 buffer 操作完毕时，buffer 中已存满数据了，则原来 bufferFull 的值可由原来的 0 变成 1。对于进程 P2 的执行过程，读者可自行分析。上述分析结合进程互斥的信号量机制可知，bufferEmpty 是进程 P1 的专用信号量，bufferFull 是进程 P2 的专用信号量，这与一组互斥关系的进程间共享的信号量(公用信号量)不同，仅供具有同步关系的并发进程间各自独自使用的信号量即为私用信号量。因此，可将上述两个进程的描述改写为：

```
//P1:                          //P2:
P(bufferEmpty);                P(bufferFull);
存计算结果...                   取数据，打印，清空...
V(bufferFull);                 V(bufferEmpty);
```

思考： 上述 PV 操作中，进程 P1 数据存储完之后为什么没有执行 V(bufferEmpty)？

【例 2-10】 将例 2-9 稍稍复杂化，buffer 中有两个存储单元，如图 2-17 所示。

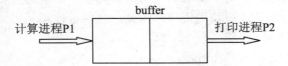

图 2-17　共享两个单元的计算进程和打印进程操作示意

　　进程 P1 和 P2 共享使用 buffer，P1 完成计算结果存入操作，P2 完成打印并清空 buffer 操作。buffer 中包含两个存储单元，当 buffer 至少有一个单元为空时 P1 可向其中存入数据，当 buffer 中至少有一个单元存满数据时 P2 可操作。buffer 一次只允许一个进程使用。

　　根据题意，先分析进程之间的关系。因共享 buffer 是以互斥方式使用的，故进程 P1 和 P2 之间有互斥关系；两个进程协同完成数据的存储、打印等连续不断的操作，故它们之间也存在同步关系。

　　因此，定义进程 P1 使用的信号量 bufferEmpty，初值为 2，表示 buffer 的两个单元全部没有数据；定义进程 P2 使用的信号量 bufferFull，初值为 0，表示 buffer 没有一个单元有数据；定义 buffer 互斥使用的信号量 mutex，初值为 1，表示初始情况下 buffer 没有被任一进程占用。用 PV 操作描述如下：

```
//P1:                          //P2:
P(bufferEmpty);                P(bufferFull);
P(mutex);                      P(mutex);
存储数据...                     取数据，打印，清空...
V(mutex);                      V(bufferEmpty);
V(bufferFull);                 V(mutex);
```

思考： 进程操作过程 PV 描述中两个 P 是否有先后顺序要求？

下面来看一个例子。

【例 2-11】 设公共汽车上有一位司机和一位售票员，他们各自的工作如图 2-18 所示。

在司机和售票员的工作中，司机必须等售票员关车门后方可启动车辆，而售票员又必须在司机到站停车后才可开车门。为此，设置两个信号量 gate 和 stop，分别用于控制司机启动车辆和售票员开车门。在司机启动车辆前，应先用 P(gate)测试能否启动，到站停车后用 V(stop)通知售票员可以开车门。售票员关上车门后调用 V(gate)通知司机可以启动车辆，在打开车门前用 P(stop)测试能否开车门。

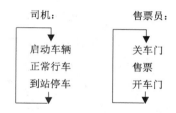

图 2-18　司机和售票员的工作

初始时，gate 和 stop 的整型域均为 0。用信号量机制解决该问题，算法描述如下：

```
struct semaphore gate={0,NULL},stop={0,NULL};
...
driver
{
    P(gate);
    启动车辆;
    正常行车;
    到站停车;
    V(stop);
}
conductor
{
    关车门;
    V(gate);
    售票;
    P(stop);
    开车门;
}
```

在上述算法中，假设先调度 driver 进程，由于初始 gate.value 为 0，则 driver 会因为调用 P(gate)而阻塞；接下来再调度 conductor 进程，则售票员关车门后执行 V(gate)，释放一个 gate 信号。因此，进程 driver 得以唤醒。接下来司机正常行车和售票员售票可不分先后顺序并发执行。在售票员准备开车门前，如果司机还未停车，则会因执行 P(stop)而阻塞。待司机到站停车后执行 V(stop)释放一个 stop 信号，唤醒 conductor 进程。这样，司机和售票员就能协调工作。

使用信号量机制实现进程同步时应该注意以下几点。

(1) 分析进程间的制约关系，确定信号量种类。即，在保证进程间有正确同步关系的条件下，根据让哪个进程先执行，哪个进程后执行，彼此间通过哪个(些)信号量进行协调，从而确定要设置哪些信号量。比如，上面例子中，要等待消息的地方分别是司机启动车辆和售票员开车门，因此可以设置两类信号量，此处是 gate 和 stop。在保证司机和售票员正常工作的条件下，可以让售票员进程先执行，因此，将 gate 的数值域初值设为 0，关车门后释放 gate 信号给司机，此后，司机和售票员相互等待和唤醒。

(2) 信号量初值与相应资源的数量有关，与 P、V 操作在程序代码中出现的位置也有关。下面是司机与售票员例子的另一种算法描述：

```
struct semaphore gate={1,NULL},stop={0,NULL};
...
driver
{
    P(gate);
    启动车辆;
    正常行车;
    到站停车;
    V(stop);
}
    conductor
{
    售票;
    P(stop);
    开车门;
    关车门;
    V(gate);
}
```

(3) 同一信号量的 P、V 操作要成对出现，但它们在不同的进程代码中。而互斥是在同一个进程代码中成对出现的。

2.3.4 进程通信

并发进程间因共享资源而互相发送的消息可以看作是一种通信类别，而且进程间也会经常相互发送其他大量的信息。前者称为低级通信，后者称为高级通信。

常用的消息传递方式有：直接通信方式(消息缓冲机制)和间接通信方式(邮箱机制)。

1. 消息缓冲机制

消息缓冲通信技术是由 Hansen 首先提出的，其基本思想是：根据"生产者——消费者关系"原理，利用公用消息缓冲区实现进程间的信息交换。在消息缓冲机制下，两通信进程必须满足以下条件。

(1) 在发送进程把消息写入缓冲区和把缓冲区挂入消息队列时，应禁止其他进程对缓冲区消息队列的访问。同理，接收进程取消息时也禁止其他进程访问缓冲区消息队列。

(2) 当缓冲区中没有信息存在时，接收进程不能接收到任何消息。

2. 邮箱机制

进程采用间接通信方式时，进程间发送或接收消息通过一个共享的数据结构——信箱来进行，消息可以被理解为信件，每个信箱有一个唯一的标识符。

当两个以上的进程有一个共享的信箱时，它们就能进行通信。

进程间的通信要满足如下条件。

(1) 发送进程发送消息时，邮箱中至少要有一个空格存放该消息。

(2) 接收进程接收消息时，邮箱中至少要有一个消息存在。

邮箱包括两个部分：邮箱头和邮箱体。其中，邮箱头包括邮箱名称、邮箱大小、拥有该邮箱的进程名等；邮箱体用来存放消息。

2.3.5　Linux IPC 概述

Linux 下的进程通信手段基本上是从 UNIX 平台上的进程通信手段继承而来的。而对 UNIX 发展做出重大贡献的两大主力 AT&T 的贝尔实验室及 BSD(加州大学伯克利分校的伯克利软件发布中心)在进程间通信方面的侧重点有所不同。前者对 UNIX 早期的进程间通信手段进行了系统的改进和扩充，形成了 system V IPC，通信进程局限在单个计算机内；后者则跳过了该限制，形成了基于套接口(socket)的进程间通信机制。Linux 则把两者继承下来，如图 2-19 所示。

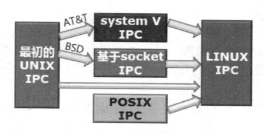

图 2-19　Linux IPC 的由来

最初的 UNIX IPC 包括管道、FIFO、信号；System V IPC 包括 System V 消息队列、System V 信号灯、System V 共享内存区；Posix IPC 包括 Posix 消息队列、Posix 信号灯、Posix 共享内存区。有两点需要简单说明一下

(1) 由于 UNIX 版本的多样性，电子电气工程协会(IEEE)开发了一个独立的 UNIX 标准，这个新的 ANSI UNIX 标准被称为计算机环境的可移植性操作系统界面(POSIX)。现有的大部分 UNIX 流行版本都是遵循 POSIX 标准的，而 Linux 从一开始就遵循 POSIX 标准；

(2) BSD 并不是没有涉足单机内的进程间通信(socket 本身就可以用于单机内的进程间通信)。

Linux IPC 通信包括以下 8 种方式。

(1) POSIX。portable operating system interface，计算机环境的可移植性操作系统界面，X 代表对 UNIX API 的传承。

(2) pipe。进程及其子孙进程之间进行通信，位于外存区域，但在文件系统中不可见。在实际应用中，进程通信往往发生在无关进程间，故此时用无名管道通信就不方便了。

(3) FIFO。类似于管道，但可用于任何两个进程间的通信，命名管道在文件中有对应的文件名。其在创建时要指定具体的路径和文件名。

(4) 内存映射。mapped memory，内存映射允许任何多个进程间通信，每一个使用该机制的进程通过把一个共享的文件映射到自己的进程地址空间来实现它。

(5) 共享内存。它使得多个进程可以访问同一块内存空间，是最快的可用 IPC 形式。这是针对其他通信机制运行效率较低的问题而设计的。它往往与其他通信机制，如信号量结合使用，以达到进程间的同步及互斥。

(6) 套接字。它是更为通用的进程通信机制，可用于不同机器之间的进程间通信。其实是由 UNIX 系统的 BSD 分支开发出来，但现在一般可移植到其他类 UNIX 系统上。消

操作系统原理及应用

息队列是消息的连接表，包括 POSIX 消息队列和 system V 消息队列。有足够权限的进程可以向队列中添加消息，被赋予读权限的进程则可取走队列中的消息。消息队列克服了信号方式通信量少，而管道只能是无格式字节流以及缓冲区大小受限制等缺点，是新产生的一种通信方式。

(7) 软中断。信号是在软件层次上对中断机制的一种模拟，它是比较复杂的通信方式，用于通知接收进程有某事件发生，一个进程收到一个信号与处理器收到一个中断请求在效果上可以说是一样的。

(8) 信号量。主要作为进程间以及同一进程不同线程之间的不同手段。

2.3.6 Linux 管道通信

管道(pipe)通信是由 UNIX 首创的一种借助文件和文件系统形成的一种通信方式。消息缓冲通信机构是以内存缓冲区为基础的。而管道是以文件系统为基础的。管道类型包括有名管道和无名管道。

pipe 只允许建立者及其子进程使用。父进程及其所有子孙进程构成一个进程族，同族中的多个进程可共享一个 pipe。并且为了避免混乱，通常一个 pipe 为两个进程专用，且一个进程只用其写入端，另一进程只用其读出端。管道按先进先出方式(FIFO)传送消息，且只能单向传送消息，如图 2-20 所示。

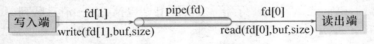

图 2-20　pipe 管道通信示意

管道通信中用到了两个系统文件 read 和 write。系统文件 write(fd[1],buf,size)是把 buf 中的长度为 size 字符的消息送入管道入口 fd[1]。fd[1]是 pipe 通信的入口，buf 是存放消息的空间，size 为当前要写入的字符长度。系统文件 read(fd[0],buf,size)是从 pipe 出口 fd[0]读出 size 字符的消息置入 buf 中，其中 fd[0]为 pipe 通信的出口，其余参数同 read。

【例 2-12】用 C 语言编写一个程序，建立一个 pipe 管道通信。父进程生成一个子进程，子进程向 pipe 中写入一字符串，父进程从 pipe 中读出该字符串。

```c
#include <unistd.h>
#include <stdio.h>
int main(void)
{   int x,fd[2];
    char buf[30],s[30];
    pipe(fd);                    /*创建管道*/
    while((x=fork())==-1);       /*创建子程序失败时，循环*/
    if(x==0)
    {   sprintf(buf, "this is an example\n");
        write(fd[1],buf,30);     /*把 buf 中字符写入管道*/
        exit(0);
    }
    else
    {   wait(0);
```

```
        read(fd[0],s,30);              /*父进程读管道中的字符*/
        printf("%s",s);
    }
}
```

【例 2-13】 用 C 语言编写程序，建立一个管道。同时，父进程生成子进程 P1 和 P2，这两个子进程分别向管道中写入各自的字符串，父进程读出它们，如图 2-21 所示。

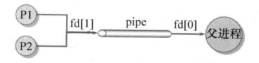

图 2-21　父进程与两个子进程的 pipe 通信示意

```
#include <stdio.h>
int main(void)
{   int r,p1,p2,fd[2];
    char buf[50],s[50];
    pipe(fd);                          /*创建管道*/
    while((p1=fork())==-1);            /*创建子程序失败时，循环*/
    if(p1==0)
    {   lockf(fd[1],1,0);
        sprintf(buf, "child process p1 is sending message!\n");
        printf("child process p1!\n");
        write(fd[1],buf,50);           /*把 buf 中字符写入管道*/
        sleep(5);
        lockf(fd[1],0,0);
        exit(0);
    }
    else
    {   while((p2=fork())==-1);        /*创建子程序失败时，循环*/
        if(p2==0)
        {   lockf(fd[1],1,0);
            sprintf(buf, "child process p2 is sending message!\n");
            printf("child process p2!\n");
            write(fd[1],buf,50);       /*把 buf 中的字符写入管道*/
            sleep(5);
            lockf(fd[1],0,0);
            exit(0);
        }
        wait(0);
        if((r=read(fd[0],s,50))==-1)
            printf("can't read pipe\n");
        else printf("%s",s);
        wait(0);
        if((r=read(fd[0],s,50))==-1)
            printf("can't read pipe\n");
        else printf("%s",s);
        exit(0);
    }
}
```

2.3.7 Linux 软中断通信

软中断是对硬件中断的一种模拟，发送软中断就是向接收进程的 task_struct 结构中的相应项发送一个信号。接收进程在收到软中断信号后，将按照事先的规定去执行一个软中断处理程序。但是，软中断处理程序不像硬中断处理程序那样，收到中断信号后被启动，它必须等到接收进程执行时才生效。另外，一个进程也可以对自己发送软中断信号，以便在某些特殊情况下，进程能转入规定好的处理程序。

在 Linux 终端下用 kill –l 命令查看所有软中断信号(如图 2-22 所示)。用户可以通过 man 7 signal 查看所有信号的帮助(部分信号的说明如图 2-23 所示)。

```
[root@localhost root]# kill -l
 1) SIGHUP       2) SIGINT       3) SIGQUIT      4) SIGILL
 5) SIGTRAP      6) SIGABRT      7) SIGBUS       8) SIGFPE
 9) SIGKILL     10) SIGUSR1     11) SIGSEGV     12) SIGUSR2
13) SIGPIPE     14) SIGALRM     15) SIGTERM     17) SIGCHLD
18) SIGCONT     19) SIGSTOP     20) SIGTSTP     21) SIGTTIN
22) SIGTTOU     23) SIGURG      24) SIGXCPU     25) SIGXFSZ
26) SIGVTALRM   27) SIGPROF     28) SIGWINCH    29) SIGIO
30) SIGPWR      31) SIGSYS      33) SIGRTMIN    34) SIGRTMIN+1
35) SIGRTMIN+2  36) SIGRTMIN+3  37) SIGRTMIN+4  38) SIGRTMIN+5
39) SIGRTMIN+6  40) SIGRTMIN+7  41) SIGRTMIN+8  42) SIGRTMIN+9
43) SIGRTMIN+10 44) SIGRTMIN+11 45) SIGRTMIN+12 46) SIGRTMIN+13
47) SIGRTMIN+14 48) SIGRTMIN+15 49) SIGRTMAX-14 50) SIGRTMAX-13
51) SIGRTMAX-12 52) SIGRTMAX-11 53) SIGRTMAX-10 54) SIGRTMAX-9
55) SIGRTMAX-8  56) SIGRTMAX-7  57) SIGRTMAX-6  58) SIGRTMAX-5
59) SIGRTMAX-4  60) SIGRTMAX-3  61) SIGRTMAX-2  62) SIGRTMAX-1
63) SIGRTMAX
```

图 2-22 Linux 支持的所有软中断信号

软中断号	符号名	功　能	软中断号	符号名	功　能
1	SIGHUP	用户终端连接结束	17	SIGCHLD	子进程消亡
2	SIGINT	键盘打入 DELETE 键	18	SIGCONT	继续进程的执行
3	SIGQUIT	键盘打入 QUIT 键	19	SIGSTOP	停止进程的执行
4	SIGILL	非法指令	20	SIGTSTP	键盘打入 SUSP 键
5	SIGTRAP	断点或跟踪指令	21	SIGTTIN	后台进程读控制终端
6	SIGABRT	程序 ABORT	22	SIGTTOU	后台进程写控制终端
7	SIGBUS	非法地址	23	SIGURG	socket 收到紧急数据
8	SIGFPE	浮点溢出	24	SIGXCPU	超过 CPU 资源限制
9	SIGKILL	要求终止该进程	25	SIGXFSZ	超过文件资源限制
10	SIGUSR1	用户定义	26	SIGVTALRM	虚拟时钟定时信号
11	SIGSEGV	段违例	27	SIGPROF	虚拟时钟定时信号 2
12	SIGUSR2	用户定义	28	SIGWINCH	窗口大小改变
13	SIGPIPE	PIPE 只有写者无读者	29	SIGIO	IO 就绪
14	SIGALRM	时钟定时信号	30	SIGPWR	电源失效
15	SIGTERM	软件终止信号	31	SIGSYS	系统调用错
16					

图 2-23 软中断信号说明

【例 2-14】　编程实现循环显示字符串"Hello!"，当键盘键入 Ctrl+C 时终止循环，显示"OK！"后结束。

分析：

根据题意，查系统的软中断信号表可知，需要定义的软中断信号序号为 2，名称为 SIGINT，其对应的软中断处理函数的功能是修改循环变量的值，使其中断返回后终止循环显示。

```
#include<signal.h>
int k;                      //定义循环变量
void int_func(int sig)      //定义软中断处理函数
{
    k=0;                    //修改循环变量的值为 0
}
int main(void)
{
    signal(SIGINT,int_func);//预置软中断信号处理函数
    k=1;
    while(k==1)             /*等待键入 Ctrl+C 后转软中断处理函数执行*/
        printf("Hello!\n");
    printf("OK!\n");        //软中断处理函数返回后退出循环
    exit(0);
}
```

软中断信号预置函数为：

```
signal (sig , function)
```

其中，sig 是系统给定的软中断信号中的序号或名称。function 是与软中断信号关联的函数名，当进程在运行过程中捕捉到指定的软中断信号后，中断当前程序的执行，转到该函数执行。

注意：软中断信号必须提前预置，然后才可以在程序运行中捕获。

发送软中断信号的函数为：

```
int  kill(pid,sig)
```

其中，pid 表示一个或一组进程的标识符。

当 pid>0 时，将信号发送给指定 pid 的进程；

当 pid=0 时，将信号发送给同组的所有进程；

当 pid=-1 时，将信号发送给以下所有满足条件的进程：该进程用户标识符等于发送进程有效用户标识符。

Sig 表示软中断信号的序号或名称。

功能：向指定进程标识符 pid 的进程发送软中断信号 sig。本章中用来实现父进程给子进程发送终止执行软中断信号。

头文件：

```
#include<sys/types.h>
#include<signal.h>
```

如何实现子进程等待父进程？

子进程对父进程的等待，可以使用父进程向子进程发送软中断信号、子进程接收信号的方式实现。

这两种同步方式相结合，可以实现父→子→父的同步序列。

实现父→子→父同步的具体步骤如下。

(1) 子进程使用 signal() 预置软中断处理函数，然后等待父进程发送软中断信号。

(2) 父进程中使用 kill() 发送软中断信号给子进程，再用 wait(0) 等待子进程结束。

(3) 子进程接收到软中断信号后转去执行中断处理函数。

(4) 子进程在中断处理返回后，使用 exit(0) 终止执行，向父进程发送终止信息。

(5) 父进程使用 wait(0) 接收到子进程的终止信息后结束等待，并终止自己的程序执行。

【例 2-15】父子进程同步要求如下。

父进程创建一个子进程，在父进程中显示 3 行"How are you !"然后发软中断信号给子进程，再等待子进程终止后输出结束信息"OK！"，然后终止执行。

子进程中循环显示"I'm child"，当接收到父进程发来的软信号后停止循环，显示"Child exited!"并终止执行。

它们之间的同步关系是：子进程在循环显示中等待父进程发出的软中断信号，并输出结束信息，然后结束；父进程等待子进程结束后输出结束信息，然后结束。

```
#include<signal.h>
int k1;                                  //定义全局变量 k1
void int_fun1(int sig)                   //定义软中断处理函数
{    k1=0;   }
int main(void)
{   int k,p1;
    while((p1=fork())==-1);              //创建子进程
    if(p1>0)                            //父进程返回
    {   for(k=1;k<4;k++)                //显示 3 行信息
        {   printf("How are you !\n");
             sleep(1);
        }
        kill(p1,12);                    //发送软中断信号给子进程
        wait(0);                        //等子进程终止
        printf("OK!\n");                //输出结束信息
        exit(0);
    }
    else                                //子进程返回
    {   signal(12,int_fun1);            //预置软中断信号
        k1=1;
        while(k1==1)  /*循环显示并等待父进程发送软中断信号*/
        {    printf(" I'm child\n ");
             sleep(1);
        }
        printf(" Child exited!\n ");    //子进程结束信息
        exit(0);                        //子进程终止
    }
}
```

2.4 经典的 IPC 问题

2.4.1 生产者与消费者问题

【例 2-16】 将前面两个计算进程 P1 和打印进程 P2 的例子更一般化，就得到了生产者和消费者问题。该问题的数学描述是，有若干个进程向一个有界缓冲区 buffer(其中有 n 个存储单元)中存入数据，另有若干个进程从 buffer 中取出数据打印输出并清空单元。这种向缓冲区中存入数据的进程就好似向缓冲区中产生数据，也称生产者进程；从缓冲区取出数据进行操作的进程就好似消费缓冲区中的数据，称为消费者进程，如图 2-24 所示。

n个单元的有界缓冲区区

生产者进程P1 　　　　　　　　　　　　　　　　　消费者进程C1
生产者进程P2 　　　　　　　　…… 　　　　　　　消费者进程C2
生产者进程Pi 　　　　　　　　　　　　　　　　　消费者进程Cj

图 2-24　生产者-消费者问题示意

buffer 以互斥的方式使用，且当 buffer 中至少有一个单元为空时，可允许一个生产者进程操作，当 buffer 中至少一个单元存储数据时，可允许一个消费者进程操作。

问题分析：

从缓冲区使用方式的描述中可知，两种进程之间既有互斥关系，又有同步关系。对于互斥关系需要定义公用信号量管理缓冲区的使用权分配，对于同步关系需要定义给同步关系的各并发进程各自使用的私用信号量。

```
int mutex=1, bufferEmpty=1, bufferFull=0;//
```

上述定义中 mutex 是管理 buffer 互斥使用的信号量，初值为 1，表示缓冲区没有被占用；bufferEmpty 是生产者进程使用的信号量，初值为 n，表示 n 个单元全部为空；bufferFull 是消费者进程使用的信号量，初值为 0，表示没有单元存储数据。

则可用 PV 操作描述某一生产者进程 Pi 与消费者进程 Cj 对 buffer 的使用：

```
//Pi:                          //Cj:
P(bufferEmpty);                P(bufferFull);
P(mutex);                      P(mutex);
存储数据...                     取数据，打印，清空...
V(mutex);                      V(bufferEmpty);
V(bufferFull);                 V(mutex);
```

2.4.2 哲学家进餐问题

【例 2-17】 有 5 位哲学家围坐在一张圆桌边，桌上每两个哲学家之间摆一根筷子，如图 2-25 所示。哲学家们所做的主要就是思考和进餐。当哲学家在思考时，并不影响他人。只有当哲学家饥饿的时候，才试图拿起左、右两根筷子(一根一根地拿起)。如果某一根筷子已在他人手上，则需要等待。哲学家只有同时拿到了两根筷子才可以开始进餐，当进餐完毕后，放下筷子继续思考。任一哲学家在拿到两根筷子吃饭前，绝不放下手中的筷子。

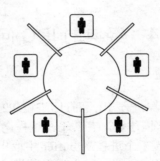

图 2-25　哲学家进餐问题

问题分析：

关系分析。5 根筷子就是 5 位哲学家们的共享资源。相邻两个哲学家均要进餐时，他们之间的筷子分给某一位哲学家时，另一位哲学家只能等待，这是互斥关系。

思路整理：

(1) 某一哲学想要进餐时，仅他左右手边的筷子才有用，其他 3 根筷子对该哲学家是无法使用的，因此，5 个资源必须分别管理。

(2) 每位哲学家可看作是一个进程。

根据上述分析，定义信号量，

```
int chopstick[5] = {1,1,1,1,1};        //用 5 个数组元素来管理 5 根筷子
```

用 PV 操作描述某一哲学家的动作：

```
Pi()                              //第 i 号哲学家的进程
{
   do
   {
       P(chopstick[i]);           //取左边筷子
       P(chopstick[(i+1) %5]);    //取右边筷子
       eat...                     //进餐
       V(chopstick[i]) ;          //放回左边筷子
       V(chopstick[(i+l)%5]);     //放回右边筷子
       think...                   //思考
   } while (1);
}
```

当某一哲学家拿起手边一根筷子时，共享这根筷子的相邻哲学家就无法进餐了，上述 PV 操作的描述中，解决了相邻哲学家同时进餐的问题。

但是算法又产生了另一个问题：当每个哲学家都想要进餐，都拿起左手的筷子，即执行 P(chopstick[i])时，5 根筷子被 5 位哲学家占用了，当任一哲学家再试图取右边筷子，即执行 P(chopstick[(i+1)%5])时，就只能阻塞，每个哲学家不可能放下手中的筷子，这就会出现 5 位哲学家都无法进餐的死锁情况(有关死锁问题将在 2.7 节详细介绍)。

为避免上述死锁情况的发生，对于哲学家的进餐操作加以限制，例如，最多允许 4 位哲学家进餐，或者，给哲学家编号，奇数号哲学家先申请左手的筷子，偶数号哲学家先申请右手的筷子，从而避免死锁情况的发生。用上述第二种方法描述哲学家进餐操作，假定哲学家以顺时针方向编号，每位哲学家左手筷子的编号是奇数，进程描述如下：

```
Pi()                            //第 i 号哲学家的进程
{
do
{
    if(i%2)                     //奇数号哲学家进餐
    {
    P(chopstick[i] ) ;          //取左边筷子
    P(chopstick[(i+1) %5] );    //取右边筷子
    eat...                      //进餐
    V(chopstick[i]) ;           //放回左边筷子
    V(chopstick[(i+l)%5]);      //放回右边筷子
    think...                    //思考
    }
    else                        //偶数号哲学家进餐
    {
    P(chopstick[i+1]);          //取右边筷子
    P(chopstick[(i) %5]);       //取左边筷子
    eat...                      //进餐
    V(chopstick[i]);            //放回左边筷子
    V(chopstick[(i+l)%5]);      //放回右边筷子
    think...                    //思考
    }
} while (1);
}
```

2.4.3 读者－写者问题

【例 2-18】 读者—写者问题(Readers-Writers problem)也是一个经典的且经常出现的并发进程同步问题。假定若干个并发进程共享一个数据区，其中一些进程只要求读数据(称为读者 Reader)；另一些进程则要求修改数据(称为写者 Writer)。这两类进程操作时的限制为：

(1) 允许多个读者同时执行读操作；

(2) 不允许读者、写者同时操作；

(3) 不允许多个写者同时操作。

Reader 和 Writer 的同步问题分为读者优先、写者优先(其中还分为弱写者优先和强写者优先)等几种情况，此处仅介绍读者优先，写者优先可自行练习。

对于读者优先，应满足下列条件。

当有一个新读者产生：

① 既无读者又无写者时，新读者可以进行读操作；

② 当有写者在等待时，同时其他读者正在读，则新读者也可以读；

③ 当有写者正在写时，新读者等待。

如果新写者到：

① 无读者时，新写者可以写；

② 有读者时，新写者须等待；

③ 有其他写者时，新写者须等待。

问题分析：

从上述问题描述中可知，读者和写者分别是两类进程，数据区是共享资源，两种进程间是互斥使用数据区，且进程执行中有先后顺序要求，故两类进程既有互斥关系又有同步关系。除了通过信号约束进程间操作外，还须引入计数器 rc 对读进程计数；rc_mutex 是用于对计数器 rc 操作的互斥信号量；write 表示是否允许写的信号量；于是读者优先的程序设计如下：

```
RW
{
int rc=0;                        //用于记录当前的读者数量
semaphore rc_mutex=1;            //用于对共享变量 rc 操作的互斥信号量
semaphore write=1;              //用于保证读者和写者互斥地访问的信号量

void reader()
do
{
    P(rc_mutex);                //开始对 rc 共享变量进行互斥访问
    rc ++;                       //来了一个读进程，读进程数加 1
    if (rc==1)  P(write);       //如是第一个读进程，判断是否有写进程在临界区，
                                //若有，读进程等待，若无，阻塞写进程
    V(rc_mutex);                //结束对 rc 共享变量的互斥访问
读文件;
    P(rc_mutex);                //开始对 rc 共享变量的互斥访问
      rc--;                     //一个读进程读完，读进程数减 1
    if (rc == 0)  V(write);    //最后一个离开临界区的读进程需要判断是否有写进程
                                //需要进入临界区，若有，唤醒一个写进程进临界区
    V(rc_mutex);                //结束对 rc 共享变量的互斥访问
} while(1)

void writer()
do
{
    P(write);                   //无读进程，进入写进程；若有读进程，写进程等待
    写文件;
    V(write);                   //写进程完成；判断是否有读进程需要进入临界区，
                                //若有，唤醒一个读进程进临界区
} while(1);
}
```

读者优先算法的思想是，当有其他读进程正在读时，新的读进程也可以读操作；写进程必须等待所有读进程都不读时才能写，即使写进程可能比一些读进程更早提出申请。该算法只要还有一个读者在活动，就允许后续的读者进来，该策略的结果是，如果有一个稳定的读者流存在，那么写者就始终被挂起，直到没有读者为止。

2.5 线　　程

2.5.1 线程的引入及定义

为了说明引入线程的目的，先来看一个例子：航空公司售票系统需要同时处理来自多个售票窗口的购票或查询请求，对这些购票或查询请求的处理都是针对同样的数据"座位

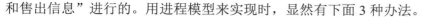

和售出信息"进行的。用进程模型来实现时，显然有下面 3 种办法。

(1) 用一个进程处理所有窗口的请求。该进程可以采用一个循环，逐个处理来自各窗口的请求。当该进程在处理一个购票请求时，不管该购票请求是在访问座号和售出信息，还是在等待打印购票信息，其他购票请求只能等待。显然，这种方案会导致较多的等待和较慢的响应时间。当该进程正在等待打印时，即使还有其他请求要处理，该进程也必须进入等待状态。这样就出现了一方面还有很多请求等待处理，另一方面该进程却处于等待的矛盾和浪费局面。

(2) 用一个进程来并发处理所有窗口的请求。只要还有未处理请求，该进程就不进入等待状态。例如，当该进程正在等待打印票据信息时，记录下当前请求的当前状态，然后转去处理下一请求。而当打印完成后，进程在适当时机继续为前一请求服务。显然，在这种方案下，进程需要记录所有请求的处理状态，并在这些请求间进行切换，这意味着加重了用户进程的负担和复杂性。而实际上，这种管理是一种与应用无关的共性需要，可以考虑由操作系统提供一个统一的管理平台。

(3) 用多个进程来并发处理各窗口的请求。由于每个进程负责处理一个购票请求，因此不会出现上述两种方案中出现的问题。但是在这些进程间需要大量的、复杂的共享机制和通信机制，而且需要大量的进程，每个进程都需要占用一套完整的进程管理信息，这些进程频繁地建立、撤销、切换，整个方案的实现开销将变得非常大。考虑到这些进程处理的大部分数据是相互共享的，并且基于同一类数据处理的进程的管理信息也有很多共性，如果能有某种机制减少这些共性数据的切换，那将大大降低这组进程的切换时间和管理信息空间。

从上述分析可以看出，以上 3 种方案都不能很好地解决"基于相同数据空间同时处理多个请求"的需要，应考虑一种新的方案。实际上，将方案(2)中与应用无关的共性需要(即记录请求状态和在请求间切换)用方案(3)中的进程管理方式来实现，就可以得到一种既能保证并发，又能减少管理和切换开销，且用户使用起来也相对简单的新方案，即线程模型。

在线程模型中，线程是基于进程的一个运行单位，比如一个子函数，是隶属于进程的。一个进程可以有一个或多个线程，这些线程共享这个进程的地址空间(代码和数据)及大部分管理信息。程序的运行离不开程序计数器和堆栈，因此每个线程都有自己的程序计数器、栈以及少量的管理信息。线程是调度的基本单位，但不是资源分配的基本单位，因而线程也被称为轻型进程。

2.5.2　线程与进程的关系

在引入线程的操作系统中，线程和进程主要具有以下关系。

(1) 线程是进程的一部分，是进程内的一个执行单元，是调度的基本单位。

(2) 在分配资源时，操作系统把资源分配给进程，即进程是分配资源的单元。进程的所有线程都可以共享分配给它的资源。各线程不能独立拥有这些资源，但它们有自己独立的少量信息(如程序计数器、寄存器组和栈，有的还有私有数据)。

(3) 进程可以并发执行，一个进程中的各线程也可以并发执行，而且在并发执行过程中，也需要协调同步。

(4) 进程切换时涉及有关资源的保存和地址空间的变化等；线程切换时，由于进程内不同线程共享资源和地址空间，将不涉及资源的保存和地址变化问题，从而减少了切换开销。

2.5.3　线程的实现方法

对线程进行管理的程序(即线程库)可以在内核空间实现，称为核心级线程；也可以在用户空间实现，称为用户级线程；当然也可能在用户和系统这两个级别同时都实现。

1. 用户级线程

对于完全在用户空间实现的线程，内核是不知道任何线程存在的，对线程的管理由用户级线程库完成。该线程库为每个进程准备一张表，该进程的每个线程在表中占一行，用于填写有关的寄存器、状态和其他信息。所有对线程的调度、切换等操作都在线程库中以函数调用的形式实现。像 UNIX 采用的就是用户级线程。

在用户空间实现线程的好处如下。

(1) 同一进程中的线程切换不需要内核的干预，切换开销比较小。

(2) 线程的调度可以有自己特设的调度算法，与操作系统的进程调度算法无关。

(3) 用户级线程可以在一个不支持线程的操作系统上运行。

当然，该方法也有以下不足。

(1) 进程中的某线程被操作系统阻塞时，会导致该进程内的其他线程也会阻塞，降低了线程的并发性。

(2) 由于操作系统以进程为单位分配资源，包括 CPU，因而不管进程包含了多个线程，操作系统都只会分配一个 CPU 给该进程，所以用户级线程不适合在多处理器系统上运行。

2. 核心级线程

对于完全在核心级实现的线程，对它们的创建、调度、撤销等管理都由操作系统内核以系统调用形式实现。操作系统不仅可以运行同一进程中的另一线程，还可以运行其他进程中的线程。该方法的优缺点正好与用户级线程相反。Windows NT 即属于此类。

注意核心级线程和核心线程是不同的。核心级线程是指内核知道线程的存在，对线程的管理由内核实现；核心级线程既包括在核心空间创建的用户线程，也包括在核心空间创建的核心线程。而核心线程指的是它所属进程是核心进程，与任何用户进程均无关联，它共享内核的正文段和全局数据，具有自己的内核堆栈。

2.5.4　Linux 的线程管理

Linux 在核心空间创建内核级线程的系统调用是 clone()，用户空间则以 pthread 线程库实现用户级线程，该库中创建线程函数 pthread_create()最终也要调用 clone()来实现。

Linux 实际上是用创建进程的方式来实现线程的，因为 clone()和 fork()最终都会调用相同的内核底层函数 do_fork()，只是参数不同。当通过 fork 去调用 do_fork()时，内核不使用任何共享属性，因而进程拥有独立的运行环境；而当用 clone 去调用 do_fork()时，内核会把一些共享标识，如共享内存标识 CLONE_VM、共享文件系统信息标识 CLONE_FS、共享文件描述符表标识 CLONE_FILES 等，作为参数传给 do_fork()，从而使创建的"进程"拥有共享的运行环境，但栈是独立的，具有线程的本质特征。

2.5.5　Linux 线程管理相关函数

1. clone()系统调用

格式：

```
int clone(int(*fn)(void *arg),void *childstack,int flag,void *arg)
```

功能：创建一个核心级线程。

参数说明如下。

(1) fn：线程执行的函数地址。

(2) childstack：线程的栈指针。

(3) flag：创建线程的参数标识，如 CLONE_VM | CLONE_FS | CLONE_FILES | CLONE_SIGHAND 表示要共享内存空间、文件资源和信号句柄。

(4) arg：fn 函数的参数。

返回值：返回值同 fork()，创建成功时，对子线程返回 0，对父线程返回子线程号，出错则返回-1。

系统级线程由内核管理。Linux 还提供了一个线程库 pthread，用于管理用户级线程。下面几个函数是 pthread 库中的函数，注意使用之前要用#include <pthread.h>将相关函数声明包含进来。

2. pthread_create()函数

格式：

```
int pthread_create(pthread_t *thread, pthread_attr_t *attr, void*
(*fn)(void *), void *arg)
```

功能：创建一个用户级线程。

参数说明如下。

(1) thread：返回创建的线程标识符 ID。

(2) attr：设置线程的属性，NULL 表示为系统默认属性。

(3) fn：线程执行函数的地址，该函数必须具有 void*返回值。

(4) arg：线程执行函数的参数，若无参数则使用 NULL。

返回值：成功返回 0，失败则返回错误码。

pthread_create()和 clone()的用法相似，但是 pthread_create 创建的线程内核并不知道，而 clone 创建的线程内核是知道的。

3. pthread_exit()函数

格式：

```
int pthread_exit(void *retval)
```

功能：终止一个线程。

参数说明：retval 指传递给创建它的父线程的终止信息。

返回值：成功返回 0，出错则返回错误码。

4. 等待线程终止

格式：

```
int pthread_join(pthread_t th, void **thread_return)
```

功能：回收终止线程，类似于回收进程 waitpid()。调用它的函数将一直等待到被等待的线程结束为止。当函数返回时，被等待线程的资源被收回。

参数说明如下。

(1) th：被等待的线程标识符。

(2) *thread_return：用户定义的指针，用来存储被等待线程的终止信息。如不需要取终止信息则可使用 NULL。

返回值：成功返回 0，出错则返回错误码。

2.5.6　Linux 线程管理举例

【例 2-19】　线程的例子。

```
//threadcmp.c
#include <stdio.h>
void thread(void)
{  int i;
   for(i=0;i<5;i++)
   {    printf("This is the second thread.\n");
        sleep(1);
   }
}
main()
{
   int i;
   thread();
   for(i=0;i<5;i++)
   {   printf("This is the main thread.\n");
       sleep(1);
   }
}
```

上述程序的运行结果很简单，先是连续输出 5 行"This is the second thread."，再连续输出 5 行"This is the main thread."

对上面程序稍作修改，变成下面的形式：

```
//pthread.c
#include <stdio.h>
#include <pthread.h>  //线程所用头函数
void thread(void)
{  int i;
   for(i=0;i<5;i++)
   {    printf("This is the second pthread.\n");
```

```
        sleep(1);
    }
}
main()
{
    pthread_t threadid;   //定义线程内部标识
    int i,ret;
    //创建一个子线程并指定执行函数，函数不带参数
    ret=pthread_create(&threadid,NULL,(void*)thread,NULL);
    if(ret!=0)
    {   printf ("Create pthread error!\n");
        exit (1);
    }
    for(i=0;i<5;i++)
    {   printf("This is the main pthread.\n");
        sleep(1);
    }
    pthread_join(threadid,NULL);      //等待子线程结束
    exit(0);
}
```

读者可以自己分析一下上述修改后的程序的运行结果。注意：编译带有线程的源程序需要使用参数-lpthread 选项。如：gcc　-lpthread　-o　目标文件名 源文件名。

2.6　管　　　程

2.6.1　管程的提出

信号量机制的引入解决了进程同步的描述问题，但信号量的大量同步操作分散在各个进程中不便于管理，还有可能导致系统死锁。例如：生产者消费者问题中将两个 P 操作颠倒可能死锁。为此 Dijkstra 于 1971 年提出：把所有进程对某一种临界资源的同步操作都集中起来，构成一个所谓的秘书进程。凡要访问该临界资源的进程，都需要先报告秘书，由秘书来实现各进程对同一临界资源的互斥使用。因此后来又提出了一种集中式同步进程——管程。其基本思想是将共享变量和对它们的操作集中在一个模块中，操作系统或并发程序就由这样的模块构成。这样模块之间联系清晰，便于维护和修改，易于保证正确性。

2.6.2　管程概念

管程是指关于共享资源的数据及在其上操作的一组过程或共享数据结构及其规定的所有操作。系统按资源管理的观点分解成若干模块，用数据表示抽象系统资源，同时分析了共享资源和专用资源在管理上的差别，按不同的管理方式定义模块的类型和结构，使同步操作相对集中，从而增加了模块的相对独立性。

2.6.3　管程的组成

管程由四部分组成：管程内部的共享变量、管程内部的条件变量、管程内部并行执行的进程，以及对于局部与管程内部的共享数据设置初始值的语句。

由此可见，管程相当于围墙，它把共享变量和对它进行操作的若干个过程围了起来，所有的进程要访问临界资源时，都必须经过管程才能进入，而管程每次只允许一个进程进入管程，从而实现了进程的互斥。

2.6.4 管程的形式

管程的形式如下。

```
TYPE monitor_name = MONITOR;
共享变量说明
define    本管程内所定义、本管程外可调用的过程(函数)名字表
use       本管程外所定义、本管程内将调用的过程(函数)名字表
PROCEDURE 过程名(形参表)
过程局部变量说明
BEGIN
语句序列
END
```

在利用管程方法来解决"生产者—消费者"问题时，首先便是为它们建立一个管程，并命名为 Producer-Consumer，或简称为 PC。其中包括以下两个过程。

(1) put(item)过程。生产者利用该过程将自己生产的产品投放到缓冲区中，并用整型变量 count 来表示在缓冲区中已有的产品数目，当 count≥n 时，表示缓冲区已满，生产者须等待。

(2) get(item)过程。消费者利用该过程从缓冲区中取出一个产品，当 count≤0 时，表示缓冲区中已无可取用的产品，消费者应等待。

```
type producer-consumer=monitor
var in,out,count:integer;
buffer:array[0,…,n-1] of item;
notfull, notempty:condition;
procedure entry put(item)
begin
    if count≥n then notfull.wait;
    buffer(in): =nextp;
    in:=(in+1) mod n;
    count:=count+1;
    if notempty.queue then notempty.signal;
end

procedure entry get(item)
begin
    if count≤0 then notempty.wait;
    nextc:=buffer(out);
    out:=(out+1) mod n;
    count:=count-1;
    if notfull.queue then notfull.signal;
end

begin in:=out:=0; count:=0 end
```

在利用管程解决"生产者—消费者"问题时,其中的生产者和消费者可描述为:

```
producer:
begin
    repeat
        produce an item in nextp;
        PC.put(item);
    until false;
end

consumer:
begin
    repeat
        PC.get(item);
        consume the item in nextc;
    until false;
end
```

2.6.5　管程的三个主要特性

(1) 模块化。管程是一个基本程序单位,可以单独编译。

(2) 抽象数据类型。管程是一种特殊的数据类型,其中不仅有数据,而且有对数据进行操作的代码。

(3) 信息掩蔽。管程是半透明的,管程中的外部过程(函数)实现了某些功能,至于这些功能是怎样实现的,在其外部则是不可见的。

2.7　死　　锁

2.7.1　死锁的定义和起因

系统中的各种资源均由操作系统管理和分配。为提高资源的利用率,程序运行所需要的资源并不是在运行前就分配给它,而是在真正需要使用时采用动态分配。当多个进程竞争共享资源时,如果系统对资源分配不当,就会引起死锁。

例如,系统中有两个并发进程 A 和 B,它们都要使用打印机和 CD-ROM。操作系统在分配资源时,先把打印机分给了进程 A,再把 CD-ROM 分给了进程 B。进程 A 还要再申请 CD-ROM 时,由于 CD-ROM 已经分配给了进程 B,它只好等待进程 B 执行完后释放 CD-ROM。而同理,进程 B 还要申请打印机时,它要等待进程 A 释放打印机。结果进程 A 和进程 B 都占用了对方所要的资源,又不让出自己所占资源,形成了死锁。

像上面这种情况,系统中存在两个或两个以上进程,它们中的每个进程都占用了某种资源,又都在等待其他进程所占用的资源,由此导致系统无限期僵持下去。如果没有其他因素的作用,这些进程都将永远等待下去。此时,称系统出现了死锁。

死锁出现的根本原因在于系统中资源不足。如果系统资源多到能满足所有进程对所有资源的请求,则不可能出现死锁。但操作系统总是面临资源不足的情况,总要尽力让有限

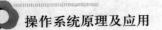

的资源给更多的进程分享。资源共享会带来资源竞争,如果操作系统能合理地将有限资源分配给各竞争进程,就能在获取较高资源利用率的同时又避免死锁。

2.7.2 规避死锁的方法

规避死锁的方法有 3 种:死锁产生前的预防、动态分配资源过程中死锁的避免、死锁的检测与发生后的修复。

根据对死锁发生的各种情况的分析,死锁产生的必要条件有以下 4 个。

(1) 互斥。并发进程所请求的资源是互斥使用的资源,一次只能被一个进程使用。

(2) 不可剥夺。进程所占有的资源在没使用完之前不能被其他进程抢占。

(3) 部分分配。操作系统允许进程每次只请求自己所需资源的一部分。

(4) 环路。系统中各并发进程对资源的占用和请求形成一个环路。

在上述 4 个条件中,互斥是资源的固有特性,是很难改变和破坏的。因此,要解决死锁,须从其他 3 个条件着手解决。

1. 死锁的预防

分析死锁产生的 4 个必要条件后,可以考虑的预防方案以有下两种。

1) 静态分配

这种方案破坏了部分分配条件。操作系统将所有进程执行过程中所需的互斥资源一次性全部分配给各进程,这样,进程在执行过程中就不会因为请求互斥资源而被阻塞,从而预防了死锁。

但这种方案的缺点也很明显。资源在进程运行时一次性分配给进程,进程执行完毕后才可释放。在进程运行的大部分时间里,这些资源可能都是空闲的,因而资源利用率非常低。

2) 资源有序分配

这种方案是从环路条件考虑的。具体做法是:操作系统事先将系统中所有互斥资源进行编号,如 R1、R2、…、Rn,各进程在请求资源时只能按号的递增顺序进行,即只有申请到了 R1 资源后才能申请 R2 资源。如果 R1 资源申请不到,是不可能申请 R2 资源的。因此就不会出现两个进程都要访问 R1 和 R2、其中一个进程占有 R1 而另一个进程占用 R2、结果又相互等待这种情况,环路条件被打破。

该方案仍然存在缺陷。如果一个进程要使用编号大的资源如 R2,则先要将 R1 分配给它,即使它要很久以后才会使用 R1。而另一个进程要使用 R1,却又得不到 R1。因而降低了 R1 的利用率,这与操作系统的宗旨是相违背的。

2. 死锁的避免

死锁的避免是指操作系统在动态分配过程中对每一次分配都要采取某种策略去判断一下当前的分配有无可能导致死锁,如果不可能则实施分配,否则拒绝此次分配。死锁的避免也称为动态预防,因为系统采用动态分配资源,在分配过程中预测出死锁发生的可能性并加以避免的方法。这是一种动态的排除死锁的方法。

在死锁的避免方法中,将系统的状态分为安全状态和不安全状态,只要能使系统处于安全状态，就可避免发生死锁。

在避免死锁的方法中，允许进程动态地申请资源，系统在进行资源分配之前，先计算资源分配的安全性。若此次分配不会导致系统进入不安全状态，便将资源分配给进程；否则进程等待。如果系统中的所有进程至少能以某一种顺序执行完毕，则称系统当前处于安全状态。当前系统中所有进程能够执行完毕的一种执行顺序，表示为<Pi,Pj,……,Pm>，称为安全序列。其中 Pi,Pj,……,Pm 代表系统中的进程。系统中的安全序列可能会有多种。

常用的死锁避免策略是银行家算法。银行家算法是最有代表性的避免死锁算法，是 Dijkstra 在 1965 年为 T.H.E 系统设计的一种避免死锁产生的算法。银行家算法的基本思想是分配资源之前，判断系统是否是安全的；若是，才分配。

银行家们都希望：将银行家手中的资金借贷给尽可能多的客户，以获取最大的利润；保证至少有一个客户能归还所贷款项，避免所有客户都处于贷款中而银行家手中却无钱周转。

为保证资金的安全，银行家做出如下规定。

(1) 每个客户须在一开始就声明他所需资金的最大需求量。若这个最大需求量不超过银行家现有的资金时，就可接纳该客户。

(2) 客户可以分步请求资金，但资金总额不能超过最大需求量。

(3) 当银行家现有的资金不能满足客户尚需的资金数额时，对客户的贷款可推迟支付，但银行家必须保证这种等待是有限的，可完成的。

(4) 当客户得到所需的全部资金，完成工作后，归还所有的资金供其他客户使用。

银行家算法的数据结构如下。

(1) Max(最大需求矩阵)。某个进程对某类资源的最大需求数。

(2) Allocation(已分配矩阵)。某类资源当前已分配给某进程的资源数。

(3) Available(剩余资源向量)。某类可利用的资源数目，其初值是系统中所配置的该类全部可用资源数目。

(4) Need(需求矩阵)。某个进程还需要的各类资源数。

由以上描述可知，Need= Max-Allocation。

【例 2-20】 设系统中有 3 种类型的资源(A、B、C)和 5 个进程(P1、P2、P3、P4、P5)。已知 A,B,C 的最多资源个数为[17,5,20]，在 T0 时刻的状态如表 2-3 所示。

表 2-3　T0 时刻进程获取资源情况

进程	Max			Allocation		
	A	B	C	A	B	C
P1	5	5	9	2	1	2
P2	5	3	6	4	0	2
P3	4	0	11	4	0	5
P4	4	2	5	2	0	4
P5	4	2	4	3	1	4

系统初始资源为[17,5,20]，在 T0 时刻之后，列出每个进程还需要的资源数目，如表 2-4 所示。

表 2-4　T0 时刻后的 Max、Allocation 及 Need 矩阵

进程	Max			Allocation			Need		
	A	B	C	A	B	C	A	B	C
P1	5	5	9	2	1	2	3	4	7
P2	5	3	6	4	0	2	1	3	4
P3	4	0	11	4	0	5	0	0	6
P4	4	2	5	2	0	4	2	2	1
P5	4	2	4	3	1	4	1	1	0

问题 1：T0 时刻是否为安全状态？若是安全状态，则给出安全序列。

在 T0 时刻系统资源{A, B, C}={2, 3, 3}。从表 2-3 的 Need 矩阵来看，当前系统仅可保证 P4 和 P5 进程执行完毕。于是，系统中这 5 个进程可按 P4→P5→P1→P2→P3 的顺序执行完毕，说明在 T0 时刻系统处于安全状态，安全序列为{P4, P5, P1, P2, P3}(还有更多的安全序列，读者可自行分析)。

问题 2：T0 时刻若 P2 请求[0,1,4]能否实施分配？为什么？

P2 需求为[0,1,4]，超过了 T0 时刻系统剩余资源个数[2,3,3]，故系统无法为进程 P2 分配，故 P2 进程等待，T0 时刻系统剩余资源个数仍为[2,3,3]。

问题 3：在 T0 时刻 P4 请求[2,0,1]能否实施分配？为什么？

在 T0 时刻系统剩余资源为[2,3,3]，大于 P4 的剩余最大需求[2,2,1]，且 P4 现在请求[2,0,1]加上 T0 时刻前已分配[2,0,4]，也没有超过其最大需求 Max[4,2,5]，因此系统可以分配资源，分配后，系统剩余资源个数变成[0,3,2]。经以上分析，这时系统中有一个安全序列<P4,P5,P1,P2,P3>。故系统为 P4 分配资源[2,0,1]后仍处于安全状态，不会产生死锁。

问题 4：在 T0 时刻 P4 请求[2,0,1]之后，P1 又请求[0,2,0]，能否实施分配？为什么？

P1 剩余最大需求为[3,4,7]，超过了系统目前剩余资源[0,3,2]，为了使系统处于安全状态，系统不会为 P1 分配资源。

通过这个例子可知，避免死锁的实质在于如何使系统不进入不安全状态。

银行家算法从避免死锁的角度来看，是非常有效的。它与预防死锁的几种方法相比较，限制条件少了，系统资源的利用率提高了。这是银行家算法的优点所在。但是还应注意以下几点。

(1) 这个算法要求客户数保持不变，这在多道程序中是难以做到的。

(2) 这个算法保证所有客户在有限的时间内得到满足，但实时客户要求快速响应，所以要考虑这个因素。

(3) 由于要寻找一个安全序列，实际上增加了系统的开销。

3. 死锁的检测与修复

死锁的检测与修复是指系统设置专门机构，在死锁发生时，该机构能及时检测出死锁发生的位置和原因，并能通过外力破坏死锁产生的某个必要条件，从而使陷入死锁的进程得以修复。

对安全性要求不高的系统通常允许死锁，但要求操作系统使用死锁检测机构来及时发

现和处理死锁。可以采用类似银行家算法的策略来检测死锁。

如果某时刻检测到死锁产生，可以采用以下几种方法进行修复。

(1) 撤销产生死锁的所有进程。这是最简单的方法。但是该方法会浪费进程已经执行的时间，还有可能因为进程的异常退出导致系统瘫痪。

(2) 逐个撤销死锁的进程，直到死锁解除为止。撤销顺序可以按所占用资源的多少来确定。

(3) 逐个剥夺死锁的进程所占有的资源，重新分配给其他进程。剥夺次序也可以按占用资源的多少来确定。

2.8　小型案例实训

1. 题目描述

编程实现 Linux 消息队列通信方式。

2. 程序处理过程

(1) 创建一个 key 为 75 的消息队列，该队列的权限是 0666，如果该消息队列存在，则打开该消息队列。

(2) 创建进程。

(3) 子进程发送一个 type 为 1 的消息到消息队列，消息内容为 I am Child Process。发送成功后，子进程结束。

(4) 父进程等待从消息队列中接收 type 为 1 的消息，成功则输出消息的内容。如果子进程还没有发送 type 为 1 的消息，则父进程一直等待。

(5) 父进程删除消息队列后退出。

3. 参考代码

参考代码如下。

```
#include<sys/msg.h>
struct msg
{
    long mtype;  //消息类型
    char mtext[256];
}sndmsg,rcvmsg;
int main(void)
{
    int pid,msgqid;
    //创建 key 为 75 的消息队列
    msgqid = msgget(75, 0666 | IPC_CREAT);
    if (msgqid<0)
    {
        perror("msgget");
        exit(1);
    }
    //创建子进程
```

```
pid = fork();
if (pid==0)
{
    sndmsg.mtype = 1;
    strcpy(sndmsg.mtext, "I am Child Process");
    //发送消息
    msgsnd(msgqid, &sndmsg, sizeof(sndmsg.mtext), 0);
}
else if (pid > 0)
{
    //接受类型为1的消息
    msgrcv(msgqid, &rcvmsg, 256, 1, 0);
    printf("father:receive msg from child process :%s\n",
rcvmsg.mtext);
    //删除消息队列
    msgctl(msgid, IPC_RMID, 0);
}
}
```

本 章 小 结

　　本章主要介绍了进程概念所涉及的内容，其中包括进程的定义、进程与程序的区别、进程的状态、Linux 进程状态、原语的概念、进程控制及 Linux 进程控制中的进程创建。描述了进程间的 3 种关系：进程互斥、进程同步、进程通信。介绍了 3 种经典的进程 IPC问题，通过信号量机制加以描述解决。因信号量机制大量同步操作分散在各个进程中不便于管理，还有可能导致系统死锁，在本章中介绍了管程的方法进行避免。为更好地提高系统性能，在进程的基础上引入线程的概念。最后介绍了进程间产生死锁的原因，规避死锁的 3 种方法——死锁的预防、死锁的避免、死锁的修复等，并在介绍死锁的避免时引入了银行家算法的例子。

　　在单 CPU 系统中，进程管理所要实现的目标，从系统的角度来看，就是提高系统资源的利用率；从用户的角度来看，就是改善用户使用的体验。以这两个角度为前提，再来理解本章相关的内容及涉及的策略，有些内容就可以更好地理解并掌握了。

习 题

一、问答题

1. 操作系统中为什么要引入进程的概念？

2. 什么是进程？

3. 进程最基本的状态有哪些？哪些事件可能引起不同状态之间的转换？

4. 什么是进程控制块(PCB)？它包含哪些基本信息？

5. 在操作系统中引入进程的概念之后为什么还要引入线程的概念？

6. 什么是线程控制块(TCB)？它有哪些主要内容？

7. 试述进程的互斥和同步两个概念之间的差异。

8. 什么是临界区和临界资源？

9. 什么是信号量？

10. 如何区分公用信号量和私用信号量？

11. 对信号量 S 执行 PV 操作时，S 的值发生变化，当 S>0，S=0，S<0 时，其物理含义分别是什么？

12. 为什么 PV 操作均为不可分割的原语操作？

13. 若进程控制允许并发执行，将产生什么后果？试举例说明。

14. 什么是管道通信？

15. 低级通信与高级通信有什么区别？

16. 什么是死锁？

17. 试述产生死锁的必要条件。

18. 系统有输入机和打印机各 1 台，现有两个进程都要使用它们，采用 PV 操作实现请求使用和归还资源后，还会产生死锁吗？请说明理由。若是，则给出防止死锁的方法。

19. 假设 3 个进程共享 4 个资源，每个进程一次只能申请一个资源，每个进程最多需要两个资源，证明此系统不会产生死锁。

二、计算题

1. 操作系统中有 15 个进程，竞争使用 50 个同类资源，申请方式是逐个进行的，一旦某个进程获得它所需要的全部资源，则立即归还所有资源。每个进程最多使用 3 个资源。若仅考虑这类资源，该系统有无可能产生死锁，为什么？若不会产生死锁，该类资源最少应该为多少个？

2. 一台计算机有 8 台刻录机，被 N 个进程竞争使用，每个进程可能需要 3 台刻录机。请问 N 为多少时，系统没有死锁的危险？并说明理由。

3. 某系统有 m 个同类资源供 n 个进程共享，若每个进程最多申请 x 个资源 (1≤x≤m)，请推导系统不产生死锁的关系式(n，m 和 x)。

4. 假设系统中有 5 个进程(P1、P2、P3、P4、P5)和 A、B、C 三类资源，各种资源的数量分别为 10、5、9，在 T0 时刻的资源分配情况如表 2-5 所示。

表 2-5　T0 时刻的资源分配情况

资源情况 进程	Max 最大需求矩阵			Allocation 已分配矩阵			Need 需求矩阵			Available(T0 时刻) 剩余资源向量		
	A	B	C	A	B	C	A	B	C	A	B	C
P1	7	5	3	0	1	0	7	4	3			
P2	3	2	2	2	0	0	1	2	2			
P3	9	0	2	3	0	2	6	0	0	3	3	2
P4	2	2	2	2	1	1	0	1	1			
P5	4	3	3	0	0	2	4	3	1			

(1) 分析 T0 时刻系统是否是安全的？

(2) 若 T0 时刻 P2 进程请求分配资源(1,0,2)，系统按银行家算法是否会实施分配？

(3) 若 T0 时刻 P5 进程请求分配资源(3.3,0)，系统按银行家算法是否会实施分配？

(4) 若 T0 时刻 P1 进程请求分配资源(0.2,0)，系统按银行家算法是否会实施分配？

5. 一个阅览室有 100 个座位，一个读者的操作过程为：在进入前须在一张登入表中登记，然后进入阅览室找座位进行阅读，阅读完毕准备离开前须在一张登出表中登记退出时间。若某一高峰时段，同时有多个读者涌入阅览室，请用 PV 操作协调这些读者的操作。

6. 水果盘中一次可放一个水果，爸爸向其中放苹果，妈妈向其中放橙子，儿子只吃橙子，女儿只吃苹果。请用 PV 操作协调这四人之间的操作。

7. 有 3 个并发进程，A 负责从输入设备读入信息，B 负责对 A 存入的信息进行加工，C 负责将 B 加工后的信息打印输出。现有：一个缓冲区可放 M 条信息；两个缓冲区，每个缓冲区可放 M 条信息。请用信号量和 PV 操作描述这 3 个进程的并发操作。

8. 有两个优先级相同的进程 P1 和 P2，各自执行的操作如下，信号量 S1 和 S2 的初值均为 0。试问 P1 和 P2 并发执行后，x、y、z 的值各为多少？

```
P1()                          P2()
{   y=1;                      {   x=1;
    y=y+3;                        x=x+5;
    V(S1);                        P(S1);
    z=y+1;                        x=x+y;
    P(S2);                        V(S2);
    y=z+y;                        z=z+x;
}                             }
```

9. 两个并发进程 P1 和 P2 并发执行，其中 A、B、C、D、E 是原语，试给出可能的并发执行路径。

```
P1()                          P2()
{   A;                        {
    B;                            D;
    C;                            E;
}                             }
```

10. 两个并发进程 P1 和 P2 并发执行，其程序代码如下：

```
P1()                          P2()
{   while(true)               {   while(true)
    {   k=k*2;                     {   print k;
        k=k+1;                         k=0;
    }                             }
}                             }
```

若 k 的初值为 5，进程 P1 先执行两个循环，然后 P1 和 P2 并发执行一个循环，写出可能的打印结果，并指出与时间有关的错误。

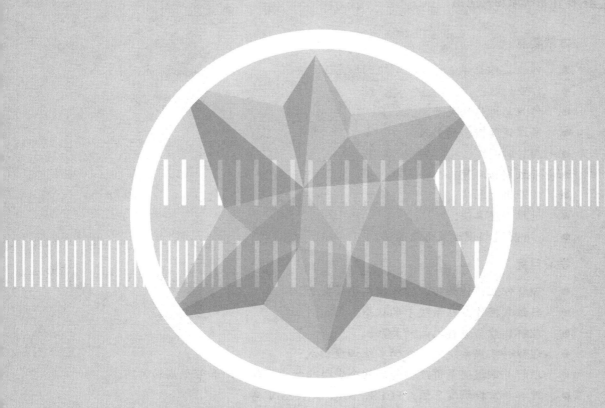

第 3 章

处理机调度

本章要点

● 作业、作业步、作业控制块的概念。
● 作业的状态。
● 作业与进程的关系。
● 多级调度概念的引入。
● 周转时间。
● 带权周转时间。
● 作业调度算法。
● 进程调度算法。
● Linux 进程调度策略及算法。

学习目标

● 理解作业、作业步、作业控制块等概念。
● 熟练掌握作业在系统中的状态。
● 理解作业与进程之间的关系。
● 理解并掌握系统中存在的多级调度模式。
● 理解并掌握衡量调度性能的两个定性指标: 周转时间和带权周转时间。
● 理解并掌握调度算法: FCFS、SJF、RR、SPF 等。
● 了解 Linux 进程调度策略。

调度即组织安排。在操作系统中,处理机调度是一个程序,是一个安排进程先后执行顺序的算法。在早期的计算机系统中对处理机的管理十分简单,因处理机和其他资源一样为一个作业独占而不存在处理机分配和调度问题。现代操作系统中进程的数目通常都超过中央处理器(CPU)的数目,因此处理机是计算机系统中最紧张也最繁忙的资源。处理机的使用特性是任一时刻只有一个任务能获取它的使用权,因此在现代操作系统执行环境下,各任务之间是互斥地使用处理机的。提高处理机利用率和改善系统的性能(系统吞吐量、响应时间),在很大程度上依赖于处理机调度性能的好坏。在介绍处理机调度之前先介绍作业的概念。

3.1 作业的概念

作业是用户借助计算机系统所做的一个计算问题或一次事务处理的完整过程。一般每个作业必须经过若干个顺序加工步骤才能得到结果,其中,每一个加工步骤称一个作业步(Job Step)。例如,一个作业可分成"编译 0""连结装配"和"运行"3 个作业步,往往上一个作业步的输出是下一个作业步的输入。

系统接纳了一个作业就要为它创建作业控制块(Job Control Block,JCB),功能类似于进程控制块。表 3-1 列出了 JCB 中常用的信息。

表 3-1　JCB 主要内容

作业名
作业类型
资源要求
资源使用情况
优先级(数)
当前状态
作业提交时间
作业运行时间(预估)
其他

一个作业从提交给计算机系统开始到返回执行结果为止，一般要经历提交、收容、执行、完成 4 个状态，如图 3-1 所示。

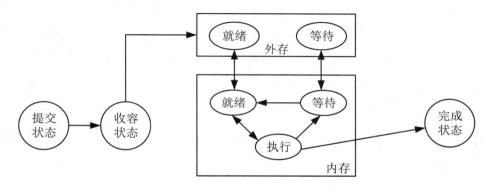

图 3-1　作业在系统中的状态及转换

(1) 提交状态。一个作业在其处于从输入设备进入外部存储设备的过程。

(2) 收容状态。作业内容全部进入外存输入井，但该作业还未被作业调度程序选中时所处的状态。

(3) 执行状态。作业调度程序从后备作业队列中选择若干个作业投入运行，它为被选中作业建立进程并分配必要资源，这些被选中的作业处于执行态。

(4) 完成状态。当作业运行完毕，但它所占有的资源还未全部释放时所处的状态。

3.2　作业与进程的关系

作业是任务实体，进程是完成任务的执行实体；没有作业任务，进程无事可干，没有进程，作业任务没法完成。作业概念更多地用在批处理操作系统，而进程则可以用在各种多道程序设计系统。

作业可被看作用户向计算机提交任务的实体，而进程则是计算机为了完成用户任务实体而设置的执行实体，是系统分配资源的基本单位。

一个作业由一个或多个进程组成。具体说明如下。

(1) 系统为一个作业创建一个根进程。

(2) 在执行作业控制语句时，根据任务要求，系统或根进程为其建立相应的子进程。

(3) 系统为子进程分配资源和调度各子进程完成作业要求的任务。

3.3 多级调度的概念

一个作业从用户提交给系统开始到占用处理机执行完毕为止，要经过系统的多级调度才能完成，如图 3-2 所示。在早期批处理系统中，成批作业进入系统输入井时需有作业调度完成作业进入系统的调度工作，以及作业执行完毕时的调度工作。当成批作业要在处理机上运行时，在多道系统中，是以进程为单位去执行，此时系统需有进程调度完成相关工作。在较完善的操作系统(如 Windows、UNIX/Linux)中设置了中级调度(交换调度/对换调度)。同时操作系统中实现了线程技术时，系统是以线程为单位分配资源，故还需要有线程调度。因此，对于处理调度按层次分为：高级调度、中级调度、低级调度、线程调度等几级。

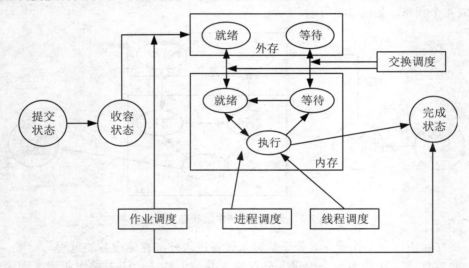

图 3-2　处理机的多级调度与作业状态转换

3.3.1 高级调度

高级调度(High Level Scheduling)又称作业调度、宏观调度，其主要任务是按一定的原则对外存输入井中的大量后备作业进行选择，给选出的作业分配内存、输入输出设备等资源，并建立相应进程，以使该作业的进程获得竞争 CPU 的权利。另外，当作业执行完毕，还负责回收系统资源。高级调度的时间尺度通常是分钟、小时或天。

在批处理操作系统中，作业首先进入系统在辅存上的后备作业队列等候调度。因此，作业调度是必需的，它执行的频率较低，并和到达系统的作业的数量与速率有关。

对分时操作系统来说，高级调度决定：①是否接受一个终端用户的连接；②一个交互作业能否被计算机系统接纳并构成进程，通常系统将接纳所有授权用户，直到系统饱和为止；③一个新建态的进程是否能够立即加入就绪进程队列。有的分时操作系统虽没有配置高级调度程序，但上述的调度功能是必须提供的。

3.3.2　中级调度

中级调度(Medium Level Scheduling)又称交换调度、平衡负载调度、中程调度。它决定主存储器中所能容纳的进程数，这些进程将允许竞争系统资源，而有些暂时不能运行的进程被调出内存，这时这个进程处于就绪状态或等待状态。当进程具备了运行条件，且内存又有空闲区域时，再由中级调度决定把一部分这样的进程重新调回内存工作。中级调度根据存储资源量和进程的当前状态来决定辅存和内存中进程的对换，它所使用的方法是通过把一些进程换出主存，不参与低级调度，起到短期平滑和调整系统负荷的作用。

3.3.3　低级调度

低级调度(Low Level Scheduling)又称进程调度或微观调度。从处理机资源分配的角度来看，处理机需要经常选择就绪进程进入运行状态，低级调度的时间尺度通常是毫秒级的。低级调度是执行分配 CPU 的任务，它是操作系统最为核心的部分，执行十分频繁。低级调度策略优劣直接影响到整个系统的性能，因而，这部分代码要求精心设计，并常驻内存工作。由于低级调度算法的频繁使用，要求在实现时做到高效。

3.3.4　线程调度

现代操作系统为提高并行处理能力实现了线程技术，在此类操作系统中处理器的分派与管理等调度均以线程为单位进行。对于线程调度(Thread Scheduling)，一般采用优先调度策略。

3.4　调　度　算　法

一般情况下，调度性能是通过周转时间和响应时间(带权周转时间)进行定量的衡量。

1. 作业周转时间

周转时间是指作业从提交时刻开始到完成时刻为止所经历的时间。即：

$$T_i = T_{ei} - T_{si}$$

或用等待时间加上执行时间，即：

$$T_i = T_{wi} - T_{ri}$$

而平均周转时间就是将一段时间内系统执行完毕的所有进程的周转时间之和除以进程的个数，如：

$$T = (T_1 + \cdots + T_n)/n$$

2. 作业带权周转时间

带权周转时间是指进程周转时间和进程执行时间的比值，即：

$$W_i = T_i / T_{ri}$$

而平均带权周转时间的计算公式为：

$$W = (W_1 + \cdots + W_n)/n$$

3.4.1 作业调度算法

1. 先来先服务调度算法(First Come First Served, FCFS)

先来先服务调度算法按照作业进入就绪队列的先后次序选择作业投入运行。算法的优点是易于理解且实现简单，只需要一个队列，对每道作业都相当公平。但是算法的缺点是只考虑了作业进入就绪队列的先后，而没有考虑作业执行时间的长短，很可能出现短作业等待的时间远超过其执行时间，因此该算法对短作业不利。

【例 3-1】 在某一时刻系统中有 4 个作业，已知它们进入系统的时刻、估计运算时间见表 3-2，用 FCFS 算法计算作业的运行情况、平均周转时间和平均带权周转时间。

表 3-2

作 业	进入时间	运行时间长短
1	8.00	2.00
2	8.50	0.50
3	9.00	0.10
4	9.50	0.20

根据 FCFS 原理，先进入(或提交到)系统的作业优先进行处理，因此 4 个作业按表中"进入时间"的先后决定了处理的先后顺序。因此写出 4 个作业的开始时刻、完成时刻、周转时间、带权周转时间等信息，见表 3-3(注：此类型题目中数据全以十进制处理，而非度分秒类型的数据)。

表 3-3

作 业	进入时刻	运行时间	开始时刻	完成时刻	周转时间	带权周转时间
1	8.0	2.0	8.0	10.0	2.0	1.0
2	8.5	0.5	10.0	10.5	2.0	4.0
3	9.0	0.1	10.5	10.6	1.6	16.0
4	9.5	0.2	10.6	10.8	1.3	6.5

平均周转时间为：(2+2+1.6+1.3)/4=1.725

平均带权周转时间为：(1+4+16+6.5)/4=6.875

作业的调度顺序依次是：1→2→3→4。

2. 最短作业优先法(Shortest Job First, SJF)

为改进 FCFS 算法对短作业不利的调度方式，SJF 算法总是选取执行时间最短的作业优先投入运行。

【例 3-2】 将例 3-1 用 SJF 进行调度，则计算得到的周转时间和带权周转时间如表 3-4所示。

表 3-4

作　业	进入时刻	运行时间	开始时刻	完成时刻	周转时间	带权周转时间
1	8.0	2.0	8.0	10.0	2.0	1.0
2	8.5	0.5	10.3	10.8	2.3	4.6
3	9.0	0.1	10	10.1	1.1	1.1
4	9.5	0.2	10.1	10.3	0.8	4

平均周转时间为：(2+2.3+1.1+0.8)/4=1.55

平均带权周转时间为：(1+4.6+1.1+4)/4=2.675

作业的调度顺序依次是：1→3→4→2。

由例 3-1 和例 3-2 的平均周转时间和平均带权周转时间来看，关于例中的作业序列，按 SJF 算法进行调度时能够得到比较好的系统效率。

相较于 FCFS 算法，SJF 算法可以改善作业序列的平均周转时间和平均带权周转时间，缩短作业的等待时间，提高系统的吞吐量。但这种算法却对长作业不利。例如，一段时间内，进入系统的作业执行时间都较短，这些作业将优先投入运行，但将使在此之前进入系统的长作业很长一段时间内无法运行。这种算法未根据作业的轻重缓急程序来划分执行的前后次序。另外，系统难以正确估算作业的执行时间长短，从而影响系统的调度性能。

3. 最高响应比优先法(Highest Response Ratio Next, HRN)

最高响应比优先法是对 FCFS 和 SJF 两种调度算法的一种综合运用。FCFS 方式只考虑每个作业的等待时间而未考虑执行时间的长短，而 SJF 方式只考虑执行时间而未考虑等待时间的长短。因此，这两种调度算法在某些极端情况下会带来某些不便。HRN 调度策略同时考虑每个作业的等待时间长短和估计需要的执行时间长短，当需要从就绪队列中选择新的作业投入运行时，先计算这个作业的响应比，选择响应比最高的作业开始运行。

响应比定义如下：

响应比=周转时间/运行时间

$$R = (W + T)/T = 1 + W/T$$

式中，W 为该作业等待时间，T 为该作业估计需要的执行时间。

HRN 算法的特点是由于长作业也有机会投入运行，在同一时间内处理的作业数显然要少于 SJF 法，从而采用 HRN 方式时其吞吐量将小于采用 SJF 算法时的吞吐量。由于每次调度前要计算响应比，这增加了系统开销。

4. 优先调度算法

作业在系统中创建时先确定其优先数。优先数的选择要综合考虑各种因素，如作业的轻重缓急程度、作业的大小、等待时间的长短、外部设备的使用情况等，再结合系统性能，最终确定其优先数，调度时按优先级高者先执行。

3.4.2　进程调度算法

进程被创建后先插入就绪队列等待 CPU 的执行。通常就绪队列中的进程不止一个，需要由系统调度程序决定哪一个进程先运行。系统调度程序根据某种策略选中一个进程后，先将 CPU 当前正在运行的进程现场(上文)保存起来，并将之插入就绪队列尾部排队等待 CPU 的下一次运行，接着将被选中进程 PCB 中的内容构造新的现场(下文)，以便 CPU 的执行，这个过程称之为进程切换。在发生进程调度时操作系统要进行进程上下文的切换。

1. 进程调度方式

进程调度方式是指当一个进程在 CPU 上运行时，若有更紧迫进程需要运行时应如何分配 CPU，通常有两种方式：抢先式和非抢先式。

(1) 抢先式又分为两种情况：一种情况是系统中出现了比当前进程更紧迫进程时，操作系统立即停止当前进程的运行，并将其转为就绪状态，然后把 CPU 分配给更紧迫进程。通常，进程的紧迫程度由进程的优先级来确定。另一种情况是当前进程已经用完规定的时间片，操作系统将该进程转为就绪状态，并调度其他就绪进程。抢先式调度方式的设计和控制比较复杂，常用于实时系统以及实时性能要求高的分时系统。

(2) 非抢先式是指一旦某个进程获得 CPU 后，不管有没有更紧迫进程出现，都将一直占用 CPU，直到运行结束或者因等待某种事件而主动放弃 CPU。非抢先调度方式实现简单、系统开销小，适用于大多数批处理系统环境，但实时性差。

2. 进程调度策略

衡量进程调度算法的标准有：CPU 利用率、用户程序的响应时间、系统吞吐量、公平合理性、设备利用率等。常见的调度策略有：先来先服务(先进先出)、时间片轮转、优先级、多级反馈队列等。下面对这些常见调度策略进行分析。

1) 先来先服务(FCFS)

在所有进程中，最先进入就绪队列的进程最先获得 CPU 运行。该算法简单，易于实现，但没有考虑进程运行时间的长短，不利于输入输出较多的交互性进程。

2) 短进程优先(Shortest Process First, SPF)

短进程优先调度算法(SPF)是指对短进程优先调度的算法，该算法对长进程不利，不能保证紧迫性进程被及时处理，而且进程执行时间的长短只是被估算出来的。

3) 优先级算法(Priority Scheduling, PS)

不同进程的重要程度和紧急程序是不同的。优先级策略先按照某种原则对就绪队列中的每个进程赋于一个优先级，进程调度时根据进程的优先级确定谁最先获得 CPU。一般而言，系统进程比用户进程优先级高，交互性进程比计算型进程优先级高。

优先级调度算法既可采用非抢先式，也可采用抢先式。在非抢先式中，只有在当前运行态进程运行结束后或被阻塞才根据其他就绪进程的优先级来选择下一个进程。而在抢先式中，一旦出现比当前运行态进程优先级更高的进程，就剥夺当前运行态进程使用 CPU 的权利，而把 CPU 分配给更高优先级进程。

优先级调度算法分为静态优先级和动态优先级两种。

静态优先级在进程创建之初就确定了，在整个生命周期内其静态优先级不再改变。进程所需资源越多，运行时间将越长，其优先级越低。在静态优先级算法中，如果高优先级进程不断创建，则会造成低优先级进程无限期等待。而且，静态优先级调度无法反映进程执行特性。例如，某网络服务器，会在一天中某个时段有大量用户涌入，而在另一时段几乎没有用户访问，在这种情况下，采用静态优先级方式进行调度必然会使该网络服务器调度性能降低。因此，在进程调度算法中又引入了动态优先级。

动态优先级是指在进程创建之初赋予了某个优先级之后，在进程的生命期内，根据进程的运行情况对优先级进行调整。一般地，进程占用 CPU 时间越长，其优先级会逐渐降低；反之，进程等待 CPU 时间越长，其优先级会逐渐升高。系统通过动态调整进程的优先级，使得各进程比较均衡地占用 CPU。

4) 时间片轮转(Round Robin, RR)

时间片轮转的基本思想是：将系统中所有就绪进程按照先进先出原则构建队列，每次调度时将 CPU 分配给队首进程，让其执行一段时间即时间片。当时间片用完，进程仍未结束，则将它强行撤出，并插入队尾，重新将 CPU 分配给下一个队首进程，如图 3-3 所示。如此重复，使就绪队列中的所有进程依次轮流占用 CPU 运行。显然，时间片轮转属于抢先式调度。

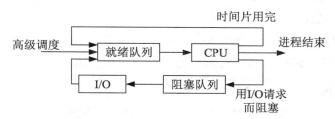

图 3-3　时间片轮转调度示意

在本算法中，时间片大小的选取很关键，要根据系统对响应时间的要求、就绪队列进程中进程个数以及系统的处理能力来确定。

(1) 当时间片很大时，每个进程得到比完成该进程多的处理机时间，此时轮转调度模式退化为 FCFS 模式。

(2) 当时间片非常小时，上下文转换开销就成了决定因素，系统性能降低，大多数时间都消耗在处理机的转换上，只有少许用在用户的计算上。

改善简单循环轮转调度性能可通过可变时间片或多就绪队列方式进行调度。

【例 3-3】　假设就绪状态有 4 个进程，每个进程所需的运行时间如表 3-5 所示。进程到达系统的次序为 1、2、3、4。试分别按 FCFS、短进程优先和时间片轮转法(时间片分1，3，5，6)给出进程调度顺序，并计算平均调度时间。

表 3-5

进　程	所需运行时间
1	6
2	3
3	1
4	7

(1) FCFS：按 FCFS 调度，4 个进程的调度顺序依次为 1→2→3→4，各个进程开始结束时间如图 3-4 所示。

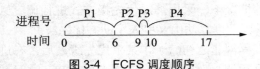

图 3-4　FCFS 调度顺序

平均等待时间为：$T = 1/4(0 + 6 + 9 + 10) = 6.25$

(2) 短进程优先：4 个进程调度顺序依次为 3→2→1→4，各进程执行情况如图 3-5 所示。

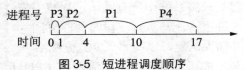

图 3-5　短进程调度顺序

平均等待时间为：$T = 1/4(4 + 1 + 0 + 10) = 3.75$

(3) 时间片轮转法：

① 时间片为 1，调度顺序如图 3-6 所示。

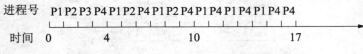

图 3-6　时间片为 1 的时间片轮转法调度顺序

平均等待时间为：$T = 1/4(9 + 6 + 2 + 10) = 6.75$

② 时间片为 3，调度顺序如图 3-7 所示。

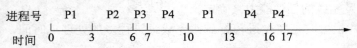

图 3-7　时间片为 3 的时间片轮转法调度顺序

平均等待时间为：$T = 1/4(7 + 3 + 6 + 10) = 6.5$

③ 时间片为 5，调度顺序如图 3-8 所示。

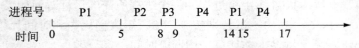

图 3-8　时间片为 5 的时间片轮转法调度顺序

平均等待时间为：$T = 1/4(9 + 5 + 8 + 10) = 8$

④ 时间片为 6 相当于 FCFS 调度法。其进程调度顺序和平均等待时间与 FCFS 调度算法相同。

5) 多级反馈队列算法(Round Robin with Multiple Feedback, RRMF)

该算法的基本思想是：先把就绪进程按优先级排成多个队列，每个就绪队列分配给不同的时间片，同一队列中的各进程具有相同的时间片。该算法实施过程如下。

(1) 队列级别越高，时间片越短，级别越小，时间片越大，最后一级采用时间片轮转，其他队列采用先进先出。

(2) 调度时先从最高优先级队列中选出队首进程投入运行，当进程用完它所在队列对应的时间片后，移到低一优先级队列尾部排队。

(3) 只有高优先级队列为空时才调度低一级队列中的进程。

(4) 等待进程被唤醒时，进入原来的就绪队列。

(5) 当进程第一次就绪时，进入最高优先权队列。

(6) 如果处理机正在处理第 i 队列中某进程，又有新进程进入优先权较高的队列，则此新队列抢占正在运行的处理机，并把正在运行的进程放在第 i 队列的队尾。

多级反馈轮转法调度示意如图 3-9 所示。

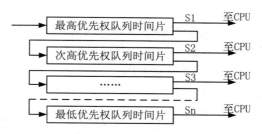

图 3-9 多级反馈轮转法调度示意

该算法的特点是：为提高系统吞吐量和缩短平均周转时间而照顾短进程；不必估计进程的执行时间，可动态调节等特点。

3.5 进程调度的时机

引起进程调度的原因如下。

(1) 正在执行的进程执行完毕。

(2) 进行中的进程自己调用阻塞原语将自己阻塞起来，进入睡眠等待状态。

(3) 执行中进程调用了 P 原语操作，从而因资源不足而被阻塞，或调用了 V 原语激活了等待资源的进程队列。

(4) 执行中进程提出了 I/O 请求后被阻塞。

(5) 在分时系统中时间片已经用完。

(6) 在执行完系统调用后，在系统程序返回用户程序时，可认为系统进程执行完毕，从而调度选择一新的进程执行。

(7) 就绪队列中进程的优先级变得高于当前执行进程的优先级，从而引起进程调度。

3.6 Linux 进程调度

3.6.1 Linux 进程调度的目标

Linux 进程调度的目标如下。

(1) 高效性。高效意味着在相同的时间下要完成更多的任务。调度程序会被频繁地执行，所以调度程序要尽可能的高效。

(2) 加强交互性能。在系统相当的负载下，也要保证系统的响应时间。

(3) 保证公平和避免死锁。

(4) SMP 调度。调度程序必须支持多处理系统。

(5) 软实时调度。系统必须有效地调用实时进程，但不保证一定满足其要求。

3.6.2　Linux 进程分类

Linux 进程可以分为 I/O 消耗型和处理器消耗型两种。

1. I/O 消耗型进程

该类进程大部分时间都用在了提交 IO 请求或者等待 IO 请求，这样的进程经常处于可运行状态，但是通常都是运行短短的一会，因为它等待更多的 IO 请求时最后总是被阻塞(IO 包括键盘活动等，并不仅仅局限于磁盘 IO)。

2. 处理器消耗型进程

该类进程把时间都用在了执行代码上，除非被抢占，否则它们通常都一直不停地运行。从系统的角度考虑，不应该让这样的进程经常运行，调度策略是尽可能降低它们的运行频率。

调度策略通常在两个矛盾中寻找平衡：进程响应速度(响应时间短)和最大系统利用率(高吞吐量)。

3.6.3　Linux 进程优先级

Linux 进程调度算法是基于优先级，也就是优先级高的进程先运行，优先级低的进程后运行，相同优先级的进程按照时间片轮转方式进行调度。优先级高的进程时间片也较长。调度程序总是选择时间片未用完而且优先级最高的进程运行。因为，对于 I/O 消耗型进程一般优先级较高，但进程多数时间(进行 I/O 设备的操作)处于睡眠状态，即使有较多的机会使用时间片但不会占用 CPU 太长时间。反之，若这类进程优先级较低就可能较少有机会使用 CPU，没有及时得到系统响应，就可能让用户感觉系统响应性能较差，这是操作系统应该避免的一种情况。因此，Linux 进程调度更倾向于调度 I/O 消耗型进程。

Linux 根据以上思想实现了动态优先级的调度算法。

例如，一个进程在 I/O 等待上耗费的时间多于其运行的时间，那么该进程明显属于 I/O 消耗型进程，它的动态优先级就会被提高。如果一个进程的全部时间片一下就被耗尽，那么该进程属于处理器消耗型进程，它的动态优先级就会被降低。

Linux 内核将进程分为实时进程和普通进程。

实时进程优先级高于普通进程。系统优先调度实时进程，当实时进程已处理完毕才调度普通进程。实时进程默认优先级为 0~99，普通进程默认优先级为 100~139。

1. 普通进程优先级

Linux 进程描述 task_struct 中有个 nice 成员，即为 Linux 进程优先数，它是优先级的参数。nice 的取值范围为-20~19，共 40 级。

优先数 nice 与优先级的对应如下面两条宏定义：

#define NICE_TO_PRIO(nice) MAX_RT_PRIO+(nice)+20

#define MAX_RT_PRIO   100

通过上面的定义，得到优先级的计算公式为：

Linux 进程优先级 = 100 + nice + 20

因此，得到 nice 与 Linux 进程优先级之间的关联，如表 3-6 所示。

表 3-6　Linux 进程优先级与 nice 之间的关系

nice	优先级
−20	100
0	120
19	139

2. 实时优先级

实时进程默认优先级为 0～99。任何实时进程的优先级都高于普通进程。Linux 对 POSIX 实时优先级支持。

实时进程，只有静态优先级，因为内核不会再根据睡眠等因素对其静态优先级做调整，其范围在 0～MAX_RT_PRIO-1 间。默认 MAX_RT_PRIO 配置为 100，也即，默认的实时优先级范围是 0～99。

不同于普通进程，系统调度时，实时优先级高的进程总是先于优先级低的进程执行，直到实时优先级高的实时进程无法执行。实时进程总是被认为处于活动状态。如果有数个优先级相同的实时进程，那么系统就会按照进程出现在队列上的顺序选择进程。假设当前 CPU 运行的实时进程 Pa 的优先级为 a，而此时有个优先级为 b 的实时进程 Pb 进入可运行状态，那么只要 b<a，系统将暂停 Pa 的执行，而优先执行 Pb，直到 Pb 无法执行(无论 Pa、Pb 为何种实时进程)。

不同调度策略的实时进程只有在相同优先级时才有可比性。

(1) 对于 FIFO 的进程，意味着只有当前进程执行完毕才会轮到其他进程执行。

(2) 对于 RR 的进程，一旦时间片消耗完毕，就会将该进程置于队列的末尾，然后运行其他相同优先级的进程，如果没有其他相同优先级的进程，则该进程会继续执行。

总而言之，对于实时进程，高优先级的进程总是优先运行，只有高优先级的进程全执行过了，才轮到低优先级的进程执行。

3.6.4　Linux 进程调度程序

Linux 早期的调度程序都相当简单，优点是容易理解，缺点是在多任务或者多处理器的环境下难以完成调度功能。正因如此，在 Linux2.5 内核中，采用了一种新调度程序——O(1)(因其算法的行为而得名的)。它解决了先前版本调度程序的许多不足，引入了许多新特性和性能特征。O(1)调度程序虽然对于大服务器的工作负载很理想，但是在有很多交互程序要运行的桌面系统上则表现不佳，因为其缺少交互进程。

Linux 2.6 内核采用完全公平调度算法，或者简称 CFS(Completely Fair Scheduler)。

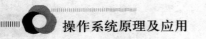

3.6.5 进程调度策略

策略决定调度程序在何时让什么进程运行。调度器的策略往往就决定系统的整体印象，并且，还要负责优化使用处理器时间。无论从哪个方面来看，它都是至关重要的。

Linux 系统中将进程分为 I/O 消耗型和 CPU 消耗型两种。I/O 消耗型进程(交互型进程)频繁使用 I/O 设备，并耗费很多时间等待 I/O 操作的完成；CPU 消耗型进程花费较多时间进行计算，即 CPU 使用时间较长。Linux 内核分配 CPU 时倾向于 I/O 消耗型进程，因为这类进程获得 CPU 时间片较多(或较多机会使用 CPU)，I/O 消耗型进程较多的时间处于睡眠，实际分配的时间片用不完。反过来，若分配较短时间片时可能会造成用户进程未及时响应，给用户造成一种系统响应性能较差的感觉，这是与 Linux 操作系统设计目标背道而驰的。

Linux 系统采用动态优先数和可变时间片的调度算法，且采用可抢占式调度策略。

3.6.6 可变优先级

调度算法中最基本的一类就是基于优先级的调度。Linux 采用了两种不同的优先级范围。第一种是用 nice 值，它的范围是从-20 到+19，默认值为 0，越大的 nice 值意味着更低的优先级；第二种范围是实时优先级，其值是可配置的，默认情况下它的变化范围是从 0 到 99(包括 0 和 99)，与 nice 值意义相反，越高的实时优先级数值意味着进程优先级越高。

3.6.7 可变时间片

可变时间片轮转调度法，是每当一轮调度开始时，系统便根据就绪队列中已有的进程数计算一次时间片，计算公式如下：

$$q = t / n$$

式中，q 是时间片；t 是用户所能接受的响应时间；n 是系统中就绪队列中的进程数。

队列中的进程按此时间片进行轮转，在时间片范围内执行完毕的进程退出系统，而在时间片范围内未执行完毕的进程则准备进入下一轮调度。在此期间准备加入就绪队列的进程都暂不进入，等到此次轮转完毕后再一并进入。当新的一轮调度开始时，系统根据当前就绪队列中进程个数再重新计算时间片 q 值，然后重新开始下一轮调度。

例如，当响应时间 $t=2s$，就绪队列进程数 $n=20$，时间片 $q=0.1s$ 时，表示该轮调度是每 0.1s 切换进程；若下一轮调度时，就绪队列中进程个数 $n=5$，时间片与上一轮保持一致时，系统响应时间为 $t = 0.1s \times 5 = 0.5s$，对用户而言，上一轮的响应时间 $t = 20 \times 0.1s = 2s$ 已很满意，缩短到本轮 0.5s 的响应时间用户不会有很明显的感觉，此时就绪队列中 5 个进程，每 0.1s 进程切换(时间片)使系统的开销较大。此时，若响应时间保持不变时，把时间片变为 0.4s 可显著减少系统开销。

由上述例子可看出，根据就绪队列中进程个数适当调整系统时间片，既可保证系统有较好的响应性能，又能使系统有较好的调度性能。

3.6.8　Linux 进程调度实现

1. 调度器类

Linux 调度器是以模块方式提供的，这样做的目的是允许不同类型的进程可以有针对性地选择调度算法。这种模块化结构被称为调度器类，它允许多种不同的可动态添加的调度算法并存，调度属于自己范畴的进程。每个调度器都有一个优先级，基础的调度器代码定义在 kernel/sched.c 文件中，它会按照优先级顺序遍历调度器类，拥有一个可执行进程的最高优先级的调度器类胜出，去选择下面要执行的那一个程序。

完全公平调度(CFS)是一个针对普通进程的调度类。CFS 采用的方法是对时间片分配方式进行根本性的重新设计(就进程调度器而言)：完全摒弃时间片而是分配给进程一个处理器使用比重。通过这种方式，CFS 确保了进程调度中能有恒定的公平性，而将切换频率置于不断变动中。

2. 公平调度

CFS 的做法是允许每个进程运行一段时间、循环轮转、选择运行最少的进程作为下一个运行进程，而不再采用分配给每个进程时间片的做法了。CFS 在所有可运行进程总数基础上计算出一个进程应该运行多久，而不是依靠 nice 值来计算时间片。

nice 值在 CFS 中被作为进程获得的处理器运行比的权重：越高的 nice 值(越低的优先级)进程获得更低的处理器使用权重，这是相对默认 nice 值进程的进程而言的；相反，更低的 nice 值(越高的优先级)的进程获得更高的处理器使用权重。

绝对的 nice 值不再影响调度决策：只有相对值才会影响处理器时间的分配比例。

任何进程所获得的处理器时间是由它自己和其他所有可运行进程 nice 值的相对差值决定的。nice 值对时间片的作用不再是算数加权，而是几何加权。任何 nice 值对应的绝对时间不再是一个绝对值，而是处理器的使用比。CFS 称为公平调度器是因为它确保给每个进程公平的处理器使用比。CFS 不是完美的公平，它只是近乎完美的多任务。

3.7　小型案例实训

通过进程调度算法的设计与实现，可以深入理解进程调度的基本原理。

1. 题目描述

编程实现短进程优先调度算法(SPF)和时间片轮转调度算法(RR)。

2. 程序处理过程

(1) 初始化 PCB，并输入进程信息。

(2) 将进程按其状态加入相应队列排队。

(3) 检查队列下一个进程为是否为空，若为空则程序结束，否则执行下一步。

(4) 判断执行进程是否为空，若为空执行下一步；否则若非空则跳转到第(6)步执行。

(5) 判断阻塞队列是否为空，若非空执行下一步；否则跳到第(7)步执行。

(6) 设置运行队列的变化。

(7) 输出前一个时间片后进程运行情况。

(8) 再次判断阻塞队列是否为空，若非空执行下一步；否则跳到第(10)步执行。

(9) 将阻塞队列中已唤醒的进程放入就绪队列尾排队。

(10) 再次执行进程是否为空，若为非空执行第(12)步，否则执行下一步。

(11) 调度选中就绪队列首进程，将其状态由就绪态转执行态；本步执行完转到第(3)步执行。

(12) 判断进程是否执行完毕，若是执行下一步，否则转第(14)执行。

(13) 进程已执行完毕，撤销进程，调度选中就绪队列首进程执行；本步执行完转第(3)步执行。

(14) 进程未执行完，判断进程是否阻塞，若是转下一步执行，若否转第(16)步执行。

(15) 进程阻塞，将其放入阻塞队列排队，调度选中就绪队列首进程执行；本步执行完转第(3)步执行。

(16) 在时间片轮转法调度下将进程加入就绪队列尾排队；本步执行完转第(3)步执行。

3. 参考代码

```
#include<stdio.h>
#include<malloc.h>
```

```
typedef int Status;
#define ERROR 0
#define OK 1
```

```
//用 RUN,READY,BLOCKED FINISHED 分别表示进程处于运行、就绪、阻塞和结束状态
#define RUN 0
#define READY 1
#define BLOCKED 2
#define FINISHED 3
```

```
typedef struct __PCB{
    char NAME[10];              //进程名字
    int PRIO;                   //进程优先数
    int ROUNT;                  //轮转时间片
    int COUNT;                  //计数器
    int NEEDTIME;               //需要的 CPU 时间
    int CPUTIME;                //占用 CPU 时间
    char STATE;                 //进程状态
}PCB;
```

```
typedef struct QNode{
    PCB pcb;
    struct QNode *next;
}QNode, *ListPtr;
```

```
typedef struct{                 //就绪队列
    ListPtr prun;               //当前运行进程指针
    ListPtr pready;             //头指针
    ListPtr ptail;              //尾指针
}preadyList;
```

```
typedef struct{                      //完成队列
    ListPtr pfinish;                 //头指针
    ListPtr ptail;                   //尾指针
}pfinishList;

Status Create(preadyList ready);
Status Print(preadyList ready,pfinishList finish);
Status Printr(preadyList ready,pfinishList finish);
Status Fisrt(preadyList ready);
Status Insert1(preadyList ready);
Status Insert2(preadyList ready);
Status Prisch(preadyList ready,pfinishList finish);
Status Roundsch(preadyList ready,pfinishList finish);

int main(void){
    char ch;
    preadyList ready;
    pfinishList finish;

    //分配内存

    ready.pready=ready.ptail=(ListPtr)malloc(sizeof(QNode));
    ready.prun=(ListPtr)malloc(sizeof(QNode));
    ready.prun->next=NULL;

    finish.pfinish=finish.ptail=(ListPtr)malloc(sizeof(QNode));

    //创建进程
    Create(ready);
    printf("\n就绪对列中初始值: \n");

    Print(ready,finish);

    //从就绪队列中选择第一个进程运行
    First(ready);

    printf("请输入要选择调度的算法(p--优先数调度,r--时间片轮转法): \n");

    while(1){
        do{
            ch=getchar();
            scanf("%c",&ch);
        }while(ch!='p' && ch!='r');

        switch(ch){
        case 'p':
            //优先数调度
            Prisch(ready,finish);
            break;
        case 'r':
            //时间片轮转法
            Roundsch(ready,finish);
            break;
        }
    }
```

```
}

//打印就绪队列中的进程状态，优先数
Status Print(preadyList ready,pfinishList finish){
    ListPtr p,q;
    p=ready.pready;
    q=finish.pfinish;

    printf("运行中的进程\r\n");
    if(ready.prun->next!=NULL)
    {
        printf("%s",ready.prun->next->pcb.NAME);
        printf(":%d\t",ready.prun->next->pcb.STATE);
        printf("优先数:%d\n",ready.prun->next->pcb.PRIO);

    }

    printf("就绪队列的进程\r\n");
    while(p!=ready.ptail){
        printf("%s",p->next->pcb.NAME);
        printf(":%d\t",p->next->pcb.STATE);
        printf("优先数:%d\n",p->next->pcb.PRIO);
        p=p->next;
    }

    printf("完成队列的进程\r\n");
    while(q!=finish.ptail){
        printf("%s",q->next->pcb.NAME);
        printf(":%d\t",q->next->pcb.STATE);
        printf("优先数:%d\n",q->next->pcb.PRIO);
        q=q->next;
    }
    return OK;
}
//打印就绪队列中的进程状态，剩余时间
Status Printr(preadyList ready,pfinishList finish){
    ListPtr p,q;
    p=ready.pready;
    q=finish.pfinish;

    printf("运行中的进程\r\n");
    if(ready.prun->next!=NULL)
    {
        printf("%s",ready.prun->next->pcb.NAME);
        printf(":%d\t",ready.prun->next->pcb.STATE);
        printf("剩余时间:%d\n",ready.prun->next->pcb.NEEDTIME);

    }
```

```
     printf("就绪队列中的进程\r\n");
     while(p!=ready.ptail){
         printf("%s",p->next->pcb.NAME);
         printf(":%d\t",p->next->pcb.STATE);
         printf("剩余时间:%d\n",p->next->pcb.NEEDTIME);
         p=p->next;
     }

     printf("完成队列中的进程\r\n");
     while(q!=finish.ptail){
         printf("%s",q->next->pcb.NAME);
         printf(":%d\t",q->next->pcb.STATE);
         printf("剩余时间:%d\n",q->next->pcb.NEEDTIME);
         q=q->next;
     }
     return OK;
}

//创建进程，增加到就绪队列中
Status Create(preadyList ready){
    ListPtr p;
    int i=0 ;
    int n;
    printf("请输入进程个数:");
    scanf("%d",&n);
    while(i<n)
    {
        p=(ListPtr)malloc(sizeof(QNode));
        printf("输入第%d进程名:",i+1);
        scanf("%s",p->pcb.NAME);
        printf("输入进程需要的时间:");
        scanf("%d",&p->pcb.NEEDTIME);
        printf("输入进程的进程优先数:");
        scanf("%d",&p->pcb.PRIO);
        //新创建的进程处于就绪状态
        p->pcb.STATE= READY;
        p->pcb.ROUND=2;
        p->pcb.COUNT=0;
        i++;
        p->next=NULL;
        ready.ptail->next=p;
        ready.ptail=p;
    }

    return OK;
}

//选择就绪队列的第一个进程运行
Status First(preadyList ready){
```

```
    //队列为空
    if(ready.pready==ready.ptail)
        return ERROR;

    //让 prun 指针指向第一个进程
    ready.prun->next=ready.pready->next;

    //该进程的状态设置为运行
    ready.prun->next->pcb.STATE=RUN;

    //就绪队列只有一个进程, 该进程被调度后, 队列为空
    if(ready.ptail==ready.pready->next)
        ready.pready=ready.ptail;
    else
        ready.pready->next=ready.pready->next->next;    //头指针后移

    printf("\n%s 被从就绪队列调度运行\n",ready.prun->next->pcb.NAME);
    return OK;
}

Status Insert1(preadyList ready){
    int i=0,j=0;
    ListPtr p=ready.pready,q;
    PCB temp;

    //新建一个节点
    ListPtr s=(ListPtr)malloc(sizeof(QNode));
    //PCB 的值等于刚才正在运行进程的 PCB
    s->pcb=ready.prun->next->pcb;
    s->next=NULL;

    //将该节点插入就绪队列
    ready.ptail->next=s;
    ready.ptail=s;

    //按优先数从大到小排序
    for(p;p!=ready.ptail;p=p->next)
    {
        for(q=p->next;q!=ready.ptail;q=q->next)
        {
            if(p->next->pcb.PRIO < q->next->pcb.PRIO)
            {
                temp=p->next->pcb;
                p->next->pcb=q->next->pcb;
                q->next->pcb=temp;
            }
        }
    }
```

```
    return OK;
}
Status Insert2(preadyList ready){
    ListPtr p=ready.prun->next;

    //把刚才正在运行的进程插入到就绪队列末尾
    if(p->pcb.NEEDTIME > 0)
    {
        ready.ptail->next=p;
        ready.ptail=p;
        ready.prun->next=NULL;

    }
    return OK;

}


// 基于优先级调度
Status Prisch(preadyList ready,pfinishList finish){
    int i=0 ;

    //遍历运行队列
    while(ready.prun->next!=NULL)
    {
        ready.prun->next->pcb.CPUTIME++;
        ready.prun->next->pcb.NEEDTIME--;
        //优先级动态减少
        ready.prun->next->pcb.PRIO-=3;

        //运行结束了
        if(ready.prun->next->pcb.NEEDTIME==0)
        {

            finish.ptail->next=ready.prun->next;        //插入到完成队列
            finish.ptail=ready.prun->next;              //尾指针后移
            ready.prun->next->pcb.STATE=FINISHED;
            ready.prun->next=NULL;

            //如果就绪队列不为空，则选择就绪队列中的第一个进程运行
            if(ready.pready!=ready.ptail)
            {
                First(ready);
            }

        } //如果还没有运行结束，但是就绪队列中有进程的优先级比当前正在运行的进程高，
//则把该进程置就绪状态并增加到就绪队列中，运行高优先级的进程
```

```
        else if(ready.pready != ready.ptail && (ready.prun->next-
>pcb.PRIO) < (ready.pready->next->pcb.PRIO))
        {
            ready.prun->next->pcb.STATE=READY;
            printf("%s 被调到就绪队列里\n",ready.prun->next->pcb.NAME);
            Insert1(ready);
            First(ready);
        }

        i++;
        printf("\n 进程执行第%d 个时间片的结果：\n",i);
        Print(ready,finish);
    }
    return OK;
}

// 基于时间片调度
Status Roundsch(preadyList ready,pfinishList finish){
    int i=0;

    //遍历运行队列
    while(ready.prun->next!=NULL)
    {
        ready.prun->next->pcb.CPUTIME++;
        ready.prun->next->pcb.NEEDTIME--;

        //已运行时间增加
        ready.prun->next->pcb.COUNT++;

        //运行结束了
        if(ready.prun->next->pcb.NEEDTIME==0)
        {
            finish.ptail->next=ready.prun->next;        //插入到完成队列
            finish.ptail=ready.prun->next;              //尾指针后移
            //状态设置为结束状态
            ready.prun->next->pcb.STATE=FINISHED;
            //
            ready.prun->next=NULL;

            if(ready.pready!=ready.ptail)
            {
                First(ready);
            }
        } //时间片到了
        else   if(ready.prun->next->pcb.COUNT==ready.prun->next->pcb.ROUNT)
        {
            ready.prun->next->pcb.COUNT=0;
            //就绪队列不为空
            if(ready.pready != ready.ptail)
            {
```

```
                    //刚才正在运行的进程设置为就绪状态
                    ready.prun->next->pcb.STATE=READY;
                    printf("%s 被调到就绪队列里\n",ready.prun->next->pcb.NAME);
                    Insert2(ready);
                    First(ready);

            }
        }
        i++;
        printf("\n 进程执行第%d 个时间片的结果：\n",i);
        Printr(ready,finish);
    }
    return OK;
}
```

本 章 小 结

处理机调度完成 CPU 权限的分派，调度性能的好坏影响系统整体性能如何。根据任务的特征及操作系统特征处理机调度可分为四级，分别是高级调度、中级调度、低级调度和线程调度。高级调度也就是作业调度，在其中引入了作业的定义、作业的状态、作业控制块等基本概念。操作系统调度性能好坏通过周转时间和带权周转时间两个指标进行定量衡量。调度的策略分作业调度和进程调度分别说明。本章介绍了作业调度和进程调度的调度策略，以及 Linux 进程调度简要说明。

对于处理机调度一章的学习，可从操作系统设计实现的其中一个目标来深入理解。此目标即提高系统资源的利用率。处理机是计算机系统中最重要的资源，如何提高其利用率，同时又可以使系统中运行的多个任务得到较好的处理性能，处理机调度在其中起着至关重要的作用。

习　　题

一、问答题

1. 处理机调度都包括几种类型？简述各类调度的主要任务。
2. 什么是作业？
3. 作业从进入系统开始到执行完毕，作业的状态有哪几种？
4. 请说明在不同的操作系统环境下会具有哪些调度级别。
5. 试述作业、程序、进程、线程之间的关系。
6. 简述衡量一个处理机调度算法优劣的主要标准。
7. 什么是周转时间？带权周转时间？响应时间？吞吐率？
8. 什么是 JCB？说明 JCB 的作用并列举其主要内容。
9. 简述作业调度与进程调度之间的关系。
10. 举例说明 Linux 系统中对于交互式进程和计算型进程设计时间片大小的原则。

11. 简述多级反馈轮转法调度策略中各级进程所享用的时间片大小的设置原因。

二、计算题

1. 现有作业 1～作业 5(J1～J5)，如表 3-7 所示，作业编号即其到达系统顺序，在时刻 0 依次按顺号由低到高进入单 CPU 系统中，请分别采用 FCFS、SJF、时间片轮转法、非抢占式优先权调度算法计算各作业的平均周转时间和平均带权周转时间，以及作业调度顺序。

表 3-7

作业号	执行时间(ms)	优 先 权
J1	11	2
J2	2	1
J3	1	3
J4	4	1
J5	2	4

2. 在某多道程序系统中(道数无限制)，作业进入后备队列即开始作业调度。现有 4 道作业进入系统，信息如表 3-8 所示(表中数据均为十进制)，作业和进程调度采用最高优先级算法(规定数值越大优先级越高)。

表 3-8

作业	进入系统时间	执行时间	优先数
1	8.0	0.6	2
2	8.1	0.2	1
3	8.3	0.3	3
4	8.5	0.1	4

请完成表 3-9 的内容。

表 3-9

作 业	进入系统时间	执行时间	优 先 数	开始时间	结束时间	周转时间	带权周转时间
1	8.0	0.6	2				
2	8.1	0.2	1				
3	8.3	0.3	3				
4	8.5	0.1	4				
平均周转时间＝							
平均带权周转时间＝							
调度顺序：　→　→　→							

3.　一个具有 3 道作业的多道批处理系统，作业调度采用 SJF 调度算法，进程调度采用优先数为基础的抢占式调度算法。作业信息如表 3-10 所示(表中数据全部为十进制形式)，作业优先数即进程优先数，优先数越小则优先级越高。

表 3-10

作　业	到达时间	估计运行时间	优　先　数
1	9.0	0.4	4
2	9.2	0.3	3
3	9.4	0.6	2
4	9.5	0.3	4
5	9.9	0.4	1
6	10.1	0.1	2

试填写表 3-11 中的信息。

表 3-11

作　业	到达时间	估计运行时间	优　先　数	开始时间	结束时间	周转时间	带权周转时间
1	9.0	0.4	4				
2	9.2	0.3	3				
3	9.4	0.6	2				
4	9.5	0.3	4				
5	9.9	0.4	1				
6	10.1	0.1	2				

平均周转时间＝

平均带权周转时间＝

作业调度顺序：　→　→　→　→　→

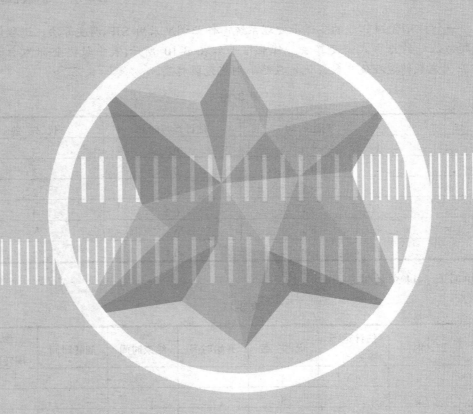

第 4 章

存 储 管 理

本章要点

- 存储管理功能。
- 存储体系结构。
- 单一连续存储管理。
- 分区式存储管理。
- 分页存储管理。
- 分段存储管理。
- 段分页存储管理。
- 虚拟存储系统。
- Linux 存储管理。

学习目标

- 理解操作系统存储管理功能：地址转换、存储空间管理、存储空间扩充。
- 理解并掌握 5 种存储管理方式。
- 理解两种地址重定位方式：静态地址重定位和动态地址重定位。
- 掌握相关数据结构：页表、段表。
- 掌握逻辑地址向物理地址的转换。
- 掌握常用页面置换算法：FIFO、LRU。
- 理解并掌握动态分页存储管理实现的原理及机制。
- 理解局部性原理。
- 理解抖动的概念。
- 了解 Linux 存储管理模式。

4.1　存储管理概述

存储管理是操作系统主要的功能，存储管理主要对象是计算机中的内存，即主存储器。存储器是计算机系统中仅次于处理器的一种重要、稀缺的系统资源。为此，如何充分、有效地利用存储空间，管理好主存储器是操作系统的重要任务。提高主存储器的利用率还可以提高多道程序设计的系统工作效率。

因程序和数据只有调入主存才能被 CPU 调用，因此存储管理的优劣直接影响系统的性能。主存储空间一般分成两个区域，一部分存放系统程序，诸如操作系统核心程序、例行程序等；另一部分是用户区，存放用户程序及数据，以供 CPU 调用。

现代计算机的主存容量在不断扩大，但是在多任务、并发执行环境下，仍不能保证能有足够大的存储空间支持大型程序，以及用户对存储空间的需求。因此，操作系统的主要任务是尽可能地满足用户的需求，提高主存的利用率。存储管理包括以下一些功能。

1. 主存储空间的分配和去配

一般主存中会同时容纳多个程序及数据，但存储管理必须解决存储空间分配的问题。

不同的存储管理方式采用的分配策略是不同的。究竟如何分配受多种因素的影响，尤其取决于硬件的设计。

当进程执行完毕时，系统将回收该进程所占的存储空间，也即由存储管理完成空间的去配。

2. 地址转换

由于用户程序中使用的地址是逻辑地址(也称相对地址)，而程序在内存被执行时(或程序在装入内存时)须将逻辑地址转换为机器可以识别的物理地址(也称绝对地址)。

(1) 逻辑地址是指用户程序经编译后，每个目标模块以 0 为基地址进行的顺序编址。逻辑地址又称相对地址。

(2) 物理地址是指内存中各物理存储单元的地址从统一的基地址进行的顺序编址。物理地址又称绝对地址，它是数据在内存中的实际存储地址。

3. 主存储空间的共享与保护

系统中同时有多道程序，当这些程序之间有相互的代码或数据共享时，存储管理程序须完成存储共享的功能，以提高存储空间的利用率。

存储空间的共享带来了安全隐患问题，为防止共享内容被随意篡改，可通过硬件、软件或软硬件结合的方式进行保护。

(1) 硬件保护的方法是通过对每个程序设置上下界寄存器，限定该程序可访问的内存空间范围，以防止上述问题的发生。

(2) 软件保护的方法是在程序状态字寄存器中设定该程序可访问的内存范围及访问权限。

(3) 软硬件结合的方法是将上述两种方法进行配合，可以更好地实现存储空间的保护。

4. 主存储空间的扩充

存储管理一个最主要的功能是实现空间的扩充。扩充空间带来的好处是可以使用户编写的程序不受物理空间范围的限制，也即当用户程序的相对地址空间大于主存的绝对地址空间时，通过扩充技术可保证程序在系统中运行，可以给用户带去极大的方便。本章后面小节中介绍的虚拟存储技术就是目前操作系统中广泛采用的存储扩充技术。

4.1.1　计算机系统的存储体系

设计主存储器时，在面向用户时应提供给用户无限大的存储空间；而面向系统时，应对性能和成本综合考虑。主存储器容量越大价格越高，而且计算机硬件也限制了主存储器的最大空间容量。如何解决这个矛盾也决定了主存储器的性能。主存储器的设计实现应该满足用户较大空间的需求；因 CPU 主要是与主存进行数据传输，故从系统角度来看主存储器应有较高的速率；从计算机产品应用的角度来看，主存储器应具有较高的性价比。因此，为满足这 3 个方面的要求，主存储器设计为多级结构，包含 3 个部分：高速缓存、内部存储器和外部存储器。多级存储结构的一般规律特征如图 4-1 所示。

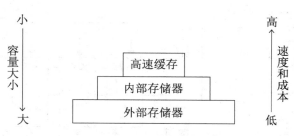

图 4-1　多级存储结构的一般规律特征

内部存储器即内存的性能是计算机性能的重要指标之一，无论 CPU 还是 I/O 设备都要和内存进行数据操作。而计算机 CPU 能够直接进行数据存取的就是内存，故内存中存放操作系统内核和处于执行态的作业，所以内存的容量越大所能存放的数据信息就越多，但也意味着成本越高。而且一旦断电，内存(这里主要指动态 RAM)的信息就会丢失，故不能用内存长期保存数据。

解决的办法就是采用外部存储器比如大容量的磁盘作为文件存储的补充。同时采用虚拟存储技术从磁盘中划分空间作为内存容量的扩充。但是由于 CPU 不能直接访问外存，故访问外存的速度没有内存快，为此对操作系统而言权衡速度和容量的关系关乎计算机的执行效率。

高速缓存的唯一目的就是提高 CPU 存取效率。高速缓冲存储器均由静态 RAM 组成。静态 RAM 存储数据的速度比动态 RAM 快，但是静态 RAM 集成度比动态 RAM 差，故高速缓存的价格远高于内存。这些特点是由这两种存储器结构决定的。基于这些原因，高速缓存容量很少，一般存放使用频率较高的数据，减少内存的访问次数以提高访问速度。

4.1.2　存储器的组织方式

早期没有操作系统时，程序员每一次运行程序必须将程序代码转换为机器码，并根据 CPU 的要求将机器码写入具体的内存单元，否则 CPU 将无法运行其程序，这样程序员必须熟悉整个计算机的硬件环境才能进行操作。同时，由于不同 CPU 的硬件环境是不一样的，故程序在不同 CPU 的环境下运行就更为复杂。在 Linux 操作系统中的内存管理分成两层，上层面向进程管理，下层面向不同的 CPU，已到达良好的可移植性。为了避免用户直接和内存单元交互，一般操作系统在内存管理上采用地址映射的方式来达到用户和存储单元的交互。而地址映射涉及存储器的两种组织方式：逻辑组织和物理组织。

1. 逻辑组织

逻辑组织就是用户能够看到的存储器的组织方式。主存通常都是以字或字节为单位在逻辑上组织成线性一维的地址空间。这里所说的地址并非是逻辑地址，只是用来说明内存物理地址是一维线性的结构，这种结构形式更方便程序员编写程序，如图 4-2 所示。

2. 物理组织

物理组织指的是实际存储器电路对于存储单元的组织方式。这种方式对用户而言太复杂，故希望采用黑匣子的方式来进行使用，而对黑匣子的操作需要处理机硬件和操作系统软件的控制管理来共同完成，如图 4-3 所示。

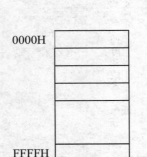

图 4-2　内存逻辑组织

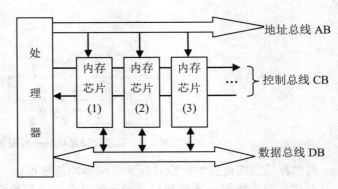

图 4-3　内存物理组织

介绍两种存储器的组织方式有助于理解为什么编写高级语言程序时并不需要考虑内存存放问题，更不需要考虑内存电路结构。

高级语言源代码转化为进程需要经过 3 个阶段：编译、链接和装入。

1) 编译

将高级语言源程序转化为具有统一规范的目标文件。由编译器 Complier 完成。

2) 链接

将一个或多个目标模块以及需要的库函数根据相互的结构关系组织成可装入模块。由链接程序 Linker 完成。这一阶段很大一个优势就是能够实现模块共享。

3) 装入

将可装入模块装入内存。由装入程序 Loader 完成。

程序要执行必须先装入内存，程序编写过中程序员是不需要关注程序在内存的具体位置，所以源程序中涉及内存单元时一般会采用字母符号表示，而在编译和链接的过程中程序因为没有实际装入内存单元，故目标模块中涉及的内存单元均采用逻辑地址，是以本程序的开始位置作为起点坐标的地址位移关系。而装入这一阶段就是必须转化为实实在在的内存的物理地址，而这个过程就是逻辑地址转化为物理地址的过程，也就是地址映射或地址重定位。如在 C 语言高级源程序中对内存的访问就来自变量的名字，经过编译后将变量直接赋予逻辑地址，而装入过程则需要将逻辑地址和物理地址建立映射关系。根据地址映射建立方式不同，单个可装入模块的装入方式有 3 种。

(1) 绝对装入方式。逻辑地址和物理地址一样，不需要映射，但是要求装入内存时必须严格按照物理地址进行放置。

(2) 静态重定位方式。逻辑地址与物理地址的映射在装入时完成，运行过程模块在内存的位置不会改变。

例如，某程序地址空间大小为 5000，以静态重定位方式装入内存，起始单元为 10000，如图 4-4 所示。则程序中某条语句 "load 1, 2305"，表示将虚拟地址 2305 单元的内容(实际上是 327)装入 1 号寄存器。则该条语句中的虚拟地址 2305 在装入内存前转换为 12305，即加了该程序在内存的起始地址 10000，完成了从虚拟地址到物理地址的转换。

这种方式的优点是无须硬件支持。但缺点是程序执行前全部装入内存且装入后无法移动，故无法实现虚拟存储技术；占用连续的存储空间，故难以实现程序和数据的共享。

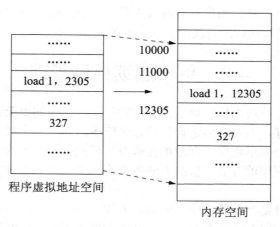

图 4-4　静态重定位方式示例

（3）动态重定位方式。逻辑地址与物理地址的映射在运行时完成，不是在装入时，故可以根据需要改变模块在内存中的位置。装入时不加任何修改，但在每次访问内存单元前才进行地址变换。如图 4-5 所示，程序在执行中遇到逻辑地址 2305，将其与基址寄存器 BR 的内容相加得到的就是要访问的内存单元地址，由硬件完成地址转换，此即动态重定位方式的地址转换。

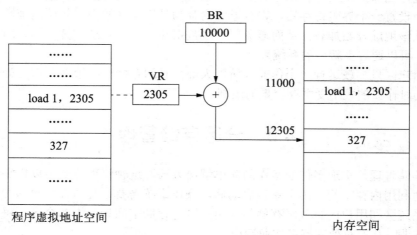

图 4-5　动态重定位方式示例

与静态重定位方式相比，动态方式允许程序在内存占用非连续的存储空间，且程序在执行时可部分调入内存。这种方式具有便于实现虚拟存储技术，便于程序共享，且内存空间利用率高等优点。唯一不足之处是这种方式增加了硬件，也增加了一定的机器成本。例如，Intel x86 计算机系统中有 6 个基址寄存器。

显而易见，绝对装入方式不适合多进程并发环境，因为编译时很难确定内存中哪些空间是可以进驻模块的。静态重定位方式由于不能改变进程在内存中的位置，以至于存储管理系统无法调整剩余的存储空间，降低了内存使用效率。而动态重定位很好地解决了静态重定位这一缺点。也就是在多进程并发环境中，当新任务要执行时没有足够的空间存放就需要将旧进程换出，而旧进程如果重新进入内存时，很难做到重回同一位置，故动态重定位这种方式就可以让进程运行时再决定其在内存的具体位置。

4.2 单一连续存储管理

内存中存放着操作系统内核和处于执行态的作业。在早期单道程序设计系统中，任何时刻内存只有一个程序，而对于多道程序设计系统中，允许多个程序同时存在内存中。不管内存是单道程序还是多道程序，存放都要涉及分配程序存放的内存空间地址，用以区别操作系统内核与应用程序的存放位置的方法等操作，不同存储管理方式在以下几节内容中分别进行说明。

单一连续存储管理是存储管理中最简单的方式。这种方式适合应用在单用户、单任务操作系统中。所以任何时刻，内存只分配一个进程使用。现在一些嵌入式操作系统中，如果无须处理多任务关系，均会采用此存储管理方式。而早期的 DOS 系统就采用这种方式。

在这种存储管理方式中，整个内存空间分为两部分，系统区和用户区。系统区存放操作系统内核，一般存放在内存区的低地址部分，如 X86 系统。剩下的存储空间就划分给用户使用，即称为用户区。在用户区只能加载一个作业执行，只有作业执行结束才能加载下一个新的作业。

为了更好地保护系统区和用户区数据，系统一般采用的方法是界限寄存器保护方法。在处理器中设置一个界限寄存器，寄存器的内容为是用户区的内存起始地址，当加载作业时，只能从该地址开始加载，从而避免用户区数据和系统区数据重叠。如果用户破坏了系统区数据，可以通过重新启动系统来恢复。

整个用户区只加载运行一个作业，所以大部分时间存储空间浪费严重，处理器运行效率很低，同时作业的大小受主存容量的限制。

4.3 分区存储管理

分区存储管理是实现多作业运作的简单解决方式。这种管理方式可以提高处理器的效率，更好地利用内存空间。由于系统启动后，操作系统需要进驻内存，故这种方式还是将内存分为系统区和用户区。分区存储是在用户区将存储空间划分为多个区，每一个区可以加载一个作业，从而有效支持多作业运作。

分区存储管理分为固定分区方式和可变分区方式。

4.3.1 固定分区方式

所谓固定分区就是将用户区进行空间划分成多个分区，各个分区的大小不一定相等，但一旦划分，分区的个数和大小就固定不变了。一个分区只能加载一个作业，不允许多个作业同时存在一个分区内，当分区的作业执行结束后，再加载新的作业。

由于分区大小和数量一旦划分不再改变，故分区的划分很重要，可以将分区划分为大小一样的空间，例如需要一台计算机控制多个相同的设备，执行的应用程序是完全一样情况下。但是这种情况属于较特殊的，每个作业很难做到长度完全一样，这样需要将空间划分成不相等区域以便存放长短不一的作业，这样更有效使用存储空间。

如果分区的大小一样，内存分配的分配算法很简单，只要分区的大小大于作业的大小并且该空间是空闲的，使用哪一个分区并没有特别的要求。

但是如果分区的大小不一样，这就要考虑如何分配空间更合理，因为如果一个小作业分配了一个大分区就会造成很大的空间浪费。

内存使用情况如图 4-6 所示，其中阴影部分为空闲空间。分区 4 能够充分使用，没有剩余空间，这种情况出现的概率不大，大部分情况都是作业的大小远小于分区的大小，如分区 1 和分区 2。分区 1 和分区 2 中有大量的空间没有使用，而这些空间是不能够分配给别的作业使用的，这就是所谓的内存"内部碎片"，这些碎片大大降低了内存空间的利用率。

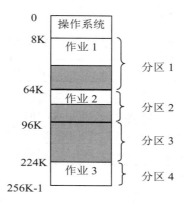

图 4-6 内存状态

最好的解决办法是通过分配算法为要运行的作业找到最接近大小的分区。由于作业的运行是由作业调度系统决定的，而选择分区是由存储系统决定的，故可以在作业队列中，每有作业需要执行时进行分配存储空间，这样可以在空闲的分区中找到合适的空间加载新作业。

和现实中的各种分配一样，分区分配后，使用分区描述表让分区和作业联系在一起，分区描述表记录每个分区的状态。如分区的编号、分区大小、分区的起始地址和使用情况(是否分配)，根据图 4-6 所示的内存状态，分区描述如表 4-1 所示。

表 4-1 分区描述

分区编号	分区长度	起始地址	使用情况
1	56K	8K	已分配
2	32K	64K	已分配
3	128K	96K	未分配
4	32K	224K	已分配

一旦分区的作业执行结束，对应的分区描述表在使用情况字段即修改为未分配，从而实现分区回收。

空闲分区根据分区描述表的分区长度和起始地址对新作业进行分配和重定位。

这种分配方式在个人计算机中已经不再使用。

4.3.2 可变分区方式

可变式分区又称为动态式分区。可变式分区在作业执行前并不直接建立分区，分区的建立是在作业的处理过程中进行的。且其大小可随作业或进程对内存的要求而改变。可变分区动态地为作业分配空间，这样可以避免过多的不能使用的内存碎片产生。系统初启时内存中只有一个空闲区。按作业或进程的要求分配分区，一段时间后，分区的大小、个数是变化的。

1. 可变式分区的数据结构

可变式分区管理中常用的数据结构如表 4-2 所示。

表 4-2　可变式分区常用数据结构

数据结构名称	说　　明
分区说明表	将内存中所有区块的使用情况用表格组织在一起
空闲空间表	将内存中所有空闲区块的情况用表格组织在一起
自由链	将内存中所有空闲区块的情况用链表组织在一起
请求表	把请求内存资源的作业或进程构成一个内存资源请求表

2. 可变式分区的划分

初始情况下内存中的用户区是一个大的空闲区，随着作业或进程的要求，内存的分区情况在不断变化着。如图 4-7 所示，是一段时间内 5 道作业进入或退出系统时，内存为这些作业分配或回收空间后，内存分区的变化过程。空白处表明未使用空间，箭头指向时间流向。

当第一个作业 P1 要执行时，系统根据作业大小在空闲区划分相同大小的空间给作业，如图 4-7(a)所示；当系统为作业 P2 分配空间后，内存分区情况如图 4-7(b)所示；接着是为作业 P3 划分合适的空间，如图 4-7(c)所示；此时，作业 P4 想进入系统，因为空闲空间不够而没办法装入，直到作业 P1 执行完毕，系统回收 P1 占用的空间，如图 4-7(d)所示，再为作业 P4 分配可用的空间，如图 4-7(e)所示；接下来作业 P2 执行完毕，系统回收 P2 占用的空间，如图 4-7(f)所示；最后作业 P5 进入系统，为作业 P5 分配可用的空间，如图 4-7(g)所示。

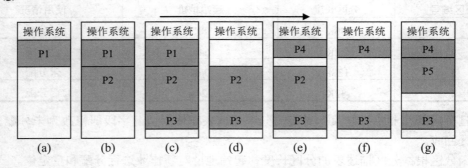

图 4-7　可变式分区的工作原理

3. 可变式分区的回收及合并

可变式分区管理中因为分区个数及大小是可变的，所以当分区中某个作业执行结束，空间就会被回收，回收时空闲区及其相邻分区的情况有如下 4 种情况。

(1) 上邻空闲区。回收和上邻空闲区合并，空闲区数目不变，空闲区首地址为上邻空闲区首地址，空闲区大小为回收区和上邻空闲区大小之和，如图 4-8(a)所示。

(2) 下邻空闲区。回收区和下邻空闲区合并，空闲区数目不变，空闲区首地址为回收区首地址，空闲区大小为回收区和上邻空闲区大小之和，如图 4-8(b)所示。

(3) 上下邻空闲区。回收和上下邻空闲区合并，空闲区数目减 1，空闲区首地址为上邻空闲区首地址，空闲区大小为回收区和上下邻空闲区大小之和，如图 4-8(c)所示。

(4) 上下无空闲区。空闲区数目加 1，空闲区首地址为回收区首地址，空闲区大小为回收区大小，如图 4-8(d)所示。

图 4-8　空闲区在回收时邻接情况

4. 可变式分区的存储空间的分配与回收

可变分区中，分区的个数及大小随着分配和回收空间而不断变化着，也因此在内存空间留下一些很小的分区无法再利用。例如图 4-7(c)～图 4-7(g)中，作业 P3 下方的空闲分区因空间太小一直无法使用，这个小分区就是“外部碎片”。这种碎片的存在使得内存空间利用率很低。如果系统中装入的作业越多，内存中会产生更多的“外部碎片”，内存中浪费空间的现象也会越来越多。

当系统碎片过多时，由操作系统将所有的作业往同一个方向移动，使碎片整合在一起。这种方法提高了内存空间的利用率，但是也花费了处理器较多时间对各种内存中作业进行移动。为此需要好的分配算法来减少压缩次数，常用的可变分区分配算法有以下 3 种。

1) 最先适应算法(也称首次适应算法)

将空闲空间按地址由低到高排序形成空闲空间表，每次分配时从表头顺序查找空闲空间表，直至找到第一个满足作业或进程长度的空闲区为止，以作业长度分割空闲区，若有余下的空间则作为新的区记录在系统空闲空间表中，以便下次的分配。这种算法按地址顺序排序空闲区，在回收空间时查找效率较高，分配空间时从低地址部分空闲区开始查找，可以使主存中高地址部分尽可能少用。

2) 最佳适应算法

将空闲空间按大小由小到大进行排序形成空闲空间表，每次分配时顺序查找该表，直至找到第一个满足作业或进程长度的空闲空间为止，按作业或进程长度分割空闲区，若有余下的空间则作为新的区记录在系统空闲空间表中，以便下次的分配。这种算法将空闲空间由小到大排序，第一次找到的空闲区必然是最接近作业或进程长度的，因此这种算法的空间利用率较高。

3）最坏适应算法

将空闲空间按大小由大到小进行排序形成空闲空间表，每次分配时只需要对比第一个分区是否满足作业或进程的空间要求，若是则找到了满足作业或进程长度的空闲空间，按作业或进程长度分割空闲区，若有余下的空间则作为新的区记录在系统空闲空间表中，以便下次的分配；否则，系统中所有空闲区均无法满足该作业或进程需求。这种算法查找效率很高。

上面讨论了 3 种常用的内存分配和回收的算法，由于回收空闲区时要插入空闲空间表中，且该表是按一定顺序排列的，衡量算法性能时除了考虑搜索速度与最佳空间查找方面，还要考虑回收空间的效率问题。因此，下面从分配空间的查找速度、回收效率、空间利用率等 3 个方面对上述 3 种算法进行比较。

（1）从搜索速度上来看，最先适应算法有最佳的性能。最佳适应算法按大小排序空闲区，则分配空间时实际上是对所有区进行一次搜索。同时，从回收效率来看，最先适应算法性能也是最优的，因为回收一个空闲区时，不必改变该区在表中的位置(除非该区的大小与作业或进程大小一致，则直接从空闲空间表中删除)，只需修改该区的大小或起始地址；而最佳适应算法和最坏适应算法都必须重新搜索排序，以形成新的空闲空间表。而最先适应算法不需要这些开销。

（2）最佳适应算法的优点是找到的空闲区是最佳的，也就是最佳适应算法找到的空闲区正好等于用户请求的大小或是能满足用户需求的最小空闲区。但是这样就使余下的碎片很小，很难再次使用。

（3）最坏适应算法尽可能使分配后的剩余空闲区最大，从而避免极小碎片的产生。它选择最大的空闲区优先使用，以使分配后余下空间仍能再分配使用。

上述 3 种算法各有特长，针对不同的作业或进程序列，效率各不相同。因此，判断算法的优劣，应该按照不同应用的场合，不能一概而论。

4.3.3 分区式存储管理的特点

分区式存储管理的主要优点如下。

（1）在内存中实现了多作业或进程的存储，有助于实现多道程序系统，从而提高了系统资源的利用率。

（2）分区存储管理所需硬件较少，管理算法较为简单，因此这种管理方式易于实现。

分区式存储管理的不足之处如下。

（1）无论固定分区产生的"内部碎片"和可变分区产生的"外部碎片"均是该存储管理方式难以解决的问题，即内存利用率不高。

（2）类似于单一连续存储管理，分区存储管理对于作业或进程是全部调入内存，因此会出现内存中包含从未使用过的信息，更进一步影响了内存的利用率。

（3）分区存储管理中作业或进程是占用连续存储空间，作业或进程的大小受内存可用区大小的限制，因此某些大作业或内存需求较大的进程可能无法在系统中执行。

(4) 装入各分区的作业或进程在内存中占用连续的存储空间，且装入后无法再移动，因此难以实现虚拟存储技术，也很难实现作业或进程的信息共享。

4.3.4　分区式存储管理的内存扩充技术

分区式存储管理中为提高内存空间的利用率需要进行空间的扩展，可以通过内存压缩技术、交换技术和覆盖技术实现。

1. 内存压缩技术

分区存储管理中作业或进程在内存必须占用连续的空间，由于作业或进程的不断装入和回收而导致内存出现了较多的"外部碎片"无法使用，这样不仅浪费了内存空间，还会限制空间需求过大的作业或进程进入系统。

内存压缩技术是将内存已占用分区向一个方向移动，直到形成较大的空闲区。这种移动虽然可集中内存中的空闲区域，但是对于系统开销非常大。例如，移动一个已装入系统的作业时，需要把内存中的信息读出，凡涉及地址的信息均应修改为新的地址，再写回到新的分区存储。另外，并非内存中所有作业或进程均是可移动的，正在与设备交换数据的作业或进程就无法移动。

图 4-7(c)～图 4-7(g)中均有两个空闲分区，假设，现有一个作业所需的空间容量小于内存总空闲区大小，但就是因为空闲区是分布在多个区中而导致该作业无法在系统中执行。这种情况可以通过内存压缩技术将外部碎片整合在一起，减少内存空间的浪费。如图 4-9 所示，将分区由图(a)调整成图(b)，此时该作业就可以装入内存并运行。

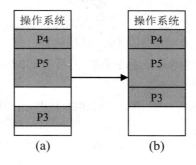

图 4-9　内存压缩技术

2. 交换技术

交换技术的基本思想是将处于等待状态(等 I/O)或就绪(等 CPU)状态的进程从内存换出到外存存储，把将要执行的进程移入内存。

交换技术的引入原因是在多道程序系统中同时存在于内存中的多道作业或进程，它们有的处于执行状态或就绪状态，而有的则处于等待状态，一般来说，等待时间均较长，如果让处于等待状态的进程继续驻留内存，将会造成存储空间的浪费。因此，应把处于等待状态的进程换出内存，而将内存空间分配给立即要执行的进程使用。

上述提到的换入、换出(swap in/swap out)技术是在基于优先级的调度中，如果一个更高优先级进程需要 CPU 服务时，内存中目前没有可用空闲空间，通过交换技术可以交换出低优先级的进程，以便可以装入和执行该更高优先级的进程。当更高优先级进程执行完后，会释放所占内存空间，此时低优先级进程可以交换回内存以继续执行。为了支持交换，必须在外存上设立交换区。交换技术操作中要耗费较多的系统时间。

如图 4-10 所示，是执行内存 P1 进程换出到外存，再执行进程 P2 换入的示意图。

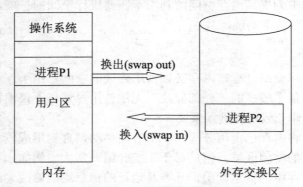

图 4-10　交换技术示意

3. 覆盖技术

覆盖技术的基本思想是一个程序不需要一开始就把它的全部指令和数据都装入内存后再执行。

覆盖技术的实现是把程序划分为若干个功能上相对独立的程序段，按照其自身的逻辑结构将那些不会同时执行的程序段共享同一块内存区域。程序段先保存在磁盘上，当有关程序段的前一部分执行结束，把后续程序段调入内存，覆盖前面的程序段。

如图 4-11 所示是覆盖技术的应用示例，其中内存分区情况如图 4-11(a)所示，程序分段情况如图 4-11(b)所示，程序各段占用分区使用情况如图 4-11(c)所示。程序若按全部调入内存所需的存储空间为

$$A(20K)+B(50K)+C(30K)+D(20K)+E(40K)+F(30K)=190K$$

一共需要占用内存 190K 空间。若采用覆盖技术，则该程序只需要占用 110K 的空间。因此覆盖技术减少了程序在内存中所占存储空间大小，从另一角度来看，也是对内存空间的一种扩充。

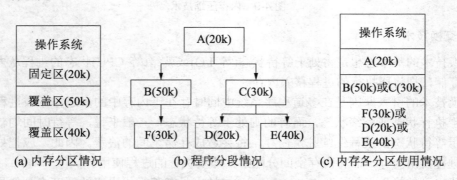

(a) 内存分区情况　　　(b) 程序分段情况　　　(c) 内存各分区使用情况

图 4-11　覆盖技术示意

覆盖技术的实现有如下几点要求。

(1) 将程序的必要部分(常用功能)的代码和数据常驻内存。

(2) 可选部分平时存放在外存中，在需要用到时才装入到内存。

(3) 不存在调用关系的模块不必同时装入到内存，从而可以相互覆盖 (即不同时用的模块可共用一个分区)。

(4) 要求程序员提供一个清楚的覆盖结构，清楚程序应分为多少段，每段的前后各是什么。

(5) 要求程序员清楚了解程序所属进程的虚拟空间以及各程序段所在虚拟空间的位置。

(6) 要求程序员了解系统和内存的内部结构和地址划分情况。

覆盖技术与交换技术之间的差异如下。

(1) 与覆盖技术相比，交换技术不要求用户给出程序段之间的逻辑覆盖结构。

(2) 交换发生在进程或作业之间，而覆盖发生在同一进程或作业内。此外，覆盖只能覆盖那些与覆盖段无关的程序段。

4.4　分页存储管理

4.4.1　分页存储管理的基本原理

分区存储管理的缺陷是系统对于每个存储要求，都分配一片连续的内存空间，导致碎片的产生和内存利用率不高。造成这个问题的主要原因是用户程序装入内存时是整体装入的，主存适应作业对空间连续的要求，从而出现主存有足够的空间但由于不连续而导致的不能分配的现象。对此分页存储管理提出了一种较好的解决方法。解决分区存储问题的思路是让程序适应主存，将程序分开存放，这就是分页存储管理的基本思想。

分页存储管理是将每个进程的逻辑内存也划分成同样大小的块，称为页(page)，并为各页加以编号，从 0 开始。内存被划分成与页相同大小的若干个存储块，称为(物理)块、页面或页框(page frame)，也加以编号，从 0 开始。用户进程在内存空间除了每个页面内地址连续之外，每个页面之间可能不连续。当一个进程被装入时，它的所有页都被装入到可用页面中，并且可以建立一个进程页表。每个进程浪费的空间仅仅只是进程最后一页的一小部分形成的页内碎片，这个碎片相对于分区存储管理产生较多的碎片几乎可以忽略。

在分页存储管理中的页面大小应适中。若页面太小，一方面可使内存碎片减小，有利于提高内存利用率；另一方面也会使每个进程占用较多的页面，从而导致进程的页表过长(页号与页面号是一一对应)，占用大量内存，还会降低页面换进换出的效率。若页面较大，虽然可以减少页表的长度，提高页面换进换出的速度，却又会使页内碎片增大。因此，页面的大小选择应适中，且页面大小应是 2 的幂，通常为 512B~8KB。

分页存储管理通过引入进程的逻辑地址，把进程地址空间与实际存储空间分离，增加存储管理的灵活性。地址空间是将源程序经过编译后得到的目标程序，存在于它所限定的地址范围内，这个范围称为地址空间。地址空间是逻辑地址的集合，也称为程序空间或虚拟空间。存储空间是指内存中一系列存储信息的物理单元的集合，这些单元的编号称为物理地址存储空间是物理地址的集合，也称为内存空间。

4.4.2 分页存储管理的数据结构

1. 页表

在分页存储管理中，允许将进程的各个页离散地存储在内存不同的物理块中，但系统应能保证进程的正确运行，即能在内存中找到每个页面所对应的物理块。为说明进程的各页在内存中页面的对应情况，系统为每个进程建立了一张页面映像表，简称页表。如图 4-12 所示，为某进程页表及其占用内存页面示意图。

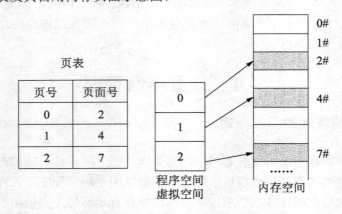

图 4-12 某进程页表及内存空间存储示意

在进程地址空间内的所有页(0~n)，依次在页表中有一页表项，其中记录了相应页在内存中对应的物理页面号。在配置了页表后，进程执行时，通过查找该页表，即可找到每页在内存中的页面号，页表的作用是实现从页号到物理页面号的地址映射。

为方便找到进程的页表，系统中设置了一个页表寄存器(Page Table Register，PTR)，其中存放页表在内存的起始地址 F 和页表的长度 M。进程未执行时，页表的起始地址和长度存放在进程控制块(PCB)中。当进程执行时，才将页表起始地址和长度存入页表寄存器中。

2. 物理页面表

整个系统有一个物理页面表，描述物理内存空间的分配使用状况，其数据结构可采用位示图和空闲页链表。

位示图也称存储页面表，用一位二进制位表示一个存储块。用 0 或 1 分别表示存储块未分配和已分配。空闲链利用空闲块内部单元存放空闲链指针，这样内存开销较小，如图 4-13 和图 4-14 所示。

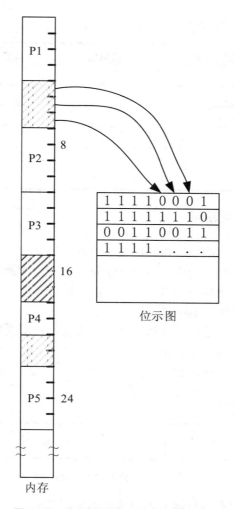

图 4-13 位示图法管理内存空间示意

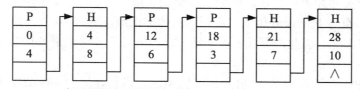

P：表示进程占用该链表节点；
H：表示该链表结点空闲；
结点中前一个数字表示区块在内存起始块号；
结点中后一个数字表示相邻区块的个数。

图 4-14 链表法管理内存空间示意

3. 请求表

整个系统有一个请求表，描述系统内各个进程页表的位置和大小，用于地址转换也可以结合到各进程的 PCB(进程控制块)里，如表 4-13 所示。

表 4-3　请求表

过 程 号	请求页面数	页表始址	页表长度	状　态
1	10	1120	10	已分配
2	8	1209	8	已分配
3	30	201A	30	已分配
4	9	…	…	未分配
5	11	…	…	…
…	…	…	…	…

4.4.3　页式地址结构及转换

　　如何确定作业的每一页面所在内存的实际物理地址？这就涉及逻辑地址转换为物理地址的问题。在分页存储管理系统中，虚拟地址是用户程序中的逻辑地址，逻辑地址是连续的。用户在编程时不必考虑如何分页，程序在执行时由硬件地址机构和操作系统决定页面大小，及完成虚拟地址向物理地址的转换。

　　进程在内存中的每个页面内是连续的，但是页面与页面之间是非连续的。进程在内存中非连续存储为虚拟存储技术的实现打下了基础。虚拟地址由两部分组成：页号 P 和页内位移 W，如图 4-15 所示是一个 16 位地址，其中第 0～12 位表示页内位移，第 13～15 位表示页号。

图 4-15　分页虚拟地址结构

　　页式虚拟地址结构中页内位移占虚拟地址的低位部分，页号占虚拟地址的高位部分，就需要从中区分页号和页内位移，区分的依据是页或页面的大小。例如，某系统页的长度为 1KB(=2^{10}B)，页号 P 的最低位从二进制形式的虚拟地址的第 10 位开始，而第 0～9 位地址则是页内位移部分。因此，页式虚拟地址分割的方法是页号的最低位等于页长度的 2 的幂指数。

　　(1) 假设 CPU 字长为 16 位，页的长度为 1KB，虚拟地址为 46ACH，则其页号 P 和页内位移 W 的计算方式如图 4-16 所示。

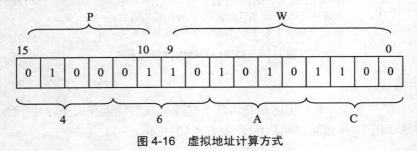

图 4-16　虚拟地址计算方式

页大小 2^{10}=1KB，需要 10 位作为页内偏移地址，即

页号 P=11H；页内位移 W=2ACH

(2) 图 4-16 中如果给出的虚拟地址是十进制地址信息，则获取页号和页内地址的方式为：

页号 P=虚拟地址/页大小(取整)

页内位移 W=虚拟地址 mod 页大小(取余)

(3) 获得对应的页号和页内位移后，求物理地址的方法如下。

虚拟地址以十六进制、八进制、二进制的形式给出。

① 将位移量直接复制到内存地址寄存器的低位部分。

② 以页号 P 查页表，得到对应页装入内存的页面号 B，将页面号 B 转换成二进制数填入地址寄存器的高位部分，从而形成内存物理地址。

虚拟地址以十进制的形式给出：物理地址=页面号 B×页大小+页内位移 W。

【例 4-1】　有一系统采用分页存储管理，有一作业大小是 4KB，页大小为 1KB，依次装入内存的第 3、A、9、7 块，试将虚拟地址 0B3CH(十六进制)、3100(十进制)转换成内存地址。

解：根据题意，页表信息如表 4-4 所示。

表 4-4　页表信息

页　号	页　面　号
0	3
1	A
2	9
3	7

(1) 求虚拟地址 0B3CH 的物理地址(二进制计算方法)：

虚拟地址二进制形式：0000 1011 0011 1100B

页号 P=10B=2

查表得页面号 B=9=1001B

页内位移 W=11 0011 1100B

物理地址 MA=0010 0111 0011 1100B=273CH

(2) 求虚拟地址 3100 的物理地址(十进制计算方法)：

页大小=1024

页号 P=3100%1024=3

查表得页面号 B=7

页内位移 W=3100 mod 1024=28

物理地址 MA=7×1024+28=7196

为减小系统开销，在内存中开辟空间存放进程页表，再由页表寄存器(PTR 或页表始址寄存器、页表基址寄存器)这个专用硬件存放当前运行进程在内存的起始地址及页表长度等信息，以加速地址转换。

进程运行前由系统将其页表始址装入 PTR 中，运行时由硬件机构转换地址，按动态重定位方式，当 CPU 获取到逻辑地址时，由硬件完成页号 P 和页内位移 W 划分，从 PTR 找到该进程起始地址，由页号 P 查找页表中对应的页面号 B，根据关系式：

物理地址 = 页面号×页长+ 页内位移

计算对应的物理地址。因此，虽然进程是非连续存放，但是由上述过程总能找到正确的物理地址。如图 4-17 所示是分页存储管理的地址转换过程。在实际转换中，先取当前页号 P 与 PTR 中的页表长度 M 作比较，若 P 大于等于 M，表示该逻辑地址访问的是超过本页表范围的信息，将引发越界中断；若 P 小于 M，则表示逻辑地址是有效地址，接下来进行地址转换。地址转换中把逻辑地址中的页内位移 W 作为物理地址中的低位地址，由页号 P 查表得到页面号 B 作为物理地址中的高位地址，就组成了访问内存的实际物理地址。

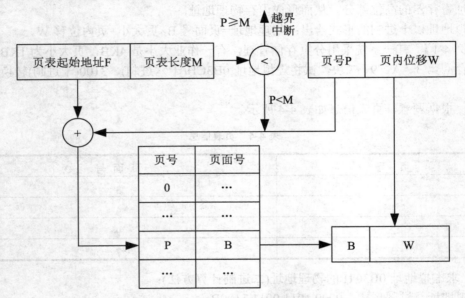

图 4-17　分页存储管理地址转换过程示意图

系统中只有一个 PTR，只有当进程准备执行时，PTR 中保存的是该进程对应的信息。在多道程序中，当某程序让出处理器时，也应同时让出 PTR 以供其他进程使用。

4.4.4　相联存储器和快表

进程在调入内存时，其页表信息也一并调入内存，便于执行过程中虚拟地址向物理地址的转换，但同时也带来一些问题。对于分页存储管理的某一虚拟地址至少需两次内存的访问才能找到所要访问的内容。第一次，是根据虚拟地址中的页号，访问内存中的页表，查表找到对应的页面号；第二次，是根据转换后的物理地址访问内存单元。

为提高执行速度，通常在地址转换机构 MMU(Memory Management Unit，存储管理单元)中设置一个高速缓冲存储器，存放最近访问的页表信息。这个高速缓冲存储器称为相联存储器(Associative Memory)，也称为 TLB(Translation Lookaside Buffer，旁路转换缓冲)，实现分页式存储管理中地址转换，是一个重要组成部分。存放在 TLB 中的页表信息称为快表。TLB 的存取速率远高于内存器件，价格昂贵，存储容量很小。一般将最近访问过的页表内容也存放在 TLB 中，以减少内存读取次数。

当 CPU 执行机构收到应用程序发来的虚拟地址后，首先到 TLB 中查找相应的页表数据，如果 TLB 中正好存放着所需的页表，则称为 TLB 命中(TLB Hit)，接下来 CPU 再依次看 TLB 中页表所对应的物理内存地址中的数据是不是已经在一级、二级缓存里了，若没有则到内存中取相应地址所存放的数据。如果 TLB 中没有所需的页表，则称为 TLB 失败(TLB Miss)，接下来就必须访问物理内存中存放的页表，同时更新 TLB 的页表数据，完成地址转换后，由物理地址访问内存取所要访问的内存数据。地址转换如图 4-18 所示。

TLB 是内存里存放的页表的缓存，那么它里边存放的数据实际上和内存页表的数据是一致的，在内存的页表里，每一条记录虚拟页面和物理页面对应关系的记录称之为一个页表条目，同样地，在 TLB 里边也缓存了同样大小的页表条目。由于页表条目的大小总是固定不变的，所以 TLB 的容量越大，则它所能存放的页表条目数越多(类似于增大 CPU 一级、二级缓存容量的作用)，这就意味着缓存命中率的增加，这样就能大大减少 CPU 直接访问内存的次数，实现了性能提升。

因 TLB 容量较内存小很多，因此 TLB 经常需要淘汰内容，如果淘汰算法设计得当，TLB 的命中率可以很高，也同时减少了内存读取次数，从而提高系统效率。

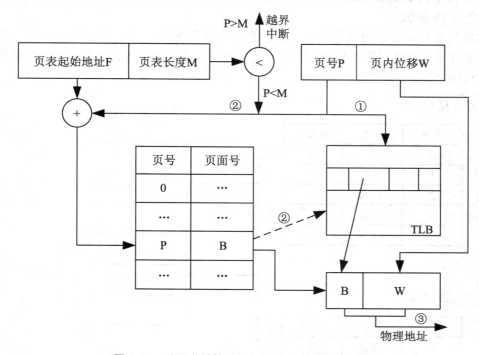

图 4-18　分页存储管理加入 TLB 的地址转换过程

4.4.5　分页存储管理的内存分配与回收

一个作业的若干连续的页，可以分配到内存中若干不连续的块中。分配的过程大致如下：先给进程分配页表，然后根据一定算法搜索空闲块，进行分配并将页面号填入页表中。要查找是否空闲的块，系统一般采用存储页面表或采用空闲块链的方式来管理。

分页存储管理进行空间分配时，首先查看空闲块数是否能满足用户进程的需求，若不能满足，则进程等待；若可以满足，查位示图，找出为"0"的位，并置为"1"，表示该页面被占用，并从空闲块数中减去本次所占用的块数，按所找到的页面号填入进程页表中。进程执行完毕归还所占用的内存空间时，根据归还的页面号，计算出对应位示图的位置，并将相应位置"0"，再修改空闲块数。

图 4-14 是以链表法管理内存区块(若干页面)，链表的每个结点表示一个区块的信息。每个结点包含四项信息：第一项表示该区块是进程占用(P)还是空闲页面(H)；第二项表示该区块在内存的始址页面号；第三项表示该区块的长度；第四项是指向下一区块的指针。在图 4-14 中，链表是以地址由低到高排序，即链表的头结点是内存最低地址部分的区块，而尾结点是内存地址最高部分的区块。这种排序方式的优点是链表的更新和修改较为方便。

4.4.6　分页存储管理的内存共享与保护

实现内存页面信息的共享，必须区分数据共享和程序共享。通过页表和地址转换，将各进程页表中的有关页指向同一共享数据的主存页面号，以实现多个进程共享程序和数据，如图 4-19 所示。

实现信息共享必须解决信息的保护问题。通常的解决办法是在页表中增加一些标志位，说明该页的信息只读、只写、读写、只可执行、不可访问等。进程访问共享信息时检查共享权限。

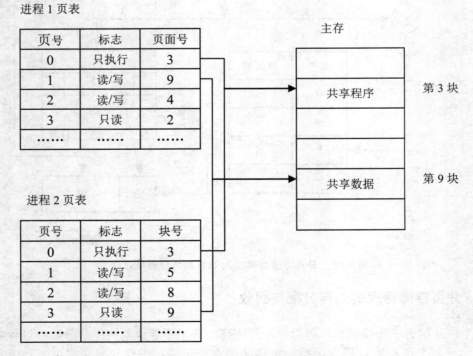

图 4-19　分页存储管理共享结构

4.4.7 分页存储管理的特点

分页存储管理的主要优点是，很好地解决了分区式存储管理的内存利用率低的问题。页式存储将程序划分为页在内存中可以非连续地存储，这种方法能够有效解决"碎片"的产生，提高内存的利用率。

但是，分页存储管理只考虑程序空间按页的尺寸切分，没有考虑各连续的页之间是否在逻辑上也是连续的。而实际上程序空间往往是多维的，将它们用一维空间的方式来切分会出现一页中有不同段的内容，页的结束不等于段的结束。

4.5 分段存储管理

在分页存储管理中，对程序的划分并没有考虑每一页中的信息在逻辑上完整性，这就导致难以实现信息的共享。比如每一个程序会包含数据段、主程序段和多个子程序段，这样加载到内存如果没有按段进行，就会出现数据段和主程序的内容在同一个页，每个页是一起被执行和一起被回收，如果希望数据段能够保留在内存继续给其他的进程使用，在分页存储管理方式下就很难实现。分段存储管理保留了程序在逻辑上的完整性，将程序分段，一个程序可以由多个逻辑段组成，系统按段进行分配存储空间，各段大小不尽相同。

4.5.1 分段存储管理的基本原理

在分段存储管理中，将程序地址空间划分为若干个段(segment)，每个进程就有一个二维的地址空间，某程序 D 的逻辑分段如图 4-20 所示。

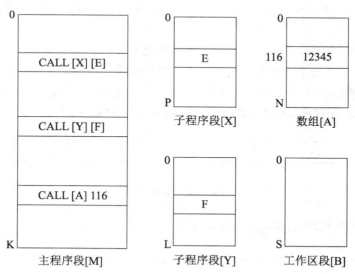

图 4-20 程序 D 的逻辑分段

在分区式存储管理中，系统为每个进程分配一个连续的内存空间。而在分段存储管理中，为每个段分配一个连续的存储空间，而各个段之间可以非连续地存放在内存的不同位置。分段存储管理实现的基本原理如图 4-21 所示。

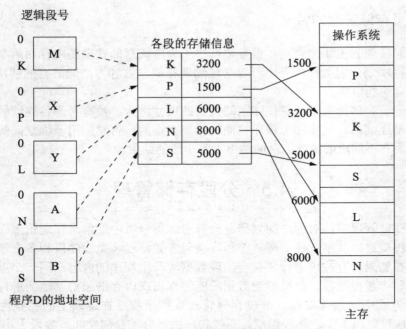

图 4-21　分段存储管理实现的基本原理

4.5.2　分段存储管理的数据结构

　　为了实现段式管理，操作系统需要如下的数据结构来实现进程的地址空间到物理内存空间的映射，并跟踪物理内存的使用情况，以便在装入新的段的时候，合理地分配内存空间。

　　与页式管理采用页表一样，段式管理采用段表来管理各段的信息。因为每个段的长度不一致，这是与分页是不一样的，段表中需要包含段的长度信息，为了说明段在内存的位置，还需包含段的起始地址。因此，段表中有段号、段长、段的起始地址等信息。有时为了方便段的管理，还加入了段存取方式等信息。段表的结构如图 4-22 所示。

段号	段长度	段存取方式	段起始地址	……

图 4-22　段表结构

4.5.3　分段存储管理的地址结构及转换

　　在分段管理中，操作系统将一个进程的虚拟地址空间分割成二维地址结构，其中包括段号 S 和段内位移 W，如图 4-23 所示。

图 4-23　分段式虚拟地址结构

分段的地址结构与分页的地址结构非常相似，但二者也有很大的区别。

分页存储管理中，页的序号从 0 开始，线性递增，程序地址是一维线性结构，且每页容量相同。

分段存储管理中，段与段之间没有前后顺序关系，段与段之间只是互相调用关系，段号是为了区别各段而存在的。因此，段与段之间的关系不再是线性的一维结构而是二维平面结构。而且各段的长度不一定相等，每个段的首地址为 0，段内拥有连续的一维线性地址空间。

在分段存储管理系统中，为了完成进程逻辑地址到物理地址的映射，处理器根据段表始址寄存器(或段表寄存器)查找该段在内存中的段表，在进行地址转换之前先判断当前逻辑地址是否有效。首先，取段号 S，与段表始址寄存器中的段表长度 M 进行比较，若 S≥M，表示该地址将访问不属于进程允许访问的地址范围，则系统会发出越界中断；若 S<M，表示段号没有超出进程可访问范围。接着，查段表中段号所对应的段长 P，将逻辑地址中的段内位移 W 与 P 进行比较，若 W≥P，表示该逻辑地址将访问不属于段号 S 的访问范围，则系统产生越段中断；若 W<P，则表示该逻辑地址是有效地址，可以进行地址转换。查段表，由段号 S 找到该段在内存的首地址 T，加上段内位移 W，得到实际的物理地址。分段存储管理的地址转换过程如图 4-24 所示。这个过程是由处理器的硬件直接完成的，操作系统只需在进程开始执行时，将进程段表首地址装入处理器的段表始址寄存器中即可。

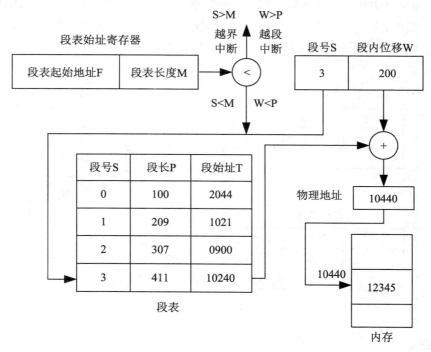

图 4-24　分段存储管理的地址转换过程

4.5.4　内存分配与回收

段式管理中以段为基本单位进行内存的分配与回收。操作系统为每段分配一片连续的内存空间。由于段长各不相等，所以分配得到的段空间也大小不一。随着进程的推进，进程需要随时请求调入新段、淘汰内存中的某些段。进程对内存的申请和释放分为以下两种情况进行处理。

(1) 内存有足够的空闲空间可以分配。可以采用可变式分区的最先适应算法、最佳适应算法、最坏适应算法等方法来完成。

(2) 内存没有足够大的空闲空间。这时候需要调入新段、淘汰内存中的旧段，可以采用淘汰算法(详见 4.7.2 节)。但由于段的长度不一样，若如果需要调入的段很长，则可能需要淘汰多个旧段后才能满足需要。

4.5.5 段共享与保护

1. 段共享

在可变分区存储管理中，每个作业只能占用一个分区，那么，就不允许各道作业有公共的区域。这样，当几道作业都要用某个例行程序时就只好在各自的区域内各放一套。显然，这降低了主存的使用效率。

在分段存储管理中，由于每个作业可以由几个段组成，所以，可以实现段的共享，以存放共享的程序和数据。所谓段的共享，是通过不同作业段表中的项指向同一个段基址来实现的。于是，几道作业共享的例行程序就可放在一个段中，只要让各道作业的共享部分有相同的基址/限长值就行了。在请求分段虚拟存储管理中还会对段的共享做进一步介绍。

段共享只要将需要共享的部分作为一个独立的段，然后将该段标志为共享即可，如图 4-25 所示。

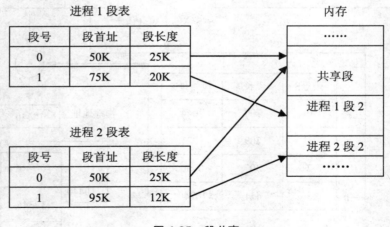

图 4-25　段共享

2. 段保护

对共享段的信息必须进行保护，如规定只能读出不能写入，欲想往该区域写入信息时将遭到拒绝并产生中断。

段保护的方式可以有两种方法：一种是地址越界保护，采用上下限寄存器限制，只要段起址≤物理地址<段起址+段长。另一种是设置段的存取保护位：可读、可写、可执行等。

4.5.6　分段存储管理的特点

段在逻辑上的完整性使得段共享更易于实现，为便于用户使用，一般段长可以根据需要动态增长，也便于实现动态链接等。

但是，分段存储管理需要更多的硬件支持，这将提高机器的成本；"碎片"问题也是一大难题，很难解决。

4.5.7　分页存储管理和分段存储管理的区别

页式和段式系统有许多相似之处。比如，两者都采用离散分配方式，且都通过地址映射机构来实现地址变换。但概念上两者也有很多区别，主要表现在以下几方面。

(1) 应用需求。页是信息的物理单位，分页是为了实现离散分配方式，以减少内存的碎片，提高内存的利用率。分页仅仅是出于系统管理的需要，而不是用户的需要。段是信息的逻辑单位，它含有一组其意义相对完整的信息。分段的目的是更好地满足用户的需要。例如，一条指令或一个操作数可能会跨越两个页的分界处，而不会跨越两个段的分界处。

(2) 大小。页大小固定且由系统决定，把逻辑地址划分为页号和页内地址两部分，是由机器硬件实现的。段的长度不固定，且决定于用户所编写的程序，通常由编译系统在对源程序进行编译时根据信息的性质来划分。一般情况下，段比页大，因而段表比页表短，可以缩短查找时间，提高访问速度。

(3) 逻辑地址的表示。页式系统地址空间是一维的，即单一的线性地址空间，程序员只需利用一个标识符，即可表示一个地址。分段的作业地址空间是二维的，程序员在标识一个地址时，既需要给出段名，又需要给出段内地址。

4.6　段分页存储管理

将分页存储管理和分段存储管理的优点充分结合，即利用分段存储管理中逻辑的完整性，又利用分页存储管理内存利用率高的特点，达到既能方便数据共享和保护又能有效减少碎片提高内存利用率，这种方法称为段分页存储管理。

因为段分页存储管理普遍采用虚拟存储技术，故这一节的内容将在 4.7.4 小节"段页式虚拟存储管理"中详细描述。

4.7　虚拟存储管理系统

4.7.1　虚拟存储概述

在前面介绍的几种存储管理方式中，当作业或进程所需存储空间过大，或超过了分区的大小，或超过了内存可用区的大小，或因内存可用区不连续，而导致作业或进程无法调入内存，进而无法在系统中运行，这些问题在这些存储管理方式中均是无法解决的问题。原因在于，作业或进程必须占用连续的存储空间，且必须把作业或进程全部调入内存。全部调入内存的作业或进程实际在执行中可能存在调入内存的信息不会使用，有些信息是运行一遍之后再也不使用，甚至有些部分一次也不会被使用(如错误处理部分)。这种情况下，内存空间就存在空间浪费的现象，大大降低了内存利用率。于是考虑，作业或进程在调入内存时，可以将保证其正常运行的主要内容(如主程序部分)先调入内存，其余暂时不用的信息先放在外存指定区域，当作业或进程执行过程中需要用到这些信息时，再由系统将其调入内存，这就是虚拟存储技术实现的基本原理。

当一个进程访问的内容在内存中，执行就可以顺利进行；如果处理器访问了不在内存的内容，为了继续执行下去，需要由系统自动将这部分信息装入存储器，这叫部分调入；如若内存中没有足够空闲空间，便需要把内存中暂时不用的信息从内存转存到外存指定区域，这叫部分对换。如果"部分调入、部分对换"这个问题能解决的话，那么，当内存空间小于作业或进程需求的存储空间时，这个作业或进程也能执行；更进一步，多个作业或进程所需存储空间总量超出内存总容量时，也可以把它们全部装入主存，实现多道程序运行。这样，不仅使内存空间能充分地被利用，而且用户编制程序时可以不必考虑内存的实际容量的大小，允许用户的逻辑地址空间大于主存储器的绝对地址空间。对用户来说，好像计算机有一个无限大的内存空间，因此把它称为"虚拟存储器"。

虚拟存储器的定义如下：在计算机系统的多级存储结构中，采用自动实现部分调入和部分对换功能，为用户提供一个比实际物理内存大得多的存储空间。

虚拟存储主要目的就是在逻辑上"扩充"内存空间。在大容量辅存(如磁盘)划分一定的存储空间扩充成内存空间的一部分，从逻辑上为用户提供一个比物理内存容量大得多、可寻址的一种"主存储器"，能由系统自动实现部分调入和部分对换功能。

虽然可以通过物理的方法，如增加物理内存容量来解决，但是这样一方面会增加硬件成本，另一方面也受到计算机主板插槽的限制，因此通过物理方法难以解决用户对存储空间的需求，只能通过逻辑的方法(如上述虚拟存储技术)进行解决。相对来说，采用虚拟存储技术所需硬件的成本相对较少，且从性价比上分析，外存也远比内存具有优势。

当作业或进程部分调入内存，系统为什么还能保证它们正常运行？1968 年，Denning研究了程序执行的特征，他发现程序和数据的访问在一段时间内，只使用了其中一小部分(空间上的特征)，或最近访问过的信息很快又要被访问的可能性非常大(时间上的特征)，这就是程序执行时的局部性原理(principle of locality)。

程序的执行通常有如下情况。

(1) 程序中有分支情况，当条件满足时，该分支将被执行；当条件不满足时，该分支不会被执行。

(2) 程序中通常都包含有循环，在循环时，涉及的循环程序及数据将被频繁执行。

(3) 数组中的数据在处理一些数学问题如排序、查找时，这些相邻存储的信息会被频繁访问。

(4) 程序中互斥部分的代码不是每次都会被执行到。

上述这些情况表明，作业或进程在执行时无须将所有内容全部调入内存，只需装入一部分能保证其正常运行即可。系统只要调度合理，可以在使用到某些不在内存的信息时及时将其调入，既可保证本程序的执行，又可使内存中放置更多的作业或进程，可以同时提高处理器和内存的利用率。

虚拟存储器是基于局部性原理所提出的程序部分调入，用户编程使用逻辑地址，由系统完成逻辑空间和物理空间的统一，既方便了用户的使用，又改进了系统性能。

实现虚拟存储技术必须要解决以下问题。

(1) 内存与外存的统一管理问题。

(2) 逻辑地址到物理地址的转换。

(3) 部分调入和部分交换的问题。

实现虚拟技术系统要耗费一定的开销，其中包括以下几个方面。

(1) 管理地址转换的各种数据结构的存储开销。

(2) 执行地址转换的指令花费的时间开销。

(3) 内存与外存执行部分交换时页或段的 I/O 开销等。

目前虚拟存储技术常用的实现有：请求分页、请求分段和请求段页虚拟存储管理。

4.7.2　请求分页虚拟存储管理

4.4 节介绍了分页式存储管理，其中进程在调入内存时占用非连续的存储空间，这种方法很好地解决了分区式存储管理带来的碎片问题，但是，进程却是全部调入内存。这种方式又称为静态式分页。从上述虚拟存储技术的出发点来看，全部调入内存势必造成内存空间的浪费、利用率不高等问题。因此，为更进一步提高存储空间的利用率，考虑进程的部分调入内存，也将这种方法称为动态分页存储管理。

1. 实现原理

在请求分页虚拟存储管理中，进程只是把部分页加载到内存，随着进程的推进就需要不断地将没用的页卸载，而加载需要的页。而当发现需要的页不在内存时，系统会产生一个中断，以告知系统需要将部分页加载到内存，这就是缺页中断。缺页中断越少，CPU 的执行的效率就越高。那当发生缺页中断时，系统响应用户的请求将它所请求的页调入内存，这就是请求分页。

为了实现请求分页，系统必须要解决如下问题。

(1) 如何知道要访问的页不在内存？

(2) 不在内存的页在外存的什么地方？

(3) 不在内存的页什么时候调入内存？

(4) 当页调入内存时，内存没有空闲块时，应覆盖(淘汰)哪些页？

(5) 被覆盖(淘汰)的页是否需要回写到辅存？

2. 页表的扩充

上述问题可以通过扩充页表的内容进行解决，页表增加相应的控制管理信息的内容，反映该页是否在内存，在外存的位置，在内存的时间的长短，是否需要回写等。扩充的页表结构如表 4-5 所示。

表 4-5　扩充页表的内容

页　号	页 面 号	中 断 位	外存地址	修 改 位	引 用 位

其中，中断位说明该页是否在内存，0 表示该页在内存，1 表示该页不在内存(引发缺页中断)；外存地址说明该页在外存的位置；修改位表示该页在内存中是否被修改过，0 表示该页调入内存后没有修改，不需要回写，1 表示页调入内存后修改过，需要回写；引用位说明该页最近被访问的情况，0 表示最近没有被访问，1 表示最近被访问过。引用位是针对不同的置换算法而需要记录的信息。

根据上述描述，在请求分页虚拟存储管理中，页表的作用包括获得页面号以实现虚拟地址向物理地址的置换，设置各种控制信息位以实现对页面信息的保护，设置各种标志位来实现相关控制功能。

3. 调入策略

部分调入时需要解决当处理器要使用的信息不在内存时，如何将其调入的问题，也即调入的策略问题。调入的方法有：预调入和请求式调入两种。

(1) 预调入技术是在进程执行过程中，系统事先估计下一步所要用的内容，若发现其不在内存，由系统主动完成信息的调入。这种方式的好处是不影响进程的执行，但是系统很多情况下无法正确估算下一步所要用的信息。例如，特定情况下程序分支的执行，循环的执行等。因此，预调入技术在实际中较少应用。

(2) 请求调入技术是当进程执行过程中，发现所要使用的内容不在内存时，产生缺页中断，由处理器完成所需的内容调入内存。这种方式减少了系统预先估算下一步所要使用的信息，因此较容易实现，也是常用的调入方法。

4. 页面置换算法

当需要调入信息而内存空间不够用时，则必须执行部分交换。至于将内存中哪些内容换出到外存存放，可以采用淘汰算法来解决。当需要调入某页信息而内存空间不够时，则必须将内存中的某页淘汰掉。用来选择淘汰哪一页的规则叫作置换算法，也称为淘汰算法。页面置换算法的选择很重要，当算法选取不当，会出现刚被淘汰出去的页面又立即要使用，因而，又需要把它调入，而调入不久再被淘汰，淘汰不久再被调入。如此反反复复，使得处理器的大部时间都花在页面的换入换出上。这种处理器花费大量时间进行页面的对换现象叫作"抖动"(thrashing)，又称"颠簸"，一个好的调度算法应减少和避免抖动现象的产生。

常用算法有以下几种。

1) 随机页面置换算法

要淘汰出去的页面是由一个随机数产生程序随机确定的。这种算法实现简单，但是效率较低，一般不采用。

2) 先进先出页面置换算法(FIFO)

先进先出页面置换算法的思想是借助于程序是线性访问物理空间这一假设的。也即，最先调入内存的页面，最先淘汰出去，而最近调入内存的页面可能还会再使用。这种算法实现简单，对于线性顺序执行的程序较为适用，但对于分支、循环程序该算法就不太适用。

3) 最近最久未使用页面置换算法(LRU)

最近最久未使用页面置换算法是一种通用的置换算法。算法是将最近一段时间最久没被访问的页面淘汰出去。算法是根据程序的局部性原理来考虑的，即最近使用过的页面，可能不久还要被访问，而较长时间没有被使用的页面，可能最近一段时间也不会被访问。

4) 最近未使用页面置换算法(NUR)

最近未使用页面置换算法是将第 1 个最近未被访问的页淘汰出去。该算法是对 LRU 算法的一种简易实现。算法给每一页设置一个引用标志位，每次访问某一页时，由硬件将该页的标志位置 1，隔一定的时间将所有页的标志位均清零。在发生缺页中断时，从标志位为 0 的那些页中挑选一页淘汰。在挑选到要淘汰的页后，也将所有其他页的标志位清零。这种实现方法开销小，但标志位清零的时间间隔的大小不易确定而且精确性差。

5) 最不经常使用页面置换算法(LFU)

最不经常使用页面置换算法是淘汰那些到当前时间为止访问次数最少的页。页表中增加一个访问记数器。该算法也是一种简易的 LRU 算法。

具体实现是每当访问一页时，就使它对应的计数器加 1。当发生缺页中断时，可选择计数值最小的对应页面淘汰，并将所有计数器全部清 0。显然，它是在最近一段时间里最不常用的页面。这种算法实现不难，但代价太高，而且选择多大的时间间隔作为"最近一段时间"最适宜也是个难题。

6) 最佳页面置换算法

当要调入一新页而必须淘汰一旧页时，所淘汰的页是以后不再使用的，或者是以后相当长的时间内不会使用的。这是一种理想算法，实际中却难以实现。

【例 4-2】 一个进程已分到 4 个页面(M=4)，其页表如表 4-6 所示，当进程访问第 4 页时产生缺页中断，请分别用 FIFO、LRU、NRU 算法决定将哪一页淘汰？是否需要回写？

表 4-6　某进程的页表信息

页　号	页 面 号	装入时间	最近访问时间	访 问 位	修 改 位
2	0	60	161	0	1
1	1	130	160	0	0
0	2	26	162	1	0
3	3	20	163	1	1

解：

FIFO：淘汰最先调入的页面(页面号为 3 的页)

∵修改位为 1，∴要回写。

LRU：淘汰最近最久未访问的页(页面号为 1 的页)

∵修改位为 0，∴不要回写。

NRU：淘汰第一个访问位为 0 的页(页面号为 0 的页)

∵修改位为 1，∴要回写。

5. 缺页中断率

可以使用缺页中断率 f′ 衡量页面置换算法的优劣：

f′ = f / a (a 是总的页面访问次数，f 是缺页中断次数)。

【例 4-3】 假设在请求分页虚拟存储管理系统中，运行一个共有 5 页的作业，作业执行时访问的页面顺序为：1、2、3、4、1、2、5、1、2、3、4、5，当驻留集大小(设驻留集 M

表示分给该作业的内存块数)为 3 时，分别使用 FIFO 和 LRU 置换算法计算缺页率的大小。

下列图示中设置时间轴 t 和驻留集 M 个页面，驻留集从上往下分别为第一页面，第二页面和第三页面。在没有发生缺页中断的页面顺序中添加边框表示。

解：

1) FIFO

M=3

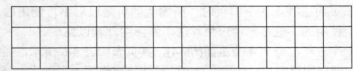

有 3 个页面执行时没有发生缺页中断：

$$f' = f/a = (12-3)/12 = 75\%$$

2) LRU

M=3

有 2 个页面执行时没有发生缺页中断：

$$f' = f/a = (12-2) = 12 \approx 83\%$$

【例 4-4】 在例 4-3 中，如果 M=4，再分别采用 LRU 和 FIFO 置页算法计算的缺页中断率，比较与例 4-3 中的缺页中断率有何区别。

1) LRU

M=4

有 4 个页面执行时没有发生缺页中断：

$$f' = f/a = 8/12 \approx 67\%$$

在 LRU 算法中，M 的增加能够减少缺页中断次数。

2) FIFO

M=4

有 2 个页面执行时没有发生缺页中断：

$$f' = f / a = (12 - 2) / 12 = 83\%$$

对于 FIFO 算法，有时会出现 Belady 奇异现象：当 M 增加时缺页次数不是减少，反而增加的一种现象。

【例 4-5】有一矩阵 int a[100][100] 按先行后列次序存储。假设在一虚拟存储系统中，采用最近最久未使用的淘汰策略(LRU)，一个进程有 3 页内存空间，每页可以存放 200 个整数，其中第一页存放程序，且假定程序已在内存。

程序 A：for (i=0;i<100;i++)

　　　　　　for (j=0;j<100;j++)

　　　　　　a[i][j]=0;

程序 B：for (j=0;j<100;j++)

　　　　　　for (i=0;i<100;i++)

　　　　　　a[i][j]=0;

计算程序 A 和程序 B 在执行过程中产生的缺页次数。

解：

(1) 程序 A：for (i=0;i<100;i++)

　　　　　　for (j=0;j<100;j++)

　　　　　　a[i][j]=0;

当 i=0 时，j 从 0 至 99 循环，正好是第 0 行数组元素，与数组元素的按行存储正好相符。

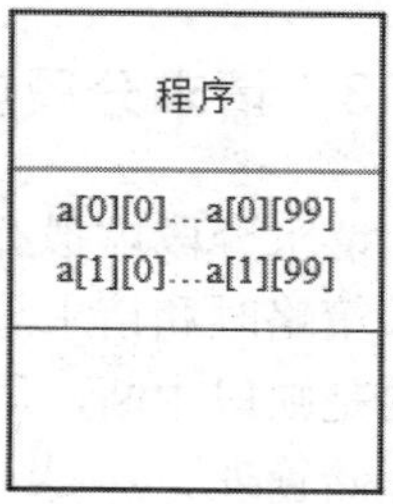

每页存放 200 个整数，所以当第 1 次需调入 a[0][0]，不在内存，产生缺页中断，调入一页数据如图 4-26 所示；第 2 次需调入 a[0][1]，此数据已在内存，无须再调入；以此类推，第 3 次至第 200 次使用的数据均在内存中。因此，程序 A 执行时共发生缺页中断 50 次，调入次数为 100×100 次，缺页率为 0.5%。

(2) 程序 B: for (j=0;j<100;j++)

　　　　　　for (i=0;i<100;i++)

　　　　　　a[i][j]=0;

当 j=0 时，i 从 0 至 99 循环，正好是第 0 列元素。

第 1 次需 a[0][0]，不在内存，缺页中断一次，调入一页数据，如图 4-27 所示；第 2 次需 a[1][0]，已在内存，无须调入；第 3 次需 a[2][0]，不在内存，缺页中断一次，需调入一页数据，如图 4-27 所示；第 4 次需 a[3][0]，已在内存，无须再调入；……第 0 列数据调入次数为 100，产生缺页中断 50 次；以此类推，程序 B 循环共调入次数 100×100 次，产生缺页中断 5000 次，缺页率为 50%。

图 4-26　调入第一页数据

图 4-27　第二次调入数据

6. 工作集

任何程序在部分调入时，都有一个临界值要求。当内存空间分配小于这个临界值时，内存和外存之间的交换频率将会急剧增加，而内存分配大于这个临界值时，增加再多的内存空间也不会显著减少交换次数。这个内存空间要求的临界值被称为工作集，如图 4-28 所示。

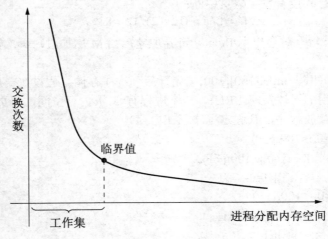

图 4-28　工作集

4.7.3　请求分段虚拟存储管理

请求分段虚拟存储管理就是分段存储管理虚拟存储的实现方式，在对于 CPU 进行段调入策略时和请求分页虚拟存储管理是一样的，需要的时候再进行请求段调入。这时候发生的是缺段中断，同时也是在段表中加入相应的控制位，调入的算法可以参考请求分页虚拟存储管理。

4.7.4　段页式虚拟存储管理

为了克服分页和分段各自的缺点，提出了段分页存储管理。在段分页存储管理的基础上加上缺页中断技术和交换技术形成段页式虚拟存储管理。

1. 实现原理

首先，在逻辑上程序进行分段，这样有利于共享和保护；而为了提高内存的利用率，将加载的段在内存分块。

段页式系统为每个进程分配一张段表，再为每个段创建一张页表。进程中的各段依然具有段号和段内位移。段内位移再度分解为页号和页内位移。

当某段被调入内存，系统根据其段长给该段分配若干内存块，这些内存块以不连续的方式分配给段，通过该段的页表实现段在逻辑上的连续性，如图 4-29 所示。

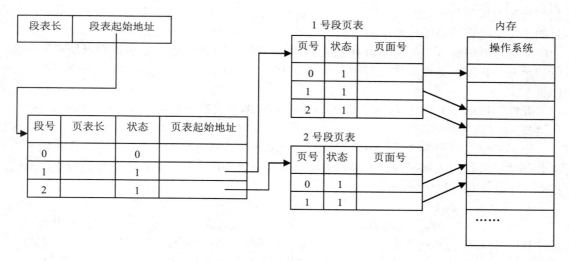

图 4-29 段页式存储管理的地址映射

2. 地址转换

在段页式管理中，地址映射需要查询段表和页表。

段页式管理逻辑地址由 3 个部分组成：段号、段内页号、页内位移，如图 4-30 所示。

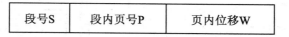

图 4-30 段页式管理逻辑地址结构

地址转换过程可分为以下 4 个步骤。

(1) 根据该进程的段表寄存器得到段表起始地址，在段表中查找该段号的表项，得到页表起始地址。

(2) 根据页号在页表中查找该页对应的内存页面号。

(3) 根据页面号计算得到该块的起始地址。

(4) 将块的起始地址加上页内位移，得到物理地址。

4.8 Linux 的存储管理

4.8.1 Intel 80386 体系结构下的内存管理机制

Intel 80386 体系下提供 3 种工作模式，即实模式、保护模式和虚拟 8086 模式。Intel 80386 下的实模式与 8086 完全兼容。而虚拟 8086 模式是在保护模式下对实模式的一种实现。在 Intel 80386 以上的机型装载的操作系统大部分运行在保护模式下。

1. Intel 80386 保护模式下的硬件结构

1) 保护模式下的存储管理单元 MMU

在多道程序处理环境中，80386 处理器为每一个任务分配一个私有的存储空间，该存储空间的数据和代码只能任务自己访问，这些空间称为局部存储器空间。为了达到共享的目的，在空间存放的操作系统的数据和代码允许所有的任务访问，该空间称为全局存储器空间。处理器中有专门的寄存器对全局空间和局部空间进行管理，这些寄存器统称为存储管理单元 MMU。如全局描述符寄存器(GDTR)、局部描述符寄存器(LDTR)和控制寄存器 CR0~CR3 等。

存储管理单元主要对虚拟存储器中两个核心表即全局描述表和局部描述表进行维护。

2) 全局描述表(GDT)

全局存储器空间用全局描述表来管理，全局描述表只有唯一一个，包含操作系统使用的代码段、数据段和堆栈段，各种任务状态段、系统中所有的 LDT 表的描述符等，系统中每一个任务均可以访问。

3) 局部描述表(LDT)

同样，每一个局部存储器地址空间用一个局部描述表来管理。这样每一个任务都有自己的 LDT，该表包含本任务使用的代码段、数据段和堆栈段描述符，也可以是任务门、调用门描述符等任务使用的一些控制描述符，任务利用 LDT 与别的任务相隔离，达到私有的目的。

全局存储空间和局部存储空间以及对应的全局描述表和局部描述表的关系如图 4-31 所示：实线部分为任务 1 可以访问的存储空间，而虚线部分为任务 2 可以访问的存储空间。

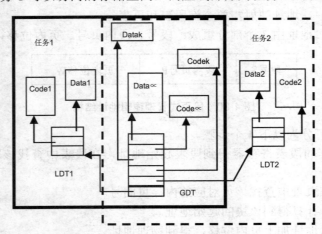

图 4-31　全局描述表和局部描述表的关系

如果不使用分页，则 32 位线性地址就是物理地址；否则线性地址经过分页机制处理后形成物理地址。

在保护模式下，Intel 80386 对内存管理具有分段和分页两种机制。

2. Intel 80386 保护模式下分段机制的地址映射

在 32 位 80386 的保护模式下，程序的逻辑地址(也称虚拟地址)由 16 位段选择符和 32 位偏移地址组成。

这 16 位段选择符存放在段选择器中，系统以 16 位段选择符作为索引，根据段选择器中的 TI 的值在全局或局部描述符表中选择相应的段描述符，将段描述符中的 32 位段基地址与 32 位偏移地址相加，得到 32 位线性地址。

段选择器(段寄存器)结构如图 4-32 所示。

图 4-32　段选择器结构

(1) RPL：特权级标志占 2 位，00(0 级)最高，11(3 级)最低。

(2) TI：段描述符表的指示开关如下。

TI=1　表示选择段局部描述符表 LDT；

TI=0　表示选择段全局描述符表 GDT。

(3)3~15 位段描述符索引给出在 LDT 或在 GDT 中的索引关键字。2 位为 TI 位。0~1 位为 RPL 特权级标志位，一般用来表明该段的等级，比如用户级或系统级，80386 提供 0~3 共 4 个等级，如图 4-33 所示。

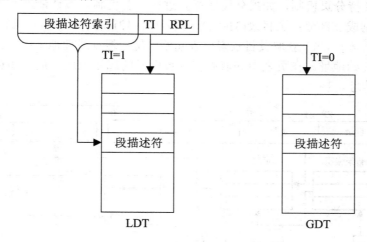

图 4-33　LDT、GDT 与段选择器的关系

段描述符由 64 位二进制数字组成，组成如图 4-34 所示。其中包含 32 位基地址信息。

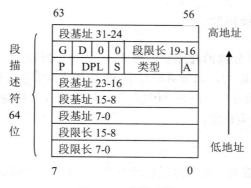

图 4-34　段描述符

获取段描述符 32 位段基地址信息后，和 32 位的偏移地址相加得到线性地址，如图 4-35

所示。这就是 Intel 80386 保护模式下分段机制的地址映射。

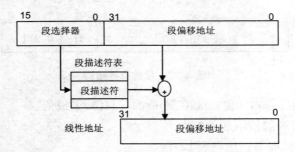

图 4-35　Intel 80386 保护模式下分段机制的地址映射

3. Intel 80386 保护模式下分页机制的地址映射

如果经过分段机制的地址映射后，不需要进行分页机制则得到的线性地址就是物理地址。

80386 也支持分页机制，如果分段后需要进行分页机制，线性地址就不是最终的物理地址，而被分割成三部分：页目录(31~22)、页号(21~12)和页内偏移(11~0)，如图 4-36 所示。80386 处理器中 CR3 获取页目录索引表起始地址，根据线性地址中页目录在页目录索引表找到页表起始地址。在页表中获取内存中页面号的起始地址，最后和页内偏移地址相拼接获得物理地址。

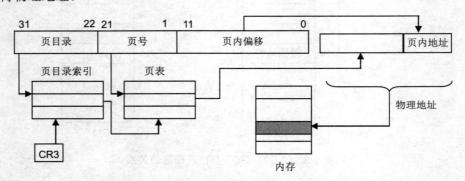

图 4-36　Intel 80386 保护模式下分页机制的地址映射

4.8.2　Linux 地址转换机制

Linux 采用的分页不分段的存储管理模式。不进行分段的原因是：分页机制已能满足 Linux 对内存空间管理的能力，如分页机制中 32 位处理器的寻址范围可达 4GB；大多数硬件平台支持分页机制，而分段机制在 80386 系列硬件平台上功能更完善些，为了有更好的移植性，Linux 仅使用分页机制。

1. Linux 分段策略

采用的单段的特殊模式，就是虚拟地址中的 32 位偏移地址就是线性地址，不需要经过分段地址映射。

2. Linux 分页策略

在 Linux 中如果是 32 位处理器，具有 2^{32}=4GB 空间寻址能力，故 Linux 采用二级分页机制对页表进行索引以减少对磁盘的访问次数；如果是 64 位处理器，具有 2^{64}B 空间寻址能力，则 Linux 需要采用三级页表索引结构。故 Linux 的分页是三级页表结构。

Linux 和 80386 的线性地址三级结构不同的是，Linux 下的线性地址结构分为四级结构，如图 4-37 所示。

页面目录索引 （PGD）	页面中间目录索引 （PMD）	页面表内索引 （PTE）	页内地址

图 4-37　Linux 线性地址结构

为了和 80386 的线性地址三级结构相兼容，故 Linux 在 Intel 微机上页面目录索引 PGD 和页面中间目录索引 PMD 合二为一，所有关于 PMD 的操作就是对 PGD 的操作。其实现是用一组转换宏(/include/asm/pgtable.h)完成。而这些转换宏能让 Linux 在不同的平台上使内核很方便地访问页表而不需要知道页表的入口格式。

3. Linux 分页机制的数据结构

1) Linux 页数据结构

Linux 在内存的基本单位为页，页的大小为 4KB。页数据结构在/usr/src/Linux-2.4/include/Linux/mm.h 头文件中定义。

2) Linux 页表数据结构

在头文件 include/asm/i386/page.h 中定义。具体的内容不再详细列出。

4.8.3　Linux 内存分配和释放

1. 物理内存

在 Linux 操作系统启动过程中，内核需要对物理主存进行初始化，并建立相应管理数据结构。初始化后的物理内存分为三部分，如图 4-38 所示。

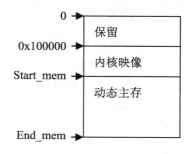

图 4-38　Linux 初始化后物理内存结构

动态内存就是用户存储区，也就是用户程序可以在 start_mem 开始，到 end_mem 结束。

2. 页面

Linux 中以页面作为内存分配和管理基本单位。一个页面大小为 4KB。根据页面的使用限制，Linux 对此将物理内存划分为以下 3 个管理区。

(1) ZONE_DMA：包含低于 16MB 的存储器页面，用于 DMA 方式访问主存。

(2) ZONE_NORMAL：包含高于 16MB 且低于 896MB 的存储器页面，直接被内核映射。

(3) ZONE_HIGMEM：包含高于 896MB 的存储器页面，不能直接被内核映射。

每个区均采用页面对内存进行管理。

内核管理页面状态的方式就是为每个页面分配一个 struct page 结构，而所有的 page 结构统一存放在 mem_map 数组中，数组的下标就是物理页面的序号。结构定义如下：

```
struct page
{
    unsigned long flags;
atomic_t count;
    atomic_t mapcount;
    struct address_space *mapping;
    pgoff_t index;
    struct list_head lru;
    void *virtual;
};
```

3. 基于伙伴算法的内存页面管理

伙伴算法可以解决页面的"外部碎片"的问题。Linux 中采用伙伴算法(Buddy 算法)进行页面的管理，该算法需要的数据结构有：

设计以 page 结构为数组元素的 mem_map[ ]数组；

设计以 free_area_struct 结构为数组元素的 free_area[ ]数组。代码如下：

```
struct free_area_struct
{
    struct page *next;
    struct page *prev;
    unsigned int *map;
};
static free_area_struct free_area[NR_MEM_LISTS];
```

free_area[ ]数组记录空闲主存页面。该数组有 10 个元素，分别代表 10 个有不同空闲页面数的块链表，每个块链表包含的连续页面分别是 1、2、4、8、16、32、64、128、256、512。因此，free_area 数组中的第 i 个元素代表位图中的第 i 组中空闲块链表的表头。比如，只有一个空闲页面组成的空闲链表由 free_area 第 $0(2^0)$个元素引导；而如果相邻的 2^i 个页面组成的空闲链表由 free_area 第 $i(2^i)$个元素引导。

10 个位示图数组(bitmap)，每一个对应一个内存块链表，并用二进制来标记内存页面的使用情况。第 0 组的每一位表示第 0 组中单个页面的使用情况，1 表示被使用；第 1 组表示第 1 组中两个相邻的空闲页面使用情况；以此类推，第 i 组表示第 i 组中 i+1 个相邻的空闲页面的使用情况。伙伴算法中利用函数 alloc_pages()和 free_pages()申请空间和释放空间。

伙伴算法过程主要介绍如下。

如果用户需要申请一个大小为 64 个页面的页块，算法首先在 2^6 =64 个页面的链表(第 6 组)中检查是否有符合的一个空闲块。如果有就分配，没有则检查第 7 组具有 128 个页面的链表是否有空闲块，有就将 128 个页面分成两半，一半 64 个页面分配用户使用，另一半则归到第 6 组空闲块队列中；如果第 7 组没有则继续往下一组更大的空闲块即第 8 组 256 个页面链表寻找，有则将 256 个页面分为两半，一半作为 128 个页面的空闲块归到第 7 组空闲队列中，而另一半则又被分为两半，一半 64 个页面分配用户使用，而另一半则归到第 6 组空闲队列中。页面释放的过程就是分配过程的逆过程，做的是合并过程。

4. slab 分配器

伙伴算法适用于大块内存的请求，因为页面有大小(4KB)固定的约束，如果申请的空间远远少于 4KB，则就会造成浪费。解决的方法就是在同一个页面中分配小内存区，但是这样就很容易造成页面内的碎片产生，这就是"内部碎片"。

Linux 引用 1994 年在 SunOS 操作系统中首创的 slab 主存分配器。该分配器能更经济地使用和全局性地动态控制主存资源。slab 是内核的主存空间与页面级分配接口，为经常使用的数据结构建立专用的高速缓存，空间的申请和释放都通过 slab 管理。

slab 分配器有一组高速缓存，每一组高速缓存保存同一种对象类型，如：inode 缓存、PCB 缓存等；每一个高速缓存被划分为一串 slab，每个 slab 由一个或多个(≤32 个)物理连续的页面组成。每一个 slab 包含若干个同类型对象，例如由一个页面组成的 slab 大约可以存放 8 个 inode 对象。

每个 slab 处于满、半满、空三种状态之一。当内核某一部分需要一个新对象时，先从半满状态的 slab 中进行分配。没有半满状态的 slab，就从空的 slab 中进行分配。如果连空的 slab 也没有，就需要向页面级分配器(伙伴系统)申请并创建一个 slab。

关于 slab 的高速缓存的数据结构在 mm/slab.c 文件中。slab 向页面级分配器申请页面需要的函数是 kmem_getpages()，释放分配给 slab 的页面函数是 kmem_freepages( )。以上函数代码均在 mm/slab.c 文件中，有兴趣的读者可以查阅浏览。

4.8.4　Linux 进程虚拟内存地址

1. 进程地址虚拟空间布局

Linux 进入保护模式后，进程对主存的访问需要虚拟地址，而不是物理地址。32 位的 CPU 提供的线性地址为 4GB，也就是说，Linux 的用户进程可以达到 4GB。Linux 将用户进程 4GB 的虚拟地址空间划分为 2 个部分。

(1) 0~3GB 的虚拟地址是用户空间，用户进程可以对它直接进行访问。

(2) 3~4GB 的虚拟地址是内核空间，存放仅供内核访问的代码和数据，只有运行在核态才能访问，用户态不能访问。其中 3GB~3GB+4MB 的空间用来存放页目录项、页表。如果需要访问这个存储空间，就需要经过系统调用或中断请求系统服务，将用户进程从用户态转换为核态，具体操作就是将 CPU 从特权级 3 转换为特权级 0，该标志在段寄存器的第 0~1 两位。

2. 进程地址空间数据结构

Linux 将与进程有关的相应所有信息都存放在 struct mm_struct 数据结构中，每一个进程的 task_struct 结构中包含一个指向 mm_struct 结构的指针。除此以外，在 mm_struct 结构中还包含与内存管理相关的信息，具体如下。

(1) 指向页目录表和局部描述符表的指针。

(2) 分配给进程的页面数、进程地址空间含有的总页数、被锁定的页面数。

(3) 共享同一个 struct mm_struct 结构的进程数目。

(4) 指向进程虚存区(VMA)链表的表头指针，该链表中的每一个元素都是 vma(struct vm_area_struct)结构。

(5) 虚存区的 AVL 树(用来组织 VMA 段链表)。进程拥有的虚存区个数。

(6) 对页表操作的自旋锁。

(7) 代码段、数据段的起始地址和结束地址。

(8) 未初始化数据段和堆栈段的起始地址和结束地址。

内核采用调用 mm_alloc()函数来分配一个 struct mm_struct 结构。如果要撤销 mm_struct 结构，内核调用 mmput()函数执行。

3. 虚存区(virtual memory area，VMA)

在 Linux 的进程中，包含有数据段、代码段等具有不同性质的区域，而这样的一个在进程地址空间的一块具有特定功能的线性区域用一个虚存区 VMA 表示。也就是一个进程通常由若干个 VMA 组成，分别用来描述数据段、代码段、堆栈段等，虚存区的数据结构为 struct vm_area_struct，详见 include/Linux/mm_types.h。内核将众多的虚存区组织成一个 AVL 树，有利于加快链表的搜索速度。

4. 进程的虚存区映射

虚存区映射就是将进程地址空间与一个文件、共享主存、交换设备或其他特殊对象建立的一段虚拟地址区的过程。

在 Linux 中，利用主存映射函数 mmap()创建并初始化一个虚存区映像。而释放进程虚存区使用 mummap()函数。

举例：利用 mmap()函数读取/etc/passwd 文件内容，程序如下：

```c
#include<sys/types.h>
#include<sys/stat.h>
#include<fcntl.h>
#include<unistd.h>
#include<sys/mman.h>
main()
{
int fd;
void *start;
struct stat sb;
fd=open("/etc/passwd",O_RDONLY);              /*打开/etc/passwd */
fstat(fd,&sb);                                /*取文件大小 */
```

```
start=mmap(NULL,sb,st_size,PROT_READ,MAP_PRIVATE,fd,0);
if(start= =MAP_FAILED);                              /*判断是否映射成功 */
return;
printf("%s",start);
munma(start,sb.st_size);                             /*解除映射*/
closed(fd);
}
```

编译执行后可以看到/etc/passwd 文件内容。

4.8.5　Linux 页面操作

1. 缺页处理

在 Linux 中，采用请求分页实现虚拟内存管理。Linux 发生缺页中断有以下 3 种情况。

(1) 程序出错：比如读取的虚拟地址超出实际范围等。

(2) 被访问的虚拟地址处于保护状态。

(3) 被访问的虚拟地址有效，但是对应的页不在物理内存中。

发生缺页中断处理过程如下。

(1) 将缺页的页地址保存在控制寄存器 CR_2 中。

(2) 执行缺页异常处理函数 do_page_fault()。

(3) 利用 handle_pte_fault()判断执行请求调页还是写时拷贝。

第一，请求调页。说明缺少的页从没有被访问过，内核需要利用 do_no_page()函数分配一个新的页面并初始化。

第二．写时拷贝。说明被访问的页在内存中但被标记为只读，不能由现在的进程执行写操作，需要内核调用 do_wp_page()分配一个新的页面，然后将就页面的内容拷贝到新页面。

2. 页面替换策略

Linux 的页面替换策略采用最近最久未使用者淘汰策略，在页数据结构中定义一个页年龄的计数 age，页闲置是 age 变老，被访问 age 变年轻。当 age 越老就容易被淘汰。Linux 对老页面的淘汰时机一般在 CPU 相对空闲的时候由系统的交换进程将一些最久没有使用的页交换到交换区，这种做法称为定时偷页淘汰。Linux 利用一个特殊的核进程 kswapd(交换进程)进行页释放保证系统有足够的内存空间。

为了防止页"抖动"，Linux 采用逻辑释放和物理释放将内存页换出和内存页释放。

逻辑释放是将需要换出的页的页表项 pte_t 的 P 位置置为 0，并没有释放所占据的内存页，只是将其 page 结构留在一个 cache 队列中，将其状态从活跃状态改变为不活跃状态。这样如果需要将该页重新使用时，可以直接在内存调用，这样避免了"抖动"发生。

物理释放时该物理页被重新分配，原来的内容被新内容覆盖，如果还需要旧内容，就必须重新读盘。

当内存页被换出并要进行重新分配时，必须区别内存页是"脏"页还是"干净"页。"脏"页就是该页的内容被改写过，需要保存(写磁盘)后再释放，而"干净"的页不需要保存，这样可以提高执行的效率。写磁盘的标志在 page 结构的 flags 中给出。

3．交换空间

作为交换空间的主要有：交换设备和交换文件。

交换设备就是若干磁盘分区，而交换文件是磁盘上的文件系统中长度固定的文件。

1) 交换空间的数据结构

系统利用 swap_info_struct 数据结构管理交换空间，并将这些结构组成一个数组 swap_info[ ]用来对多个交换空间进行管理。该数据结构定义在 include/Linux/swap.h 中。

2) 转换和复制文件

命令格式：dd OPTION。

命令功能：转换或复制文件。

命令参数如下。

(1) if：输入设备。

(2) of：输出设备。

(3) bs bytes：设置读/写缓冲区的字节数。

3) 设置交换空间

命令格式：mkswap [–c] [–vN] [–f] [–p PSZ] [–L label] device [size]

命令功能：可将磁盘分区或文件设为 Linux 的交换区。

命令参数如下。

(1) -c：建立交换区前，先检查是否有损坏的区块。

(2) -f：在 SPARC 电脑上建立交换区时，要加上此参数。

(3) -v0：建立旧式交换区，此为预设值。

(4) -v1：建立新式交换区。

(5) size：指定交换区的大小，单位 1024B。

4) 开启交换空间

命令格式：swapon [-h] [–V]

swapon –a   [-V] [-e]

swapon [-s]

swapon [-V] [-p priority] specialfile ……

命令功能：开启交换空间。

命令参数如下。

(1) -h：帮助。

(2) -V：显示版本信息。

(3) -s：显示简短的装置信息。

(4) specialfile：交换文件名。

5) 关闭交换空间

命令格式：swapoff   [-h] [–V]

swapoff   –a

swapoff   specialfile ……

命令功能：开启交换空间。

举例：创建一个交换空间名为 swapfile。

(1) 创建交换空间：[root@localhost ~]# dd if=dev/zero of=/swapfile bs=1024 count=1024。

(2) 格式化交换空间：[root@localhost ~]# mkswap /swapfile 1024。

(3) 启用交换空间：[root@localhost ~]# swapon /swapfile。

(4) 关闭交换空间：[root@localhost ~]# swapoff /swapfile。

4.9　小型案例实训

通过编程实现动态分页存储管理中页面置换算法，可以深入了解虚拟存储技术的实现特点，掌握请求式分页管理的页面置换算法。

1．题目描述

编程实现最近最久页面置换算法(LRU)。

2．程序处理过程

(1) 程序先随机产生页面访问序列。

(2) 初始化内存存储块。

(3) 取序列中一页，是否已取到最后一页，若是，则程序结束；若否，执行第(4)步。

(4) 判断该页是否在内存；若在则返回第(3)步；若否则执行第(5)步。

(5) 判断内存是否还有空闲块(可装入该页)，若有则转第(3)步执行；若无则执行第(6)步。

(6) 按 LRU 算法查找可被置换的页；本步执行完直接转第(3)步执行。

3．参考代码

```
#include<stdio.h>
#include<stdlib.h>
#include<time.h>

#define Bsize 3
#define Psize 20

typedef struct __pageInfo
{
    int content;                //页面号
    int timer;                  //被访问标记
}pageInfo;

pageInfo *block = NULL;          //物理块
pageInfo *page= NULL;            //页面号串


void LRUInit(int qstring[])
{
    int i;
    block =(pageInfo *)malloc(Bsize*sizeof(pageInfo));
```

```
    for(i=0;i<Bsize;i++)
    {
        block[i].content=-1;
        block[i].timer=0;
    }
    page =(pageInfo *)malloc(Psize*sizeof(pageInfo));
    for(i=0;i<Psize;i++)
    {
        page[i].content=qstring[i];
        page[i].timer=0;
    }

}

int findSpace(void)
{   int i;

    for(i=0;i<Bsize;i++)
        if(block[i].content==-1) return i; //找到空闲空间返回 BLOCK 中位置
    return -1;
}

int findExist(int curpage)
{
    int i = 0;
    for(i=0;i<Bsize;i++)
        //找到空闲空间返回 BLOCK 中位置
        if(block[i].content==page[curpage].content) return i;
    return -1;
}

int findReplace(void)
{
    int pos=0,i;
    for(i=0;i<Bsize;i++)
        //找到空闲空间返回 BLOCK 中位置
        if(block[i].timer>=block[pos].timer) pos=i;
    return pos;
}

void display(void)
{
    int i;
    for(i=0;i<Bsize;i++)
        if(block[i].content!=-1)
            printf("block[%d].content: %d" ,i,block[i].content);
    printf("\n");
}

void BlockClear(void)
```

```
{
    if ( block)
        free(block);

    if ( page )
        free(page);

    block = NULL;
    page = NULL;
}

int LRUpro(void)
{
    int exist,space,position;
    int noscarBsize=0;
    int i;

    for(i=0;i<Psize;i++)
    {
        exist=findExist(i);
        //该页已经在内存里
        if(exist!=-1)
        {
            //没有缺页中断次数加1
            noscarBsize++;
            printf("no scarpagen");
            block[exist].timer=-1;
        }
        else
        {
            //不在内存里，则找空闲物理块
            space=findSpace();
            if(space!=-1)   //找到空闲块
            {
                block[space]=page[i]; //建立页号和页面号的索引
                display();
            }
            else
            {
                position=findReplace(); //淘汰一页
                block[position]=page[i];
                display();
            }
        }
        //更新访问时间
        for(int j=0;j<Bsize;j++)    block[j].timer++;
    }
    return noscarBsize;
}
```

```
int main(void)
{

    int select = 1;
    int scarBsize=0;
    float f;
    int qstring[20];

    printf("|----------页面置换算法----------|\n");
    printf("please select:\n");
    printf("1.applying algorithm LRU\n");
    printf("0.exit\n");

    while(select)
    {
        scanf("%d",&select);
        switch(select)
        {
            case 0:break;
            case 1:
            {
                printf("the amout of page block is 3:\n");
                printf("produce the sequence of 20 length randomly\n");
                srand((unsigned)time(NULL));
                //通过随机数产生访问串
                for(int i=0;i<Psize;i++)
                {
                    if(!(i%10)) printf("\n");
                    qstring[i]=rand()%8;
                    printf("*%d",qstring[i]);
                }
                printf("\n");

                //页面和物理块初始化
                LRUInit(qstring);
                printf("the result of LRU algorithm is: \n");
                //计算缺页中断次数

                scarBsize=20-LRUpro();
                printf("the mount of scarpage is:%d\n",scarBsize);
                //计算缺页中断率
                f=scarBsize/20.0;
                printf("the ratio of the scarpage:%f\n",f);
                BlockClear();
                printf("--------------\n");
                break;
            }
            default: printf("please input the right number!\n");break;
        }
```

```
    }
    return 0;
}
```

本 章 小 结

本章主要阐述了内存管理系统的基本知识点。介绍了存储管理的功能，其中包括存储空间的分配与去配、地址转换、存储共享与保护、虚拟存储技术。介绍了内存管理常用的管理方式：单一连续存储管理、分区存储管理、分页存储管理、分段存储管理，以及段分页存储管理方式。分页存储管理的基本原理、数据结构、两种管理方式是本章学习中的重点内容。对于动态分页存储管理技术，请求页式管理实现的原理、方式，以及页表的扩充，页面置换算法、虚拟存储技术等内容是必须掌握的内容。

本章还结合 Linux 操作系统说明了 80386 体系结构的存储管理机制，介绍了 Linux 地址转换机制，Linux 内存分配和释放，Linux 进程虚拟内存地址，Linux 页面操作等内容。通过以上内容的讲解，可以从实践和理论结合的角度了解实际操作系统实现技术。

本章学习存储管理的 5 种方式主要还是结合操作系统设计目标——提高系统资源的利用率为主线。管理方法、管理策略的实现均要考虑到上述设计目标。而且这 5 种存储管理方式之间是有关联的。一种存储管理方式均是以前一种的缺点作为设计出发点，为了改进前一种管理方式存在的问题而设计出来的。

习　　题

一、问答题

1. 简述存储管理的功能。
2. 简述存储管理方式及其优缺点。
3. 简述分区存储管理中碎片产生的原因。
4. 简述 3 种常用的页面置换算法。
5. 何谓虚拟存储技术？
6. 为什么要进行地址转换？
7. 什么是物理地址？什么是逻辑地址？
8. 什么是内碎片、外碎片？
9. 动态分页存储管理方式中为什么要扩充页表？
10. 什么是页的"抖动"？
11. 如何理解局部性原理？
12. 什么是静态地址重定位？什么是动态地址重定位？二者有何优缺点？
13. 为什么要扩充存储空间？
14. 什么是块链表？其作用是什么？
15. 什么是分页存储管理？其主要的数据结构是什么？
16. 什么是分段存储管理？其主要的数据结构是什么？

17. 什么是段分页存储管理？其主要的数据结构是什么？

18. 分页存储管理中如何将逻辑地址转换为物理地址？

二、计算题

1. 在页式虚拟存储管理的计算机系统中，运行一个共有 8 页的作业，且作业在主存中分配到 4 块主存空间，作业执行时访问页面顺序为 7，0，1，2，3，0，4，3，2，3，6，7，3，1，5，7，6，2，6，7。请问用 FIFO 和 LRU 调度算法时，它们的缺页中断率分别是多少？

2. 某动态分页系统中有一个具有 5 个页的进程在内存中分别存放在 9、4、10、20、13 块中，系统页大小为 1K，试问当该进程调用 2022 单元的内容时，将访问内存哪个单元？

3. 某系统采用动态地址重定位，现有一个 7 页大小的进程在时刻 T0 其前三页内容已经调入内存，系统以 2K 作为页大小，试问当进程访问 6300 单元内容时，会有什么情况发生？

4. 某分页存储管理系统，每页可存放 200 个整型数，现有一程序(C 语言)按方法 A 执行，或按方法 B 执行时，计算两种方法的缺页率。假设，该进程对应的代码已经调入内存。

方法 A:

```
…
int array[50][50], i, j;
for(i=0;i<50;i++)
{
    for(j=0;j<50;j++)
    {
            array[i][j]=0;
    }
}
…
```

方法 B:

```
…
int array[50][50], i, j;
for(i=0;i<50;i++)
{
    for(j=0;j<50;j++)
    {
            array[j][i]=0;
    }
}
…
```

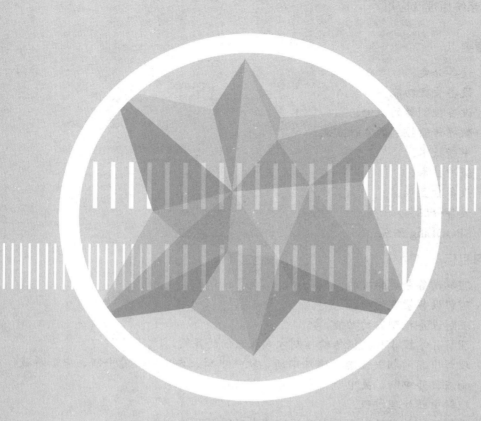

第 5 章

设 备 管 理

本章要点

- 设备分类。
- 设备管理功能。
- 设备控制器的概念。
- 数据传输控制的 4 种方式。
- 中断技术。
- 缓冲技术。
- 设备独立性。
- 设备分配。
- SPOOLing 系统。

学习目标

- 理解设备分类的目的。
- 理解设备管理的功能。
- 理解设备控制器的功能。
- 理解并掌握 4 种数据传输控制方式及它们的异同。
- 理解中断的相关概念：硬件中断、软件中断、内中断、外中断、中断屏蔽、中断响应、开中断、关中断、中断源、中断服务子程序。
- 理解中断处理过程。
- 掌握缓冲技术的引入原因及缓冲技术实现的几种方式。
- 掌握设备独立性的概念。
- 理解设备分配原则、策略。
- 掌握 SPOOLing 系统的实现原理、软硬件技术、实现目的。

设备是操作系统资源管理功能之一。现代计算机系统的 I/O 设备种类繁多，功能各异，这就使得操作系统的设备管理功能较为繁杂且与硬件密切相关。

5.1　概　　述

5.1.1　设备的分类

外部设备(以下简称设备)的种类繁多，为便于系统管理，可按不同方式对设备进行管理。

1. 按数据传输方式分类

1) 字符设备
以字节为单位传输数据的设备，如键盘、显示器等低速设备。
2) 块设备
以数据块为单位传输数据的设备，如磁盘等高速设备。

2. 按数据传输方向分类

1）输入设备

完成数据从外设向计算机系统输入操作，如键盘、手写输入板等。

2）输出设备

将系统数据向外部设备传输，如显示器、打印机等。

3）输入/输出设备

既可进行数据输入又可进行数据输出的设备，如磁盘设备等。

3. 按所属关系分类

1）系统设备

在操作系统生成时已登记在系统中的标准设备，如磁盘、键盘、显示器等。

2）用户设备

在操作系统生成时未登记在系统中的非标准设备，如移动硬盘等用户提供的设备。

4. 按设备的共享属性分类

1）独占设备

为保证信息传输的连续性，该类设备仅供一个进程使用，该设备空闲之间其他设备不可使用，如 CPU、打印机等均属独占设备。

2）共享设备

这类设备允许多个进程同时使用。例如，磁盘允许多个用户同时对磁盘中不同区域的数据进行访问。

3）虚拟设备

通过假脱机(Spooling)技术将独占型设备改造为可供多个进程使用的共享设备，以提高设备的利用率，此即虚拟设备，如网络打印机等。

5.1.2　设备管理的功能

操作系统的其中一个设计目标是为用户提供方便简洁的操作接口，对于外部设备要尽可能地提高设备的利用率，发挥系统的并行性。设备管理的主要功能如下。

1. 完成设备的分配与回收

现代计算机系统中包含种类繁多的设备，设备管理程序根据用户的 I/O 请求、系统现有资源情况，结合某种分配策略完成设备分配，同时当进程执行完毕再回收设备以便于下次分配。

2. 实现设备的启动

现代计算机对系统中所有资源均不允许用户直接使用，即当用户有 I/O 请求时，由操作系统负责启动相应设备。

3. 实现虚拟设备

为提高系统资源的利用率，特别是对于独占型设备，通过软件、硬件技术将其改造成

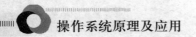

共享型设备，以供多个用户共享使用。被改造的设备称之为虚拟设备。通过这种改造使每个用户感觉自己是以独占方式使用设备。

5.2 设备控制器

CPU 并不是直接与 I/O 设备打交道，而是通过设备控制器。设备控制器接收来自 CPU 的指令，完成对设备的控制，将 CPU 从繁杂的设备控制操作中解脱出来，CPU 可以转去执行其他进程操作。

设备控制器的复杂性因不同设备而异，相差甚大，于是可把设备控制器分成两类：一类是用于控制字符设备的控制器；另一类是用于控制块设备的控制器。在微型机和小型机中的控制器，常做成印刷电路卡形式，因而也常称为接口卡，可将它插入计算机。

5.2.1 设备控制器的基本功能

1. 接收和识别命令

CPU 可以向控制器发送多种不同的命令，设备控制器应能接收并识别这些命令。为此，在控制器中应具有相应的控制寄存器，用来存放接收的命令和参数，并对所接收的命令进行译码。例如，磁盘控制器可以接收 CPU 发来的 Read、Write、Format 等 15 条不同的命令，而且有些命令还带有参数；相应地，在磁盘控制器中有多个寄存器、命令译码器等。

2. 数据交换

这是指实现 CPU 与控制器之间、控制器与设备之间的数据交换。对于前者，是通过数据总线，由 CPU 并行地把数据写入控制器，或从控制器中并行地读出数据；对于后者，是设备将数据输入到控制器，或从控制器传送给设备。为此，在控制器中需要设置数据寄存器。

3. 标识和报告设备的状态

控制器应记下设备的状态供 CPU 了解。例如，仅当该设备处于发送就绪状态时，CPU 才能启动控制器从设备中读出数据。为此，在控制器中应设置一状态寄存器，用其中的每一位来反映设备的某一种状态。当 CPU 将该寄存器的内容读入后，便可了解该设备的状态。

4. 地址识别

就像内存中的每一个单元都有一个地址一样，系统中的每一个设备也都有一个地址，而设备控制器又必须能够识别它所控制的每个设备的地址。此外，为使 CPU 能向(或从)寄存器中写入(或读出)数据，这些寄存器都应具有唯一的地址。例如，在 IB-MPC 机中规定，硬盘控制器中各寄存器的地址分别为 320～32F 之一。控制器应能正确识别这些地址，为此，在控制器中应配置地址译码器。

5. 数据缓冲

由于 I/O 设备的速率较低而 CPU 和内存的速率却很高，故在控制器中必须设置一缓冲器。在输出时，用此缓冲器暂存由主机高速传来的数据，然后才以 I/O 设备所具有的速率将缓冲器中的数据传送给 I/O 设备；在输入时，缓冲器则用于暂存从 I/O 设备送来的数据，待接收到一批数据后，再将缓冲器中的数据高速地传送给主机。

6. 差错控制

设备控制器还兼管对由 I/O 设备传送来的数据进行差错检测。若发现传送中出现了错误，通常是将差错检测码置位，并向 CPU 报告，于是 CPU 将本次传送来的数据作废，并重新进行一次传送。这样便可保证数据输入的正确性。

5.2.2　设备控制器的组成

1. 设备控制器与处理机的接口

该接口用于实现 CPU 与设备控制器之间的通信。共有 3 类信号线：数据线、地址线和控制线。数据线通常与两类寄存器相连接。第一类是数据寄存器。在控制器中可以有一个或多个数据寄存器，用于存放从设备送来的数据(输入)或从 CPU 送来的数据(输出)。第二类是控制/状态寄存器(在控制器中可以有一个或多个这类寄存器，用于存放从 CPU 送来的控制信息或设备的状态信息。

2. 设备控制器与设备的接口

在一个设备控制器上，可以连接一个或多个设备。相应地，在控制器中便有一个或多个设备接口，一个接口连接一台设备。在每个接口中都存在数据、控制和状态 3 种类型的信号。控制器中的 I/O 逻辑根据处理机发来的地址信号去选择一个设备接口。

3. I/O 逻辑

在设备控制器中的 I/O 逻辑用于实现对设备的控制。它通过一组控制线与处理机交互，处理机利用该逻辑向控制器发送 I/O 命令；I/O 逻辑对收到的命令进行译码。每当 CPU 要启动一个设备时，一方面将启动命令发送给控制器；另一方面又同时通过地址线把地址发送给控制器，由控制器的 I/O 逻辑对收到的地址进行译码，再根据所译出的命令对所选设备进行控制。

5.3　数据传送控制方式

设备管理的任务之一是控制设备和内存或 CPU 之间数据的传输。常用的数据传输方式有以下 4 种。

(1) 程序直接控制方式。

(2) 中断控制方式。

(3) DMA 方式。

(4) 通道控制方式。

下面分别予以介绍。

5.3.1　程序直接控制方式

程序直接控制方式是指由用户进程直接控制内存或 CPU 和外围设备之间进行信息传送的方式。通常又称为"忙—等"方式或循环测试方式。这种方式优点是控制方式简单，无须太多硬件支持。但是，CPU 和外围设备只能串行工作；CPU 在一段时间内只能和一台外围设备交换数据信息，从而不能实现设备之间的并行工作；由于程序直接控制方式依靠测试设备标志触发器的状态位来控制数据传送，因此，无法发现和处理其他硬件所产生的错误。因此，这种方式只适用于 CPU 执行较慢而外围设备较少的系统。程序直接控制方式工作的处理流程如图 5-1 所示。

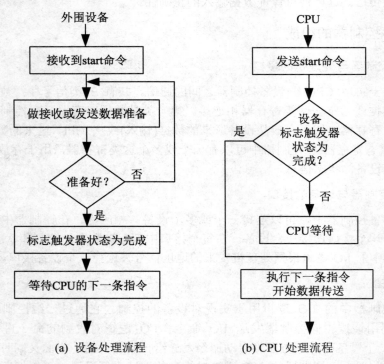

(a) 设备处理流程　　　　(b) CPU 处理流程

图 5-1　程序直接控制方式数据传输时设备及 CPU 处理流程

为了提高 CPU 的效率、增强系统的实时性，并且能对随机出现的各种异常情况做出及时反应，通常采用中断传送方式。

5.3.2　中断控制方式

中断控制方式是指当外设需要与 CPU 进行信息交换时，由外设向 CPU 发出请求信号，使 CPU 暂停正在执行的程序，转去执行数据的输入/输出操作，数据传送结束后，CPU 再继续执行被暂停的程序。

程序直接控制方式是由 CPU 来查询外设的状态，CPU 处于主动地位，而外设处于被动地位。中断控制方式则是由外设主动向 CPU 发出请求，等候 CPU 处理，在没有发出请求时，CPU 和外设都可以独立进行各自的工作，如图 5-2 所示。目前的微处理器都具有中断功能，而且已经不仅仅局限于数据的输入/输出，而是在更多的方面有重要的应用。例如实时控制、故障处理以及 BIOS 和 DOS 功能调用等。有关中断技术的具体内容将在下一节做介绍。

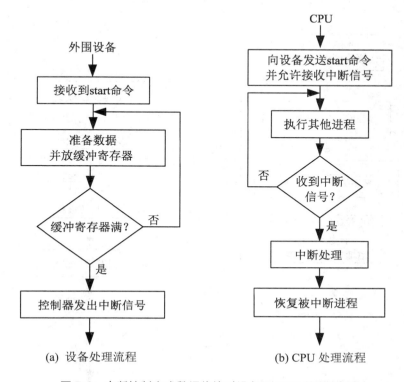

(a) 设备处理流程　　　　　　　(b) CPU 处理流程

图 5-2　中断控制方式数据传输时设备及 CPU 处理流程

中断控制方式的优点是：CPU 不必查询等待，工作效率高，CPU 与外设可以并行工作；由于外设具有申请中断的主动权，故系统实时性比查询方式要好得多。但采用中断控制方式的接口电路相对复杂，而且，每进行一次数据传送就要中断一次 CPU。CPU 每次响应中断后，都要转去执行中断处理程序，都要进行断点和现场的保护和恢复，浪费了很多CPU 的时间。故这种传送方式一般适合于少量的数据传送。对于大批量数据的输入 / 输出，可采用高速的直接存储器存取方式，即 DMA 方式。

5.3.3　DMA 方式

DMA 方式又称直接存取方式(Direct Memory Access)，其基本思想是在外设和内存之间开辟直接的数据交换通路，传送过程无须 CPU 介入，这样，在传送时就不必进行保护现场等一系列额外操作，传输速度基本取决于存储器和外设的速度。DMA 传送方式需要一个专用接口芯片 DMA 控制器(DMAC)对传送过程加以控制和管理。进行 DMA 传送期间，CPU 放弃总线控制权，将系统总线交由 DMAC 控制，由 DMAC 发出地址及读/写信号来实现高速数据传输。传送结束后 DMAC 再将总线控制权交还给 CPU。一般微处理器都设有用于 DMA 传送的联络线。

DMAC 中主要包括一个控制状态寄存器、一个地址寄存器和一个字节计数器，在传送开始前先要对这些寄存器进行初始化，一旦传送开始，整个过程便全部由硬件实现，所以数据传送速率非常高，如图 5-3 所示。

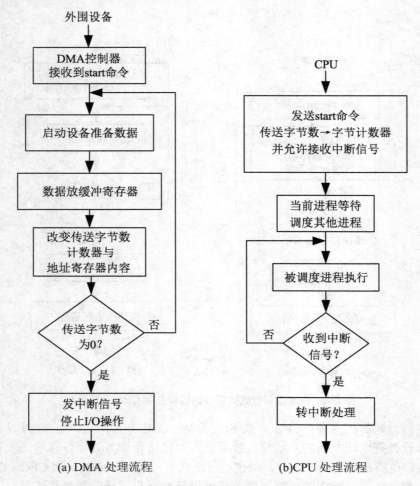

图 5-3 DMA 方式数据传输时设备及 CPU 处理流程

DMA 方式与中断控制方式的数据传输主要区别如下。

(1) 中断控制方式是在数据缓冲寄存器满之后发中断要求 CPU 进行中断处理，而 DMA 则是在所要求传送的数据块全部传送结束时要求 CPU 进行中断处理；

(2) 中断控制方式的数据传送是在中断处理时由 CPU 控制完成的，而 DMA 方式是在 DMA 控制器的控制下不经过 CPU 完成的。这样就避免了 CPU 因并行操作设备过多而造成数据丢失等现象。

DMA 方式的不足之处如下。

(1) 对外设管理和一些操作仍需 CPU。

(2) 多个 DMA 控制器的同时使用显然会引起内存地址的冲突并使得控制过程进一步复杂化，且多 DMA 控制器同时使用也提高了机器成本。

5.3.4　通道控制方式

通道控制方式与 DMA 方式相类似，也是一种内存和设备直接进行数据交换的方式。与 DMA 方式不同的是，在通道控制方式中，数据传送方向、存放数据的内存始址及传送的数据块长度均由一个专门负责输入/输出的硬件——通道来控制。另外，DMA 方式每台设备至少需要一个 DMA 控制器，而通道控制方式中，一个通道可控制多台设备与内存进行数据交换。

通道定义为独立于 CPU 的专门负责输入/输出控制的处理机，它控制设备与内存直接进行数据交换。有自己的通道指令，这些指令受 CPU 启动，并在操作结束时向 CPU 发中断信号。通道的定义也说明了通道的基本思想。通道方式数据传输的处理过程如图 5-4 所示。

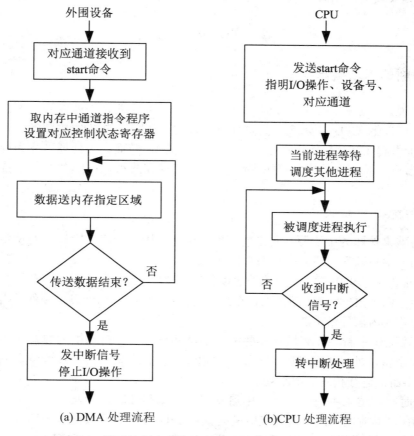

图 5-4　通道控制方式数据传输时设备及 CPU 处理流程

通道控制方式数据传输的特点是这种数据传输方式需要的 CPU 干预更少，一个通道可以控制多台设备，CPU 的利用效率高。通道控制方式减轻了 CPU 的工作负担并增加了计算机系统的并行工作程度。

以上 4 种数据传输控制方式各有特点，具体说明如下。

(1) 程序直接控制方式和中断控制方式只适用于简单的、外设很少的计算机系统，因为程序直接控制方式耗费大量的 CPU 时间和无法检测发现设备或其他硬件产生的错误，而且设备和 CPU、设备和设备之间只能串行工作。

(2) 中断控制方式虽然在一定程度上解决了上述问题，但由于中断次数多，因而 CPU 仍需要花大量的时间来处理中断，而且中断次数的增多也限制了并行工作的外设的台数，另外容易导致数据丢失等问题。

(3) DMA 和通道技术比较好地解决了上述问题。这两种方式采用了外设和内存直接交换数据的方式。只有在一段数据传送结束时，这两种方式才发出中断信号要求 CPU 做善后处理，从而大大减少了 CPU 的工作负担。

(4) DMA 和通道方式的区别是：DMA 方式要求 CPU 执行设备驱动程序启动设备，给出存放数据的内存始址以及操作方式和传送字节长度等；而通道控制方式则是在 CPU 发出 I/O 启动命令之后，由通道指令来完成这些工作。

5.4 中 断 技 术

5.4.1 中断的基本概念

简单来说，中断是一种使 CPU 中止正在执行的程序而转去处理特殊事件的操作。更具体一点，可以把 CPU 中断定义为这样一个过程：在特定的事件(中断源，也称中断请求信号)触发下引起 CPU 暂停正在运行的程序(主程序)，转而先去处理一段为特定事件而编写的处理程序(中断处理程序)，等中断处理程序处理完成后，再回到主程序被打断的地方继续运行。

1. 中断源

上述特殊事件即为中断源。凡是能够引起中断原因或提出中断请求的设备和异常故障均称被称为"中断源"。通常中断源有以下几种。

(1) 外部设备请求中断。一般的外部设备(如键盘、打印机和 A / D 转换器等)在完成自身的操作后，向 CPU 发出中断请求，要求 CPU 为其服务。由计算机硬件异常或故障引起的中断，也称为内部异常中断。

(2) 故障强迫中断。计算机在一些关键部位都设有故障自动检测装置，如运算溢出、存储器读出出错、外部设备故障、电源掉电以及其他报警信号等。这些装置的报警信号都能使 CPU 中断，进行相应的中断处理。

(3) 实时时钟请求中断。在控制中遇到定时检测和控制，为此常采用一个外部时钟电路(可编程)控制其时间间隔。需要定时的时候，CPU 发出命令使时钟电路开始工作，一旦到达规定时间，时钟电路发出中断请求，由 CPU 转去完成检测和控制工作。

(4) 数据通道中断。数据通道中断也称直接存储器存取(DMA)操作中断，如磁盘、磁带机或 CRT 等直接与存储器交换数据所要求的中断。

(5) 程序自愿中断。CPU 执行了特殊指令(自陷指令)或由硬件电路引起的中断是程序自愿中断，是指当用户调试程序时，程序自愿中断检查中间结果或寻找错误所在而采用的检查手段，如断点中断和单步中断等。

2. 中断处理过程

中断处理的一般过程为：请求中断→响应中断→关闭中断→保留断点→中断源识别→保护现场→中断服务子程序→恢复现场→中断返回。

(1) 请求中断是某一中断源向 CPU 发起中断请求。对于外部中断 CPU 在当前指令最后一个时钟周期查询中断请求信号的有效性，在系统开中断的情况下，CPU 向中断源回送中断应答信号，系统进入中断响应周期。CPU 对系统内部中断源提出的中断请求必须响应，而且自动取得中断服务子程序的入口地址，执行中断服务子程序。

(2) CPU 响应中断后，将状态标志寄存器压入堆栈保护。

(3) 再将其中的中断标志位清除从而关闭中断。

(4) CPU 将当前 CS(代码段地址)和 IP(将要执行的下一条地址)压入堆栈保护断点。

(5) CPU 确定提出请求的中断源，获得中断向量号，在对应的中断向量表获得中断入口地址，装入 CS 和 IP 中。

(6) 将断点处各寄存器的内容压入堆栈保护现场。

(7) 此时程序跳转至中断服务子程序执行。

(8) 中断处理完毕，将堆栈各寄存器内容弹栈，恢复断点处各寄存器的值。

(9) 在中断服务子程序最后安排一条返回指令，执行该指令将堆栈中 CS 和 IP 的值弹出，恢复主程序断点处地址值，同时恢复标志寄存器的内容。程序转至被中断的程序继续执行。

3. 中断向量表

中断向量即中断源的识别标志，可用来存放中断服务程序的入口地址或跳转到中断服务程序的入口地址。

4. 中断屏蔽

中断屏蔽也是一个十分重要的功能。所谓中断屏蔽，是指通过设置相应的中断屏蔽位，禁止响应某个中断。这样做的目的，是保证在执行一些重要的程序中不响应中断，以免造成迟缓而引起错误。例如，在系统启动执行初始化程序时，就屏蔽键盘中断，使初始化程序能够顺利进行。这时敲任何键都不会响应。当然对于一些重要的中断是不能屏蔽的，如重新启动、电源故障、内存出错、总线出错等影响整个系统工作的中断是不能屏蔽的。因此，从中断是否可以被屏蔽来看，可分为可屏蔽中断和不可屏蔽中断两类。

5. 中断响应

1) 中断响应的条件

除了非屏蔽中断外，其他中断都可以用软件来屏蔽或开放。系统只有具备如下的中断条件，CPU 才可能对中断请求进行响应。

(1) 设置中断请求触发器。

每一个中断源，系统要求能发出中断请求信号，而且这个信号能保持着，直至 CPU 响应这个中断后，才可清除中断请求。故要求每一个中断源有一个中断请求触发器来保持中断请求。

(2) 设置中断屏蔽触发器。

在实际系统中，往往有多个中断源。为了增加控制的灵活性，在每一个外设的接口电路中增加了一个中断屏蔽触发器，只有当此触发器为"1"时，外设的中断请求才能被送出至 CPU。可把 8 个外设的中断屏蔽触发器组成一个端口，用输出指令来控制它们的状态。

(3) 设置中断允许触发器。

在 CPU 内部有一个中断允许触发器。只有当其为"1"时，CPU 才能响应中断；若其为"0"，即使 INTR 线上有中断请求，CPU 也不响应。而这个触发器的状态可由软件指令来改变。当 CPU 复位时，中断允许触发器为"0"，所以必须要用软件指令来开中断。当中断响应后，CPU 就自动关中断，所以在中断服务程序中也必须要用软件指令来开中断。CPU 在现行指令结束后即响应中断。

2) 中断响应过程

当满足了中断的条件后，CPU 就会响应中断，转入中断程序处理。具体的工作过程如下。

(1) 关中断。CPU 响应中断后，发出中断响应信号的同时，内部自动地实现关中断。

(2) 保留断点。CPU 响应中断后，把主程序执行的位置和有关数据信息保留到堆栈，以备中断处理完毕后，能返回主程序并正确执行。

(3) 保护现场。为了使中断处理程序不影响主程序的运作，故要把断点处的有关寄存器的内容和标志位的状态全部推入堆栈保护起来，即在中断服务程序中把这些寄存器的内容推入堆栈。这样，当中断处理完成后返回主程序时，CPU 能够恢复主程序的中断前状态，保证主程序的正确动作。

(4) 给出中断入口，转入相应的中断服务程序。系统由中断源提供的中断向量形成中断入口地址，使 CPU 能够正确进入中断服务程序。

(5) 恢复现场。把所保存的各个内部寄存器的内容和标志位的状态，从堆栈弹出，送回 CPU 中原来的位置。这个操作在系统中也是由服务程序来完成的。

(6) 开中断与返回。在中断服务程序的最后，要开中断(以便 CPU 能响应新的中断请求)和安排一条中断返回指令，将堆栈内保存的主程序被中断的位置值弹出，运行被恢复到主程序。

6. 中断技术的作用

一方面，有了中断功能，PC 系统就可以使 CPU 和外设同时工作，使系统可以及时地响应外部事件。这样就大大提高了 CPU 的利用率，也提高了输入/输出的速度。另一方面，有了中断功能，就可以使 CPU 及时处理各种软硬件故障。计算机在运行过程中，往往会出现事先预料不到的情况或出现一些故障，如电源掉电、存储出错、运算溢出等。计算机可以利用中断系统自行处理，而不必停机或报告工作人员。

5.4.2 中断类型

在 PC 系统中，根据中断源的不同，中断常分为两大类：硬件中断和软件中断。

根据不同情况，硬件中断有如下分类方式。

(1) 按中断处理方式，可分为简单中断和程序中断。

简单中断采用周期窃用的方法来执行中断服务，有时也称数据通道或 DMA；程序中断不是窃用中央处理器的周期来进行中断处理，而是中止现行程序的执行转去执行中断服务程序。

(2) 按中断产生的方式，中断可分为自愿中断和强迫中断。

自愿中断即通过自陷指令引起中断，或称软件中断，如程序自愿中断；强迫中断是一种随机发生的实时中断，如外部设备请求中断、故障强迫中断、实时时钟请求中断、数据通道中断等。

(3) 按引起中断事件所处的地点，中断可分为内部中断和外部中断。

外部中断也称为外部硬件实时中断，它由来自 CPU 某一引脚上的信号引起。通常所说的中断即指外部中断；内部中断也称陷阱，主要是指在处理机和内存内部产生的中断。它包括程序运算引起的各种错误。软中断是通信进程之间用来模拟硬中断的一种信号通信方式。

中断和陷阱的主要区别：陷阱通常由处理机正在执行的现行指令引起，而中断则是由与现行指令无关的中断源引起的；陷阱处理程序提供的服务为当前进程所用，而中断处理程序提供的服务则不是为了当前进程的；CPU 在执行完一条指令之后，下一条指令开始之前响应中断，而在一条指令执行中也可以响应陷阱；在有的系统中，陷入处理程序被规定在各自的进程上下文中执行，而中断处理程序则在系统上下文中执行。

(4) 根据微处理器内部受理中断请求的情况，中断可分为可屏蔽中断和不可屏蔽中断。

可屏蔽中断(Maskable Interrupt，MI)，是硬件中断的一类，可通过在中断屏蔽寄存器中设定位掩码来关闭；非可屏蔽中断(Non-Maskable Interrupt，NMI)，也是硬件中断的一类，无法通过在中断屏蔽寄存器中设定位掩码来关闭。典型例子是时钟中断(一个硬件时钟以恒定频率如 50Hz 发出的中断)。

5.4.3　中断的优先级

中断有优先级之分，中断优先级是指中断的响应级别。中断的优先级排列如表 5-1 所示。

表 5-1　中断类型及优先级说明

中断类型	优先级
软件中断	高
非可屏蔽中断	中
可屏蔽中断	低

中断应用中常出现 IRQ 和 INT，其中 IRQ 是主板提供的硬件中断端口，一般有 8 或 16 个；INT 则是操作系统提供的中断处理程序的入口标记，一般有 256 个。

系统为每种中断安排一个中断类型号。系统的内部和外部中断总共可有 256 个，每个中断有一个自己的 8 位二进制数表示的类型码(0-FFH)。例如：系统定时器的中断类型为 08，键盘为 09，内中断中的除法错误的中断类型为 0，等等。

每种类型的中断都由相应的中断处理程序来处理，中断向量表就是各种中断类型的处理程序的地址表，存放在地址从 0 到 3FFH 内存区域。256 个中断服务程序的入口地址(段地址和偏移地址，也称为中断向量)按中断类型码从小到大顺序放在内存的最前面。中断类型码 n 与中断服务程序入口地址的存放地址关系为：n×4。

5.4.4 软件中断

软件中断又可简称为软中断，它是对硬件中断的一种模拟。软中断的处理类似于硬中断。但是软中断仅仅由当前运行的进程产生。通常软中断是对一些 I/O 的请求。软中断仅与内核相联系，而内核主要负责对需要运行的任何其他进程进行调度。软中断不会直接中断 CPU，也只有当前正在运行的代码(或进程)才会产生软中断。软中断是一种需要内核为正在运行的进程去做一些事情(通常为 I/O)的请求。

硬中断与软中断的区别如下。

(1) 软中断是执行中断指令产生的，而硬中断是由外设引发的。

(2) 硬中断的中断号是由中断控制器提供的，软中断的中断号由指令直接指出，无须使用中断控制器。

(3) 硬中断是可屏蔽的，软中断不可屏蔽。

(4) 硬中断处理程序要确保它能快速地完成任务，这样程序执行时才不会等待较长时间，称为上半部。

(5) 软中断处理硬中断未完成的工作，是一种推后执行的机制，属于下半部。

5.5 缓 冲 技 术

5.5.1 缓冲技术的引入

缓冲技术是在两种不同速度的设备之间传输信息时平滑传输过程的常用手段。

缓冲技术是在主存中开辟一个存储区域，称为缓冲区，专门用于存放 I/O 操作的数据。在操作系统中，引入缓冲的主要原因，可归结为以下几点。

1. 改善 CPU 与 I/O 设备间速度不匹配的矛盾

例如一个程序，它时而进行长时间的计算而没有输出，时而又阵发性把输出送到打印机。由于打印机的速度跟不上 CPU，而使得 CPU 长时间的等待。如果设置了缓冲区，程序输出的数据先送到缓冲区暂存，然后由打印机慢慢地输出。这时，CPU 不必等待，可以继续执行程序。实现了 CPU 与 I/O 设备之间的并行工作。事实上，凡在数据的到达速率与其离去速率不同的地方，都可设置缓冲，以缓和它们之间速度不匹配的矛盾。众所周知，通常的程序都是时而计算时而输出的。

2. 可以减少对 CPU 的中断频率，放宽对中断响应时间的限制

如果 I/O 操作每传送一个字节就要产生一次中断，那么设置了 n 个字节的缓冲区后，则可以等到缓冲区满才产生中断，这样中断次数就减少到 1/n，而且中断响应的时间也可以相应地放宽。

3. 提高 CPU 和 I/O 设备之间的并行性

缓冲的引入可显著提高 CPU 和设备的并行操作程度，提高系统的吞吐量和设备的利用率。

5.5.2　缓冲的分类与管理

通常 CPU 的速度要比 I/O 设备的速度快得多得多，所以可以设置缓冲区，对于从 CPU 来的数据，先放在缓冲区中，然后设备可以慢慢地从缓冲区中读出数据。常见的缓冲技术有：单缓冲、双缓冲、多缓冲和缓冲池。其中，缓冲池技术应用较为普遍。

1. 单缓冲

在设备与 CPU 之间设置一个缓冲器，由输入和输出设备共用。

特点：缓冲器属于临界资源，故 CPU 与设备串行方式工作。

2. 双缓冲

为 I/O 设备设置两个缓冲区，两个缓冲区交替使用，可提高 CPU 与 I/O 设备的并行性，但当二者速度不匹配时并行性不佳。

3. 多缓冲

在主存中由多个缓冲区构成多缓冲，组织成循环缓冲形式。

4. 缓冲池

缓冲池(buffer pool)由主存中的一组缓冲区组成，其中每个缓冲区的大小一般等于物理记录的大小。缓冲池中的缓冲区为各个进程共享。既可以用于输入，也可以用于输出。

使用缓冲池的主要原因是为了避免在消费者多次访问相同数据时会重复产生相同数据的问题。

缓冲池由多个缓冲区组成。而一个缓冲区由两部分组成：一部分是用来标识该缓冲器和用于管理的缓冲首部；另一部分是用于存放数据的缓冲体。这两部分有一一对应的映射关系。对缓冲池的管理是通过对每一个缓冲器的缓冲首部进行操作实现的。缓冲首部包括设备号、设备上的数据页面号(块设备时)、互斥标识位以及缓冲队列连接指针和缓冲器号等。

5.6　设备独立性

为了提高操作系统的可适应性和可扩展性，在现代操作系统中都毫无例外地实现了设备独立性，也称为设备无关性。

具有设备独立性的系统中，用户编写程序时使用的设备与实际使用的设备无关，亦即逻辑设备名是用户命名的，可以更改；物理设备名是系统规定的，是不可更改的。设备管理的功能之一就是把逻辑设备名转换成物理设备名。

应用程序独立于具体使用的物理设备。为了实现设备独立性而引入了逻辑设备和物理设备这两个概念。在应用程序中，使用逻辑设备名称来请求使用某类设备；而系统在实际执行时，还必须使用物理设备名称。

在现代操作系统中，为了提高系统的可适应性和可扩展性，都毫无例外地实现了设备独立性，也即设备无关性。其基本含义是，应用程序独立于具体使用的物理设备，即应用程序以逻辑设备名称来请求使用某类设备。

设备独立性带来的好处是：用户和物理的外围设备无关，系统增减或变更外围设备时程序不必修改；易于对付输入/输出设备的故障。例如，某台行式打印机发生故障时，可用另一台替换，甚至可用磁带机或磁盘机等不同类型的设备代替，从而提高了系统的可靠性，增加了外围设备分配的灵活性，能更有效地利用外围设备资源，实现多道程序设计技术。

操作系统提供了设备独立特性后，程序员可利用逻辑设备进行输入/输出，而逻辑设备与物理设备之间的转换通常由操作系统的命令或语言来实现。由于操作系统大小和功能不同，具体实现逻辑设备到物理设备的转换就有差别，一般使用以下方法：利用作业控制语言实现批处理系统的设备转换，利用操作命令实现设备转换，以及利用高级语言的语句实现设备转换。

设备独立性是指操作系统把所有外部设备统一当作文件来看待，只要安装它们的驱动程序，任何用户都可以像使用文件一样，操纵、使用这些设备，而不必知道它们的具体存在形式。

为了实现设备的独立性，应引入逻辑设备和物理设备两个概念。在应用程序中，使用逻辑设备名称来请求使用某类设备；而系统执行时，是使用物理设备名称。鉴于驱动程序是一个与硬件(或设备)紧密相关的软件，必须在驱动程序之上设置一层软件，称为设备独立性软件，以执行所有设备的公有操作、完成逻辑设备名到物理设备名的转换(为此应设置一张逻辑设备表)并向用户层(或文件层)软件提供统一接口，从而实现设备的独立性。

5.7 设备分配

在多道程序环境下，系统中的设备供所有进程共享。为防止各进程对系统资源的无序竞争，特规定系统设备不允许用户自行使用，必须由系统统一分配。每当进程向系统提出I/O请求时，只要是可能和安全的，设备分配程序便按照一定的策略，把设备分配给请求用户(进程)。

在有的系统中，为了确保在 CPU 与设备之间能进行通信，还应分配相应的控制器和通道。

5.7.1 设备分配中的数据结构

在进行设备分配时，通常都需要借助于一些表格的帮助。在表格中记录了相应设备或控制器的状态及对设备或控制器进行控制所需的信息。

在进行设备分配时所需的数据结构(表格)由：设备控制表(DCT)、控制器控制表(COCT)、通道控制表(CHCT)和系统设备表(SDT)等。

1. 设备控制表(DCT)

系统为每一个设备都配置了一张设备控制表，用于记录本设备的情况，具体如下。

(1) 设备类型：type。

(2) 设备标识符：deviceid。

(3) 设备状态：等待/不等待、忙/闲、指向控制器表的指针、重复执行次数或时间、设备队列的队首指针。

设备控制表中，除了有用于指示设备类型的字段 type 和设备标识字段 deviceid 外，还应含有下列字段。

(1) 设备队列队首指针。凡因请求本设备而未得到满足的进程，其 PCB 都应按照一定的策略排成一个队列，称该队列为设备请求队列或设备队列。

(2) 设备状态。当设备自身正处于使用状态时，应将设备的忙/闲标志置"1"。若与该设备相连接的控制器或通道正忙，也不能启动该设备，此时应将设备的等待标志置"1"。

(3) 与设备连接的控制器表指针。该指针指向与该设备所连接的控制器的控制表，在设备到主机之间具有多条通路的情况下，一个设备将与多个控制器相连接。此时，在 DCT 中还应设置多个控制器表指针。

(4) 重复执行次数。由于外部设备在传送数据时，较易发生数据传送错误，因而在许多系统中，如果发生传送错误，并不立即认为传送失败，而是令它重新传送，并由系统规定设备在工作中发生错误时应重复执行的次数。

2. 控制器控制表、通道控制表和系统设备表

1) 控制器控制表(Controller Control Table，COCT)

系统为每一个控制器都设置了一张用于记录本控制器情况的控制器控制表。其中记录了：控制器标识符(controllerid)、控制器状态(忙/闲)、与控制器连接的通道表指针、控制器队列的队首指针、控制器队列的队尾指针。

2) 通道控制表(Channel Control Table，CHCT)

每个通道都配有一张通道控制表。其中记录了：通道标识符(channeled)、通道状态(忙/闲)、与通道连接的控制器表的指针通道队列的队首指针、通道队列的队尾指针。

3) 系统设备表(System Device Table，SDT)

这是系统范围的数据结构，其中记录了系统中全部设备的情况。每个设备占一个表目，其中包括设备类型、设备标识符、设备控制表、设备驱动程序的入口等项。

5.7.2　设备分配时应考虑的因素

1. 设备的固有属性

在分配设备时，首先应考虑与设备分配有关的设备属性。设备的固有属性可分成 3 种：独占性，是指这种设备在一段时间内只允许一个进程独占，即"临界资源"；共享性，是指这种设备允许多个进程同时共享；可虚拟性，是指设备本身虽是独占设备，但经过某种技术处理，可以把它改造成虚拟设备。

根据设备的固有属性应采取不同的分配策略。

1) 独占设备

对于独占设备，应采用独享分配策略，即将一个设备分配给某进程后，便由该进程独占，直至该进程完成或释放该设备，然后系统才能再将该设备分配给其他进程使用。缺点：设备得不到充分利用，而且还可能引起死锁。

2) 共享设备

对于共享设备，可同时分配给多个进程使用，此时需注意对这些进程访问该设备的先后次序进行合理的调度。

3) 可虚拟设备

由于可虚拟设备是指一台物理设备在采用虚拟技术后，可变成多台逻辑上的虚拟设备，因而说，一台可虚拟设备是可共享的设备，可以将它同时分配给多个进程使用，并对访问该(物理)设备的先后次序进行控制。

2. 设备分配算法

对设备进行分配的算法，与进程调度的算法有些相似之处，但前者相对简单，通常只采用以下两种分配算法。

1) 先来先服务

当有多个进程对同一设备提出 I/O 请求时，该算法是根据各进程对某设备提出请求的先后次序，将这些进程排成一个设备请求队列，设备分配程序总是把设备首先分配给队首进程。

2) 优先级高者优先

在进程调度中的这种策略，是优先权高的进程优先获得处理机。

如果对这种高优先权进程所提出的 I/O 请求也赋予高优先权，显然有助于这种进程尽快完成。

在利用该算法形成设备队列时，将优先权高的进程排在设备队列前面，而对于优先级相同的 I/O 请求，则按先来先服务原则排队。

3. 设备分配时的安全性

从进程运行的安全性考虑，设备分配有以下两种方式。

1) 安全分配方式

在这种分配方式中，每当进程发出 I/O 请求时，便进入阻塞状态，直到其 I/O 操作完成时才被唤醒。

在采用这种分配策略时，一旦进程已经请求(获得)某种设备(资源)后便阻塞，使该进程不可能再请求其他任何资源。因此，这种分配方式已经摒弃了造成死锁的 4 个必要条件之一的“请求和保持”条件，从而使设备分配是安全的。其缺点是：进程进展缓慢，即 CPU 与 I/O 设备是串行工作的。

2) 不安全分配方式

在这种分配方式中，进程在发出 I/O 请求后仍继续运行，需要时又发出第二个 I/O 请求、第三个 I/O 请求等。仅当进程所请求的设备已被另一进程占用时，请求进程才进入阻塞状态。这种分配方式的优点是：一个进程可同时操作多个设备，使进程推进迅速。

缺点是：分配不安全，因为它可能具备“请求和保持”条件，从而可能造成死锁。因此，在设备分配程序中，还应再增加一个功能，以用于对本次的设备分配是否会发生死锁进行安全性计算，仅当计算结果说明分配是安全的情况下才进行设备分配。

5.8 SPOOLing 系统

外围设备同时联机操作，又称假脱机操作(Simultaneous Peripheral Operations On-line)。SPOOLing 技术是将独占设备改造为共享设备的技术。它借助可共享的大容量磁盘，将独占型的慢速 I/O 设备虚拟化为每个进程一个的共享设备。

一个完整的 SPOOLing 系统是由硬件和软件部分构成，其中硬件部分包括输入井和输出井、输入缓冲区和输出缓冲区，软件部分是由"存输入"程序、"取输入"程序、"存输出"程序、"取输出"程序，以及这 4 个部分共用的数据结构等构成，如图 5-5 所示。

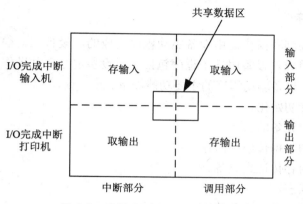

图 5-5　完整 SPOOLing 系统构成

在 SPOOLing 系统中，存在着极高的并行性。卡片机要求输入；在内存中运行的作业也要求输入；同时它们又有信息要求打印出来。它们工作过程是：卡片机通过"存输入"被读进输入井中；内存作业则经 SPOOLing 系统的"取输入"程序，从输入井中取输入，代替从卡片机输入。作业要打印的信息则经"存输出"程序放入输出井中。输出井中的信息则由 SPOOLing 的"取输出"程序从打印机打印出去。

SPOOLing 的"存输入"与"取输出"程序是与作业无关的，只要有卡片要求输入或者输出井中有待打印的信息，它们就源源不断地做信息的输入与输出。在辅存上开辟的一些固定的区域，称为输入/输出井，用以存放待输入和待输出信息。内存中的作业只与共享的磁盘输入井、输出井打交道，不直接与慢速的卡片机和打印机打交道。

5.9　Linux 设备管理

Linux 设备管理的主要任务是控制设备完成输入输出操作，所以又称输入输出（I/O）子系统。

它的任务是把各种设备硬件的复杂物理特性的细节屏蔽起来，提供一个对各种不同设备使用统一方式进行操作的接口。

Linux 把设备看作是特殊的文件，系统通过处理文件的接口——虚拟文件系统 VFS 来管理和控制各种设备。

5.9.1　设备管理概述

1. Linux 设备的分类

Linux 设备被分为两类：块设备和字符设备。

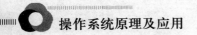

字符设备是以字符为单位输入输出数据的设备，一般不需要使用缓冲区而直接对它进行读写。

块设备是以一定大小的数据块为单位输入输出数据的，一般要使用缓冲区在设备与内存之间传送数据。

2. 设备驱动程序

系统对设备的控制和操作是由设备驱动程序完成的。设备驱动程序是由设备服务子程序和中断处理程序组成。设备服务子程序包括了对设备进行各种操作的代码，中断处理子程序处理设备中断。设备驱动程序的主要功能如下。

- 对设备进行初始化。
- 启动或停止设备的运行。
- 把设备上的数据传送到内存。
- 把数据从内存传送到设备。
- 检测设备状态。
- 驱动程序是与设备相关的。
- 驱动程序的代码由内核统一管理。
- 驱动程序在具有特权级的内核态下运行。
- 设备驱动程序是输入输出子系统的一部分。
- 驱动程序是为某个进程服务的，其执行过程仍处在进程运行的过程中，即处于进程上下文中。
- 若驱动程序需要等待设备的某种状态，它将阻塞当前进程，把进程加入到该种设备的等待队列中。

Linux 的驱动程序分为两个基本类型：字符设备驱动程序和块设备驱动程序。

3. 设备的识别

对设备的识别可使用设备类型、主设备号、次设备号三种形式。

设备类型，即字符设备还是块设备。按照设备使用的驱动程序不同而赋予设备不同的主设备号。主设备号是与驱动程序一一对应的，同时还使用次设备号来区分一种设备中的各个具体设备。次设备号用来区分使用同一个驱动程序的个体设备。

例如，系统中的块设备 IDE 硬盘的主设备号是 8，而多个 SCSI 硬盘及其各个分区分别赋予次设备号 1、2、3……

```
[root@localhost /]# ls /dev/sda* -l
brw-r----- 1 root disk 8, 0 11-07 12:31 /dev/sda
brw-r----- 1 root disk 8, 1 11-07 12:31 /dev/sda1
brw-r----- 1 root disk 8, 2 11-07 12:31 /dev/sda2
```

4. 设备文件

Linux 设备管理的基本特点是把物理设备看成文件，采用处理文件的接口和系统调用来管理控制设备。从抽象的观点出发，Linux 的设备又称为设备文件。

设备文件也有文件名，设备文件名一般由两部分组成：第一部分 2～3 个字符，表示设备的种类，如串口设备是 cu，并口设备是 lp，IDE 普通硬盘是 hd，SCIS 硬盘是 sd，软盘是 fp 等；第二部分通常是字母或数字，用于区分同种设备中的单个设备，如 hda、hdb、hdc……分别表示第一块、第二块、第三块……IED 硬盘。而 hda1、hda2……表示第一块硬盘中的第一、第二……磁盘分区。

设备文件一般置于/dev 目录下，如/dev/hda2、/dev/lp0 等。Linux 使用虚拟文件系统 VFS 作为统一的操作接口来处理文件和设备。与普通的目录和文件一样，每个设备也使用一个 VFSinode 来描述，其中包含着该种设备的主、次设备号。对设备的操作也是通过对文件操作的 file_operations 结构体来调用驱动程序的设备服务子程序。

例如，当进程要求从某个设备上输入数据时，由该设备的 file_operations 结构体得到服务子程序的操作函数入口，然后调用其中的 read()函数完成数据输入操作。同样，使用 file_operations 中的 open()、close()、write()分别完成对设备的启动、停止设备运行、向设备输出数据的操作。

5.9.2 Linux 的 I/O 控制

Linux 的 I/O 控制方式有三种：查询等待方式、中断方式和 DMA(内存直接存取)方式。

1. 查询等待方式

查询等待方式又称轮询方式（Polling Mode）。对于不支持中断方式的机器只能采用这种方式来控制 I/O 过程，所以 Linux 中也配备了查询等待方式。例如，并行接口的驱动程序中默认的控制方式就是查询等待方式。如函数 lp_char_polled()就是以查询等待方式向与并口连接的设备输出一个字符。

```
static inline int lp_char_polled(char lpchar, int minor)
{
int status, wait = 0;
unsigned long count = 0;
struct lp_stats *stats;

do { /* 查询等待循环 */
status = LP_S(minor);
count ++;
if(need_resched)
schedule();
} while(!LP_READY(minor,status) && count < LP_CHAR(minor));

if (count == LP_CHAR(minor)) { /* 超时退出 */
return 0;
}
outb_p(lpchar, LP_B(minor)); /* 向设备输出字符 */
```

2. 中断方式

在硬件支持中断的情况下，驱动程序可以使用中断方式控制 I/O 过程。对 I/O 过程控制使用的中断是硬件中断，当某个设备需要服务时就向 CPU 发出一个中断脉冲信号，CPU 接收到信号后根据中断请求号 IRQ 启动中断服务例程。在中断方式中，Linux 设备管理的一个重要任务就是在 CPU 接收到中断请求后，能够执行该设备驱动程序的中断服务例程。为此，Linux 设置了名字为 irq_action 的中断例程描述符表。

```
static struct irqaction *irq_action[NR_IRQS+1];
```

NR_IRQS 表示中断源的数目。

irq_action [ ] 是一个指向 irqaction 结构的指针数组，它指向的 irqaction 结构是各个设备中断服务例程的描述符。

```
struct irqaction {
void (*handler)(int, void *, struct pt_regs *);  /* 指向中断服务例程 */
unsigned long flags; /* 中断标志 */
unsigned long mask; /* 中断掩码 */
void *dev_id; /*
struct irqaction *next; /* 指向下一个描述符 */
};
```

在驱动程序初始化时，调用函数 request_irq()建立该驱动程序的 irqaction 结构体，并把它登记到 irq_action[]数组中。

request_irq()函数的原型如下：

```
int request_irq(unsigned int irq,
void (*handler)(int, void *, struct pt_regs *),
unsigned long irqflags,
const char * devname,
void *dev_id);
```

参数 irq 是设备中断请求号，在向 irq_action[]数组登记时，它作为数组的下标。把中断号为 irq 的 irqaction 结构体的首地址写入 irq_action[irq]，这样就把设备的中断请求号与该设备的服务例程联系在一起了。当 CPU 接收到中断请求后，根据中断号就可以通过 irq_action[]找到该设备的中断服务例程。

3. DMA 方式

DMA 方式是由 DMA 控制器(DMAC)控制，在传输数据期间，CPU 可以并发地执行其他任务，DMA 传输结束后，DMAC 通过中断通知 CPU 数据传输已经结束，然后由 CPU 执行相应的中断服务程序进行后续处理。

在内存中用于与外设交互数据的一块区域被称作 DMA 缓冲区，在设备不支持分散/聚集操作的情况下，DMA 缓冲区须在内存空间连续。

对于 ISA 类型设备进行 DMA 操作时，只能在 16MB 以下的内存进行数据传输，因此，在使用 kmalloc()和_get_free_pages()及其类似函数申请 DMA 缓冲区时应使用 GFP_DMA 标志，这样能保证获得的内存是可以执行 DMA 操作的。

DMA 的硬件使用总线地址而非物理地址，总线地址是从设备角度上看到的内存地址，物理地址是从 CPU 角度上看到的未经转换的内存地址(经过转换的那叫虚拟地址)。在 PC 上，对于 ISA 和 PCI 而言，总线即为物理地址，但并非每个平台都是如此。由于有时候接口总线是通过桥接电路被连接，桥接电路会将 I/O 地址映射为不同的物理地址。设备不一定能在所有的内存地址上进行 DMA 操作，这时需使用 DMA 地址掩码：

int dma_set_mask(struct device *dev, u64 mask);

基于上述情况，DMA 需完成地址映射，其中包括分配一片 DMA 缓冲区，以及为这片缓冲区产生设备可访问的地址。内核中提供了以下函数用于分配 DMA 一致性的内存区域：

void *dma_alloc_coherent(struct device *dev, size_t size, dma_addr_t *handle, gfp_t gfp);

函数的返回值为申请到的 DMA 缓冲区的虚拟地址。此外，该函数还可以通过参数 handle 返回 DMA 缓冲区的总线地址。对应的释放函数为：

void dma_free_coherent(struct device *dev, size_t size, void *cpu_addr, dma_addr_t handle);

DMA 缓冲区写合并(write-combine)的函数如下：

void *dma_alloc_writecombine(struct device *dev, size_t size, dma_addr_t *handle, gfp_t gfp);

对应的释放函数为：dma_free_writecombine()，它其实就是 dma_free_coherent，只是用了#define 重命名而已。

对于单个已经分配的缓冲区而言，使用 dma_map_single()可实现流式 DMA 映射：

dma_addr_t dma_map_single(struct device *dev, void *buffer, size_t size, enum dma_data_direction direction);

若映射成功，返回总线地址，否则返回 NULL。最后一个参数是说明 DMA 操作的方向，可能取 DMA_TO_DEVICE，DMA_FORM_DEVICE，DMA_BIDIRECTIONAL 和 DMA_NONE。

其对应的反函数是：void dma_unmap_single(struct device *dev,dma_addr_t *dma_addrp,size_t size,enum dma_data_direction direction)。

5.9.3　字符设备与块设备管理

在 Linux 中，一个设备在使用之前必须向系统进行注册，设备注册是在设备初始化时完成的。

1. 字符设备管理

在系统内核保持着一张字符设备注册表，每种字符设备占用一个表项。
字符设备注册表是结构数组 chrdevs[]：

```
#define MAX_CHRDEV 128
static struct device_struct chrdevs[MAX_CHRDEV];
```

注册表的表项是 device_struct 结构：

```
struct device_struct {
```

```
const char * name; /* 指向设备名字符串 */
struct file_operations * fops; /* 指向文件操作函数的指针 */
};
```

在字符设备注册表中，每个表项对应一种字符设备的驱动程序，所以字符设备注册表实质上是驱动程序的注册表。使用同一个驱动程序的每种设备有一个唯一的主设备号，所以注册表的每个表项与一个主设备号对应。在 Linux 中正是使用主设备号来对注册表数组进行索引，即 chrdevs[] 数组的下标值就是主设备号。device_struct 结构中有指向 file_operations 结构的指针 f_ops。file_operations 结构中的函数指针指向设备驱动程序的服务例程。在打开一个设备文件时，由主设备号就可以找到设备驱动程序。

2. 块设备管理

块设备在使用前也要向系统注册。块设备注册在系统的块设备注册表中，块设备注册表是结构数组 blkdevs[]，它的元素也是 device_struct 结构：

static struct device_struct blkdevs[MAX_BLKDEV]

在块设备注册表中，每个表项对应一种块设备，注册表 blkdevs[]数组的下标是主设备号。块设备是以块为单位传送数据的，设备与内存之间的数据传送必须经过缓冲。当对设备读写时，首先把数据置于缓冲区内，应用程序需要的数据由系统在缓冲区内读写。只有在缓冲区内已没有要读的数据，或缓冲区已满而无写入的空间时，才启动设备控制器进行设备与缓冲区之间的数据交换。设备与缓冲区的数据交换是通过 blk_dev[]数组实现的：

struct blk_dev_struct blk_dev[MAX_BLKDEV];

每个块设备对应数组中的一项，数组的下标值与主设备号对应。数组元素是 blk_dev_struct 结构：

```
struct blk_dev_struct {
void (*request_fn)(void);
struct request * current_request;
struct request plug;
struct tq_struct plug_tq;
};
```

request_fn ：指向设备读写请求函数的指针。

current_request：指向 request 结构的指针。

当缓冲区需要与设备进行数据交换时，缓冲机制就在 blk_dev_struct 中加入一个 request 结构。每个 request 结构对应一个缓冲区对设备的读写请求。在 request 结构中有一个指向缓冲区信息的指针，由它决定缓冲区的位置和大小等。

5.10 小型案例实训

通过本案例实训可以了解设备驱动程序的编写、编译和装载、卸载的方法，了解设备文件的创建，了解如何编写测试程序测试自己的系统是否能够正常工作。

1. 题目描述

编写一个名为 driverTest 的简单字符设备驱动程序，该驱动程序以可加载的模块方式编译，这样可免去重新编译内核的工作。

2. 程序组成

1) 编写字符设备驱动程序 driverTest.c

```c
// ------------driverTest.c----------
#define _NO_VERSION_
#include <linux/module.h>
#include <linux/version.h>
char kernel_version[]=UTS_RELEASE;

#ifndef _KERNEL_
#define _KERNEL_
#endif
#include <linux/kernel.h>
#include <linux/fs.h>
#include <linux/errno.h>
#include <linux/types.h>
#include <asm-i386/uaccess.h>

#define DRIVERTEST_MAJOR 0
int driverTest_major=DRIVERTEST_MAJOR;

static int dreverTest_open(struct inode *inode, struct file *filp)
{
    MOD_INC_USE_COUNT;
    return 0;
}

static int driverTest_release(struct inode *inode, struct file *filp)
{
    MOD_DEC_USE_COUNT;
    return 0;
}

static ssize_t driverTest_read(struct file *filp, char *buf,size_t count,
loff_t *fpos)
{
    int i;
    if(verify_area(VERIFY_WRITE,buf,count)==-EFAULT)
        return EFAULT;
    for(i=count;i>0;i--)
    {
        __put_user(2,buf);
        buf++;
    }
    return count;
```

```
}

static ssize_t driverTest_write(struct file *filp,const char *buf,
size_t count, loff_t *fpos)
{
    return count;
}

struct file_operations driverTest_fops=
{
    NULL,
    NULL,
    driverTest_read,
    driverTest_write,
    NULL,
    NULL,
    NULL,
    NULL,
    driverTest_open,
    NULL,
    driverTest_release,
    NULL,
};
#ifdef MODULE

int init_module()
{
    MODULE_LICENSE("GPL");
    int result=register_chrdev(driverTest_major," driverTest",
&driverTest_fops);
    if(result <0)
    {
        printk(KERN_WARNING "driverTest driver:can't get major d\n",
driverTest_major);
        return result;
    }
    if(driverTest_major==0)
    driverTest_major=result;
}
void cleanup_module(void)
{
    unregister_chrdev(driverTest_major," driverTest");
}
#endif
```

2) 编译设备驱动模块 driverTest

当编译驱动模块时，需要通知编译程序把这个模块作为内核代码而不是普通的用户代码来编译，因此，需要 gcc 编译器传递参数-D_KERNEL_，同时，还需要通知编译程序这个文件是一个模块而不是一个普通文件，因此需要向 gcc 编译器传递参数-DMODULE。

gcc -O2 –D_KERNEL_ -DMODULE –I /usr/src/linux-2.4/include –c driverTest.c

其中,

-O2 指明对模块程序进行优化编译、连接;

-D_KERNEL_通知编译程序把这个文件作为内核代码而不是普通的用户代码来编译;

-DMODULE 通知编译程序把该文件作为模块而不是普通文件来编译。

执行后将在同一目录下生成 driverTest.o 文件,该文件就是一个可装载的目标代码文件。

注意:运行中,driverTest.c 须在/root 目录下,若程序在 U 盘中,可能会有无法创建 driverTest.o 文件的说明。

3) 设备驱动模块 driverTest 的装载

#insmod driverTest.o

执行 insmod 后,将在/proc/modules 文件中看到装载的新模块,也可直接用 lsmod 查看,给出查看结果。

4) 创建字符设备文件 driverTest

该字符设备装载后,可在 /proc/devices 文件中获得主设备号,也可以通过 vi/proc/devices 进行各设备的主设备号的修改。

接着,可在/dev 目录下创建字符设备文件 driverTest,当然也可在任意目录下创建该字符设备文件。创建字符设备文件的命令为:

#mknod /dev/driverTest c major minor

其中,c 代表创建的是字符设备,major 是设备所申请到的主设备号,minor 为该设备的次设备号。

可用如下命令设置主、次设备号:

#mknod /dev/driverTest c 254 0

其中,参数"0"为任定的一个次设备号。可以使用命令 vi/proc/devices 查看系统中的主设备号信息,再通过 ls 命令查询到/dev 目录下的 driverTest 文件:

ls /dev/driverTest

5) 编写测试程序 test.c

测试程序将调用自定义的字符设备中的 open 函数和 read 函数。

```c
#include <stdio.h>
#include <sys/types.h>
#include <sys/stat.h>
#include <fcntl.h>
int main()
{
    int fd;
    int i;
    char buf[10];
    fd=open("/dev/driverTest", O_RDWR);
    if(fd==-1)
    {
        printf("can't open fil\n");
```

```
        exit(0);
    }
    read(fd,buf,10);
    for(i=0;i<10;i++)
        printf("%d",buf[i]);
    printf("\n");
    close(fd);
}
```

6) 编译和执行测试程序

```
# gcc -o test test.c
# ./test
```

执行结果:

```
[root@|oca|host root]#gcc-o test test.c
[root@|oca|host root]#./test
2222222222
```

由于设计的字符设备 read()函数操作实现了从内核向用户空间分配 ASCII 码值为 2 的字符,所以测试程序执行的结果所显示的一串字符 ASCII 码值为 2。还可更改该设备定义中的 driverTest_read()操作所使用的_put_user()函数,更改第一个参数的 ASCII 码值,重新编译执行并观察结果。

7) 卸载驱动模块并删除字符设备文件

```
# rmmod driverTest
# rm /dev/driverTest
```

可再次执行 lsmod 和 ls /dev/driverTest 命令,查看一下该字符设备是否存在。

本 章 小 结

外部设备(以下简称设备)种类繁多,为便于系统管理,可按不同方式对设备进行管理。本章对设备管理功能作了简要说明,并说明了设备控制器的功能及组成。本章介绍了四种常用的数据传输控制方式,并对四种控制方式作了简要分析。现代操作系统中大都实现了设备独立性,它带给用户的好处是编写的程序与实际物理设备没有直接的关联,不会发生设备的更新换代而对程序造成不可逆转的错误。本章对中断的概念、中断类型、中断优先级作了详细介绍,同时还介绍了软件中断。本章还绍了常用的缓冲技术:单缓冲、双缓冲、多缓冲、缓冲池等。缓冲区是由 I/O 实用程序处理的,而不是由应用进程控制。本章中讨论了 SPOOLing 系统,它能把一个物理设备虚拟化成多个虚拟(逻辑)设备的技术,能用共享设备来模拟独享设备的技术,实现联机的外围设备同时操作。最后介绍了 Linux 的设备管理功能及相关内容。

设备管理是操作系统管理的一种硬件资源。操作系统面向系统资源时需要提高资源的利用率,因此本章所讲授的主要内容全部围绕这一个主题。从这个出发点来理解本章的相关知识,很多内容也就不言而喻了。

习　　题

问答题

1.　简述设备管理的基本功能。
2.　简述各种 I/O 设备数据传输方式及其主要优缺点。
3.　试述直接内存存取 DMA 传输信息的工作原理。
4.　大型机常常采用通道实现信息传输，试问什么是通道？为什么要引入通道？
5.　为什么要引入缓冲技术？其实现的基本思想什么？
6.　简述常用的缓冲技术。
7.　外部设备可分成哪些种类？
8.　解释说明逻辑设备名和物理设备名。
9.　解释说明设备的静态分配和动态分配。
10.　什么是虚拟设备？实现虚拟设备的主要条件是什么？
11.　简述 SPOOLing 系统的工作原理。
12.　SPOOLing 系统如何将独占设备改造为共享设备？
13.　为什么 SPOOLing 系统又称为假脱机技术？
14.　为什么要引入设备独立性？如何实现设备独立性？
15.　块设备与字符设备的本质区别是什么？
16.　设备分配是否会出现死锁？为什么？
17.　设某磁道为 32K，假如扇区大小为 512B，该磁道有多少个扇区？

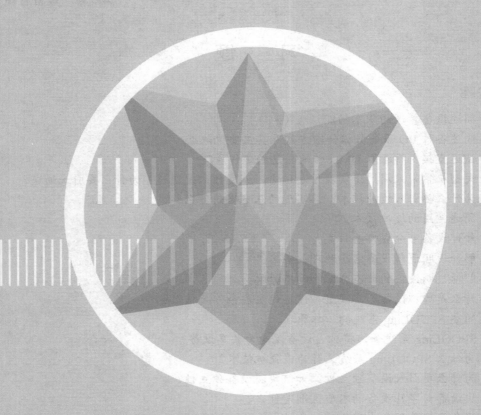

第 6 章

文 件 系 统

本章要点

● 文件、文件系统的概念。

● 文件分类。

● 文件的组织形式。

● 文件存储空间管理的方法。

● 文件目录管理。

● 文件操作。

● 文件系统的层次模型。

● Linux 文件系统。

学习目标

● 理解并掌握文件及文件系统的概念。

● 理解文件分类的目的。

● 掌握文件的两种组织形式：逻辑文件结构和物理文件结构。

● 掌握两种文件存储管理方法。

● 掌握文件控制块的概念。

● 理解文件目录管理内容。

● 了解文件共享、保护等的方法。

● 掌握文件操作的系统调用。

● 理解文件系统的层次模型。

　　前面几章介绍了处理器管理、存储器管理、设备管理，它们属于计算机系统中硬件资源的管理。现代操作系统中还有另一个重要资源，即软件资源，它主要包括各种系统程序、应用程序。这些软件资源是一组相关联的信息(程序和数据)的集合。从系统管理的角度将它们看作一个个文件，并保存在系统中。

　　这种软件资源在系统中的存储媒介和组织形式，在操作系统发展历史过程中，产生了很大的变化。早期计算机系统中程序是存储在穿孔纸带、磁带上，系统中没有操作系统软件，程序执行有大量手工操作参与其中。这种使用方式不方便用户的使用，同时系统资源利用率较低。高速大容量的磁盘存储器的出现为现代计算机系统提供了良好的存储基础，使文件管理得到极大的发展。

　　现代操作系统要求运行中的程序和数据均需在内存中出现以供 CPU 调用。在多用户、多任务型的执行环境下，内存存储容量是有限的，只存放待运行的程序和数据，而将所有用户、所有任务的程序和数据都调入内存是不现实的，也是不必要的。这些存放在外存上的文件需要有一种机制来为用户提供文件的存放、检索等功能，由此便引入了文件管理。文件管理系统的设计目标在于：方便用户使用、提高文件检索速度、提供文件共享、提供文件安全性保证和提高存储文件的外存资源利用率等。

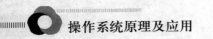

6.1 文　　件

6.1.1　文件管理的几个基本概念

1. 文件

通常文件表示程序和数据。从用户的角度看，文件是外存存储空间划分的最小单位。在系统中各文件之间是以文件名进行区分。

除了文件名外，文件还可以有其他一些属性。

(1) 文件类型：如源文件、目标文件或可执行文件等。

(2) 文件长度：指文件的长度，也可能是最大允许长度。

(3) 文件的物理位置：文件存储位置。

(4) 文件的保护属性：对文件的使用安全性分几级保护，如可读、可写、可删除。

(5) 文件的管理属性：如文件的创建时间、修改时间、最后存取时间等。

2. 文件名

文件名以字符串的形式描述。不同操作系统中对文件名有不同的规定，如在 Windows 操作系统中，文件名和扩展名之间用"."分隔，扩展名说明了文件的属性，当修改了文件的扩展名后，该文件的属性也已经改变。而在 Linux 操作系统中，没有扩展名之说，如果文件名中包括"."，则它是作为文件名看待，因此不能以此来识别文件类型，文件类型要通过文件属性来描述。

3. 记录

记录是一组相关联数据项的集合。一个记录包含哪些数据项与其所描述的实体有关。例如，用记录来说明一个病人在医院看病时登记的信息时，记录中可以包括病历号、姓名、年龄、性别、科室、既往病史、药物过敏史、目前病情描述、主治医师姓名等数据项，也可称之为属性。在同类型的多个记录中，为了能唯一标识一个记录，必须在一个记录的各个数据项中选出一个或多个，此即关键字。

4. 文件系统

文件系统(file system)是指操作系统中管理信息资源的一组系统软件、数据结构和文件，它实行文件的存取、检索、更新，提供安全可靠的共享和保护机制，提供操作文件的接口，方便用户"按名存取"。通常文件系统应具有如下功能。

1) 文件操作命令

文件操作命令有创建、读写、查询、检索等。不同系统的文件操作命令从功能上和数量上都不尽相同。

2) 目录管理

为每个文件建立一个目录项，记载该文件的有关信息和属性。

3) 文件存储空间的管理

统一管理磁盘空间，便于系统管理文件的存取等操作。

4) 文件的共享与安全

系统提供用户使用共享文件的方法，同时须保证共享文件的安全性。

6.1.2　文件分类

为提高对文件管理的效率，可对文件进行分类。

(1) 按文件的用途可分为：系统文件、库文件和用户文件。

(2) 按文件存取方式可分为：只读文件、读写文件和只执行文件。

(3) 按文件的组织形式可分为：普通文件、目录文件和特殊文件。

(4) 按信息流向可分为：输入文件、输出文件和输入输出文件。

6.2　文件组织形式

文件的组织形式即文件的结构，通常应该从文件的逻辑结构形式和物理结构形式两方面加以考虑。

6.2.1　文件的逻辑结构

文件的逻辑结构是用户可观察到的、可以加工处理的数据集合。由于数据可独立于实际的物理环境加以构造，所以称为逻辑结构。一些相关数据项的集合称作逻辑记录，而相关逻辑记录的集合称做逻辑文件。系统提供若干操作以便文件的构造，这样，用户不必深入了解文件信息的物理构造，而只需要了解文件信息的逻辑构造，利用文件名和有关操作就能存储、检索和处理文件信息。显然，用户对逻辑文件的了解远比物理文件更为清楚。然而，为了提高操作效率，对于各类设备的物理特性及其适宜的文件类型仍应有所了解，也就是说，存储设备的物理特性会影响到数据的逻辑组织和采用的存取方法。

1. 文件逻辑结构的种类

文件的逻辑结构分以下两种。

1) 字符流式文件

由字符序列组成的文件称为字符流式文件，该文件的基本信息单位是字符。字符流式文件的结构较为简单，由此其查找效率很低。这种文件结构合适无须作太多改动的文件，如源程序文件、可执行文件等。

2) 记录式文件

记录式文件是有结构文件，用户以记录为单位组织信息。记录由其在文件中的相对位置(即，记录号)、记录名以及与记录对应的一组属性和属性值组成，如图 6-1 所示为一个记录。

记录的长度可以是定长的，也可以是变长的。记录最短可以短到一个字符，最长可以长到一个文件。

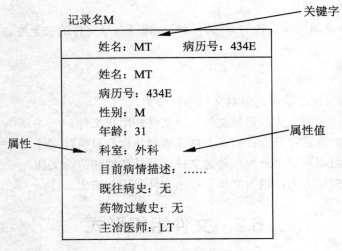

图 6-1　记录组成示例

2.　文件的存取方法

用户通过对文件的存取来完成对文件的操作，如编辑操作等。通常文件的存取方法有以下几种。

1) 顺序存取方式

按照文件的逻辑地址顺序存取。

2) 随机存取方式

允许用户根据记录的编号来存取文件中的任一记录，或对文件进行随机读写。一般操作系统都采用顺序存取和随机存取方式。

3) 按关键字存取方式

这种方式主要用在复杂文件系统，特别是应用于数据库管理系统中。这种方法是根据给定的关键字或记录名，首先搜索到要进行存取的记录的逻辑位置，再将其转换为相应的物理地址后进行存取。常用的搜索算法有线性搜索法、散列法、二分法等。

6.2.2　文件的物理结构

文件系统采用哪种逻辑结构和存取方法是和文件的物理结构密不可分的。

在文件系统中，文件的存储设备通常划分为若干大小相等的物理块。为便于文件的存取和管理，将文件也划分为与物理块大小相等的逻辑块，从而物理块与逻辑块可一一对应。这里假设文件系统中每个记录的长度是固定的，且其长度正好等于物理块的大小。

文件的物理结构是指逻辑文件在物理存储空间中的存放方法和组织关系。文件的存储结构涉及块的划分、记录的排列、索引的组织、信息的搜索等许多问题。因而，其优劣直接影响文件系统的性能。

常见的文件物理存储结构有以下几种。

1. 连续文件

连续文件是一种最简单的文件结构。它将文件的逻辑块依次存放到连续的物理块中，这样形成的文件称为连续文件，如图 6-2 所示为连续文件顺序存储示意图。图中文件 M 占用了 7、8、9、10、11 五个物理块。

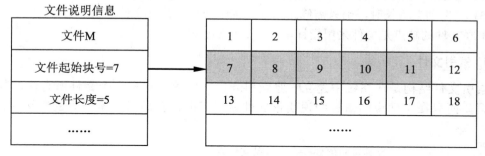

图 6-2　连续文件顺序存储

连续文件的主要优点如下。

1) 顺序存取容易

访问一个连续文件，只要在目录中找到该文件的第一个物理页面号然后顺序读取下去即可。

2) 顺序存取速度快

连续文件因为是顺序存放，因此当要获得某个记录时，相较于其他文件结构其存取速度是最快的。

连续文件也有以下不足之处。

1) 要求定量的连续存储空间

当系统存储空间碎片较多时，会出现总存储空间够，但因连续存储而无法为该连续文件分配存储空间。若要为其分配存储空间，需移动大量信息，因此连续文件不适宜存放用户文件、数据库文件等经常被修改的文件。

2) 必须事先估计文件的长度

连续文件不适合存放长度可以动态增长的文件。

2. 串联文件

克服连续文件的缺点的办法之一采用串联文件结构。串联文件是用非连续的空间存放文件，每个物理块中有一个指针指向下一个物理块，从而使得一个文件的物理块链接成一个串联队列，如图 6-3 所示。

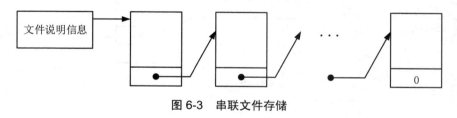

图 6-3　串联文件存储

使用串联文件结构在其文件结构中无须说明文件的长度，只需要说明文件的第一个页面号就可以了。

串联文件的特点如下。

(1) 不需要连续的存储空间，提高了存储空间的利用率。

(2) 增加和删除记录时只需修改指针，不必移动大量数据。

(3) 文件动态增长时，也只需修改指针，也不必事先估计文件的长度。

串联文件的缺点是文件采用指针串联，其可靠性较差。

3. 索引文件

索引文件结构是在系统中建立一张索引表，表中每一行是一个文件所有块的物理存储位置，而只在文件说明信息中说明该文件索引表的位置即可。索引表的结构如图 6-4 所示。

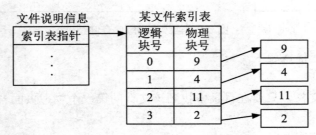

图 6-4　索引文件结构

在索引文件结构中，每个文件有一个索引表，文件中的每一个记录占用索引表中的一个表项，这个表项中包含该记录的关键字和物理地址。

当文件较大时，其索引表无法只存储在一个物理块中，这时可采用多级索引的方式进行扩充，如图 6-5 所示。假设一个物理块可装下 n 个物理块地址，则一级间接索引后，可寻址的范围就扩大到 n×n 了，若文件块个数还大于 n×n 时，可以进行类似的扩充，即二级间接索引。当然还可继续扩充，但是索引级数越多，检索效率越低。

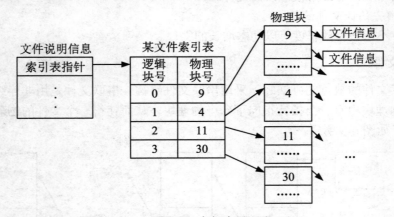

图 6-5　多级索引

6.3　文件存储空间的管理

文件管理所要解决的首要问题是文件存储空间的划分。可采用与内存空间管理相似的方法，如连续空间划分和不连续空间划分等。前一种方法具有较高的分配速度，但是容易使系统产生较多的碎片，导致系统存储空间利用率降低；后一种方法能有效地利用空间，但其分配速度较慢。存储空间管理的基本对象是物理块。对于文件存储空间的管理主要就是空闲块的管理问题。下面介绍几种常用的空闲块管理方法。

6.3.1　空闲文件目录法

空闲文件目录是一种连续空间划分的方式，这与内存空间划分中的动态分区法类似。它为每个文件分配一个连续的存储空间，并为该文件建立一张空闲文件目录，目录中每一个项对应一个空闲块，其中包含相应空闲块的页面号和空闲块数。所有的空闲块表项构成系统中的空闲文件目录，如表 6-1 所示。

表 6-1　空闲文件目录

空闲区号	起始页面号	空闲块数
1	3	4
2	9	2
3	22	10
…	…	…

采用空闲文件目录进行存储空间的划分时，系统依次扫描目录，寻找合适的空闲区号，然后修改该目录。当删除文件并回收空间时，将回收的空闲块起始页面号和块数登记到空闲文件目录中，若出现相邻空闲块，还要进行空闲块的合并，并修改相应表项。

6.3.2　空闲块链法

管理空闲块较常用的一种方法是空闲块链。根据构成空闲块链的元素不同，有两种链表形式。

1. 空闲盘块链

空闲盘块链是把物理存储空间中所有的空闲物理块链接在一起形成一个链表。当用户创建文件时，根据所需的块数从链表头取下相应的几块。反之，当系统回收空间时，将空闲块插入链表末尾。

2. 空闲盘区法

空闲盘区法是将磁盘上所有的空闲盘区(其中每个盘区可能包含多个空闲块)连成一个

链表。每个盘区除包含下一个空闲盘区的指针外，还应包括其中的空闲块数。

3. 位示图法

位示图是利用二进制的一位来表示一个物理块的使用情况，如"0"表示空闲，"1"表示占用。存储空间的每一个物理块都和一个二进制位对应，则所有的块所对应的位形成一个集合，即位示图。通常用 m×n 个位数来与存储空间的 m×n 个物理块一一对应，如图 6-6 所示。

1	1	0	1	1	1	1	1	0	1	1	0	1	1	1
0	1	1	1	1	0	0	1	1	0	1	1	1	1	1
1	1	0	1	1	0	1	1	1	0	1	1	1	1	1
1	1	1	0	1	1	0	1	1	1	0	1	1	0	1
0	1	1	0	1	1	1	1	1	1	0	1	1	0	1
1	1	1	1	0	1	1	1	0	1	1	0	1	1	0
1	1	1	1	1	1	1	0	1	1	0	1	0	1	0
1	0	1				…	…	…						

图 6-6　位示图

位示图法进行存储空间的分配与回收时，只需将对应的二进制位置为相应情形即可。

6.4　文件目录管理

现代计算机系统通常都存储了大量的文件，对这些文件进行的有效管理，主要是通过文件的目录实现的。

6.4.1　文件目录管理的基本要求

实现文件的"按名存取"。用户在使用系统中的文件时，只需要提供文件名，而由文件系统完成文件的检索工作。这是文件目录管理的最基本功能。文件目录管理的基本功能如下。

(1) 提高检索效率。通过合理有效的方法加快系统中文件的检索速度，从而加快文件的存取速度。

(2) 文件共享。在多用户系统允许多个用户使用同一个文件，则在外存中只保留一份共享文件的副本，提供给多用户使用，同时降低了存储空间的需求。

(3) 文件重名。使系统中不同用户的文件或不同类型的文件具有相同的名字，只要这些文件位于不同的目录下。

6.4.2　文件控制块和索引节点

一个文件包括两个组成部分：文件体和文件说明。

1. 文件体

文件体是文件本身所包含的信息。

2. 文件控制块

文件说明部分包括文件的基本信息、存取控制信息、文件使用信息等对文件静态信息的描述。操作系统使用一个数据结构存放文件说明部分的全部信息，此数据结构称为文件控制块 FCB(File Control Block)。

3. 索引节点

在通过文件目录检索文件时，通常都不涉及文件的说明信息，故在检索文件时不必要将文件说明信息(需占用一定存储空间)调入内存，则可以将文件描述信息形成一个称之为索引节点的数据结构，简称 i-节点；而在文件目录中的每一项中只包含文件名和指向索引节点的指针。由此在检索文件时大大节省了系统的开销。

6.4.3　文件目录结构

文件系统中较为重要的工作是如何组织好文件的目录结构，因为文件目录结构的优劣将会影响到文件系统的存取速度、文件共享性及安全性。目前常用的文件目录结构有单级目录、二级目录、多级目录等结构。

1. 单级目录

单级目录是最简单的一种目录结构。在系统中只有一个目录来说明所有文件。这个目录也称为"根目录"，这种方式多出现在早期的计算机系统中。

单级目录的优点是简单，能实现目录管理的基本功能——文件按名存取。但它却有如下缺点。

(1) 系统中文件较多时查找速度慢。

(2) 不允许重名。即便是不同用户也不允许给他们的文件起相同的名字，这在多道程序环境下是难以想象的。

(3) 难以实现文件共享。如果允许不同用户使用不同文件名来共享同一个文件，这在单级目录结构中是难以实现的。

由此可看出，单级目录不能满足用户多方面的需求，缺乏灵活性，不能在多用户系统中使用，在目前的操作系统中已经逐渐被淘汰。

2. 二级目录

为解决单级目录的问题，产生了二级目录。二级目录由主目录(MFD)和用户目录(UFD)

构成。在主目录中，每个目录项的内容只是给出文件的所有者的名字及该用户文件目录的地址。在用户目录中才是由文件的 FCB 组成的目录，这里的用户目录内容与单级目录内容相同。如图 6-7 所示是二级文件目录结构。

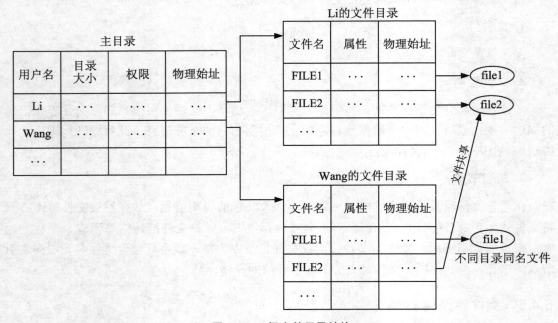

图 6-7　二级文件目录结构

3. 多级目录

二级目录结构虽然消除了文件重名问题，但用户不能按自己的要求对文件进行分类，而文件的分类在实际应用中尤为重要。例如，用户通常希望将文件按照个人文档、工作文档、娱乐文档等方式进行分类并管理。

在二级目录的基础上形成了多级目录结构，其中，每一级目录可以是下一级目录的说明，也可以是文件的说明，这样就形成了多级文件目录。最高层是根目录，最低一层是文件。多级目录构成树形结构。

多级文件目录结构的特点是层次清楚。不同用户的文件构成不同的目录，这样便于管理；解决了文件重名问题。采用了多级目录结构，文件在不同的目录，不同级的目录下可以有相同的文件名，即文件重名的问题得到解决；查找搜索速度快。对于多级目录结构，只需要在一个子目录下搜索即可。

6.4.4　文件共享

实现文件共享是文件管理的主要功能。文件共享就是允许多个用户使用同一个文件，这样可以减少系统的开销。实现文件共享的方法有以下两种。

1. 链接法

对于共享的文件采用链接方法，即在自己的文件目录中建立该共享文件相应的表目。

2. 基本文件目录

基本文件目录法是将所有文件目录的内容分成两部分：一部分包括文件的结构信息、物理页面号、存取控制、管理信息等，并由系统赋于唯一的内部标识符来标识；另一部分则由用户给出的符号名和系统赋给文件说明信息的内部标识符组成。这两部分分别称为文件目录表和基本文件目录表，这样就构成了多级目录结构。

6.4.5　文件保护

文件保护是指根据不同的用户对文件进行存取控制和保密控制。

操作系统对于文件存取权限控制应该做到以下几点。

(1) 对于拥有读、写或执行权限的用户，应该允许其对文件进行相应权限的操作。

(2) 对于不具备读、写或执行权限的用户，应该禁止其对文件进行相应的操作。

(3) 应该防止冒充其他用户对文件进行存取的行为。

(4) 应该防止拥有存取权限的用户误用文件。

操作系统提供的存取控制验证模块分三步验证用户的存取操作权限。

(1) 审定用户的存取权限。

(2) 比较用户权限的本次存取要求是否一致。

(3) 将存取要求与被访问的文件的控制权限比较，看是否有冲突。

文件的存取控制权限可以存放在文件的 BFD 表中，当用户访问文件时，操作系统可以方便地在文件的 BFD 中找到相应的权限说明，并进行有效的验证。

操作系统通过以下几种方法实现文件的存取控制。

1. 存取控制矩阵

存取控制矩阵用一个二维表格描述不同文件针对不同用户的存取控制权限。

当用户向文件系统提出存取某个文件的要求时，由存取控制模块根据该矩阵中的内容进行验证，匹配则允许，不匹配则拒绝。

存取控制矩阵在概念上虽然简单，但当文件和用户都很多时，该存取控制矩阵将变得非常庞大，这将带来扫描时间和存储空间上的较大开销，因此在实现时往往需要对它进行改良。如下面介绍的存取控制表即为一种改良方法。

2. 存取控制表

存取控制表以文件为单位，将用户按某种方式划分为若干类，按类进行存取控制权限的设定。由于以文件为单位进行设置，所以每个文件的存取权限可以存放在该文件的基本文件目录中，而不需要集中放在一张表中，从而省去了查表的时间。当文件被打开时，其基本文件目录中的管理信息会被调入内存，因此可以随时高效地检验该文件的存取权限。

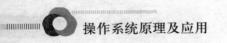

6.5　文　件　操　作

文件系统是操作系统与用户的接口，它必须为用户使用文件提供操作命令和系统调用两种接口。其提供的服务一般分为以下几类。

(1) 关于文件的创建、打开、关闭、读写及删除的服务。

(2) 关于设置和修改用户对文件的存取权限的服务。

(3) 关于目录的建立、改变、删除的服务。

(4) 关于文件共享、设置访问路径等的服务。

不同的操作系统对这些服务项目提供的名称、参数描述等用户界面不尽相同。

任何文件在使用之前必须先将它打开，打开了的文件称之为活动文件。通过打开操作，系统可以将用户指定文件的数据结构由外存调入内存，建立用户与该文件的联系，用户才能使用。否则，操作系统无法感知用户要使用外存介质上众多文件中的哪一个。

与此相反，关闭文件操作就是用户通知操作系统该文件将不再使用，操作系统就将该文件在内存中的数据结构删除，切断用户进程与文件的联系，从而切断用户与该文件的联系。文件一旦被关闭，用户不能再使用。

如何实现并发进程对不同文件的不同操作以及对文件的共享，不同的操作系统有不同的打开文件管理机制和实现算法。

6.6　文件系统的层次模型

操作系统层次结构的设计方法是 Dijkstra 于 1967 年提出的，1968 年 Madnick 将这一思想引入了文件系统。层次结构的优点是可以按照系统提供的功能将系统划分为不同的层次，下层为上层提供服务，上层使用下层提供的功能。这样，一个复杂的系统可以被切割为若干功能独立、界面清晰的不同层次，变得简单明了，从而易于设计和实现，且易于调试和修改，更便于管理和维护。

在层次结构的实现中，对层次的划分是个关键问题，划分太少，则每层由于内容过多而变得复杂；若划分太多，则各层之间的参数传递相应增加，会增加系统的消耗，影响系统效率。因此，层次的划分必须根据系统的实际需要仔细地考虑。文件系统的层次划分如图 6-8 所示。

图 6-8 中的层次结构大致划分如下。

(1) 用户接口。是 OS 提供给用户使用图形桌面的一个接口，当然还包括 Windows 下的 cmd 以及 Linux、Mac 上的命令窗口，都是用户接口。这里的用户是广义的概念，不仅仅指代程序员。

(2) 符号文件系统根据文件名或文件路径名，建立或搜索文件目录，获得文件内部唯一标识来代替这个文件，供后面存取操作使用。

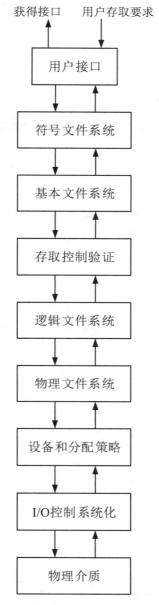

图 6-8　文件系统的层次

(3) 基本文件系统根据文件内部标识负责把文件说明信息调入到内存的活动文件表中，这样查找同一表目就不用反复读盘了。如文件已经打开，则根据本次存取要求修改活动文件表内容，并把控制传到下一层。

(4) 存取控制模块层是在找到文件的 FCB 后，还需要验证文件使用权限以保证文件的安全。

(5) 逻辑文件系统与文件信息缓冲区层。这个层的功能是获得相应文件的逻辑地址，而具体的物理地址需要在物理文件系统中获取。

(6) 物理文件系统层是底层的实现。分为两部分内容：外存的分配管理和设备的管理，因在 UNIX 下，设备也是文件。

(7) 设备和分配策略模块负责文件存储空间的分配，若为写操作，则动态地为调用者申请物理块；实现缓冲区信息管理。根据物理块号生成 I/O 控制系统的地址格式。

(8) I/O 控制系统具体执行 I/O 操作，实现文件信息的存取。这一层属于设备管理功能。

6.7 Linux 文件系统概述

6.7.1 Linux 文件系统特点

目前流行的各种操作系统都有自己的文件类型，那么对现代操作系统来讲，对多文件系统的支持将势在必行。Linux 支持多种不同类型的文件系统，包括 ext、ext2、Minux、ISO9660、HPFS、MS-DOS、NTFS 等。

6.7.2 Linux 的文件类型

Linux 的文件名最长可以到 256 个字符，区分英文大小写。Linux 文件名中没有扩展名，故文件名与文件类型无关。例如，文件名为 abc.txt，它的文件名就是 abc.txt，其中.txt 也是文件名的一部分，另外，这个文件可以是个文本文件，也可以是个可执行文件。

Linux 一共有 5 种类型的文件，具体介绍如下。

1. 普通文件

文本文件和二进制文件都属于普通文件。若使用 ls 命令查看文件属性时，显示的属性为"-rwxrw-r—"，第一个符号为"-"表示这个文件为普通文件。

2. 目录文件

在 Linux 系统中，目录也看作是一种文件。文件的目录只包含文件名和该文件的索引节点号。系统中的文件就构成一张表，即 Linux 的目录文件。用户可以读目录，但是没有权限去修改它，只有操作系统才有权限修改目录文件。

3. 设备文件

Linux 系统将所有的外设都看作文件，其中分为块设备和字符设备。块设备是以数据块为单位进行数据传输的设备，如磁盘。字符设备是以字符为单位传输数据的设备，如键盘、终端等。块设备对应的文件属性符号是 b；字符设备对应的文件属性符号是 c。

4. 链接文件

链接文件主要用于文件的共享。Linux 系统中有以下两种链接方式。

(1) 硬链接(hard link)：让一个文件对应一个或多个文件名，或者把使用的文件名和文件系统使用的节点号链接起来，这些文件名可以在同一目录或不同目录。

(2) 软链接(也叫符号链接)：是一种特殊的文件，这种文件包含了另一个文件的任意一个路径名。这个路径名指向位于任意一个文件系统的任意文件，甚至可以指向一个不存在的文件。

5. 管道文件

Linux 的管道(pipe)文件是一种很特殊的文件，主要用于进程间信息的传送。

6.7.3　Linux 的虚拟文件系统

1. 虚拟文件系统 VFS 框架

Linux 在实现文件系统时采用了两层结构：第一层是进虚拟文件系统(Virtual File System，VFS)，将各种文件系统进行抽象，建立统一的索引节点组织结构，以此为实际的文件系统提供兼容性；第二层是 Linux 支持的各种实际文件系统。允许用户将自己的文件系统以模块的形式加载到内核中，让系统支持该类型文件系统。如图 6-9 是 Linux 与各种具体文件系统关系的示意图。当某个进程发出了一个文件系统调用时，内核将调用 VFS 中相应函数，这个函数处理一些与物理结构无关的操作，并把它重定向为实际系统中的系统调用，而再由后者来处理那些与物理结构有关的操作。

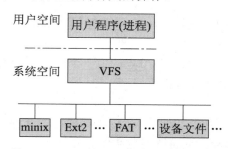

图 6-9　Linux 的 VFS 与各文件系统关系

2. Linux 的文件目录结构

微软的 Winodws 操作系统中是将系统中每一个分区作为一个树形文件目录结构(见图 6-10)，系统中有几个分区就有几个树形目录结构，这些树形结构之间是平行关系。

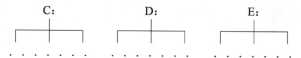

图 6-10　Windows 文件系统的树形目录结构

Linux 所有文件系统都安装在一个树根上。进行分区时必须先划分一个根分区，然后将其他的分区都挂载到这个根目录下。Linux 对连接到 IDE 接口的硬盘使用 "/dev/hdx" 的方式命名，对应硬盘安装位置 x 分别为 a、b、c、d(SCSI 硬盘为/dev/sdx，u 盘也被认为是 SCSI 设备)。同时 Linux 使用设备名称+分区号码表明硬盘的各个分区，对主分区(含扩展分区，扩展分区也是一个主分区)号码为 1～4(因为一块 IDE 硬盘只能有 4 个主分区)，逻辑分区编号从 5 开始。可以看出 Linux 的这种硬盘和分区命名方式比 Windows 更科学、更清晰，可以避免出现 Windows 中增加或卸载硬盘出现的盘符混乱。

Linux 文件系统的树形目录结构，如图 6-11 所示。无论 Linux 操作系统中管理多少个磁盘分区，各磁盘分区上的文件系统都可通过挂载(mount)命令安装到目录树的一个子目录上，成为一个整体。

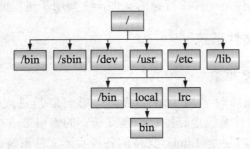

图 6-11　Linux 部分树形目录结构

3. Linux 虚拟文件系统的数据结构

为了管理文件，Linux 把文件名和文件控制信息分成索引节点和目录两部分。

1) 索引节点

文件控制信息组成文件的索引节点(inode)，里面存放文件的位置、大小、创建和修改时间、访问权限、所属关系等有关的文件属性。每个文件或目录(Linux 系统中将目录也看作文件)都对应一个 inode，所有的索引节点构成一个数组。索引节点在索引数组中的索引号就是 inode 的唯一编号，称为 inode 号。

2) 目录

Linux 的目录项由文件名和该文件的 inode 号组成。由文件名查文件所在目录就可得到该文件对应的索引节点的编号，从而得到该文件的索引节点，最后得到文件的所有信息。

3) 超级块

存放系统中已经挂载的文件系统的有关信息。

4. VFS 的系统调用

VFS 处于应用程序和实际文件系统之间，它实现了与文件系统相关的所有系统调用，为各种不同的文件系统提供一个调用接口。应用程序不关心 VFS 实现的细节，只是使用 VFS 提供的服务。

VFS 处理的系统调用如下。

(1) mount/umount：挂装/卸载文件系统。

(2) sysfs：获取文件系统信息。

(3) stats、fstatfs、ustat：获取文件系统统计信息。

(4) chroot：更改根目录。

(5) chdir、fchdir、getcwd：操纵当前目录。

(6) mkdir、rmdir：创建/删除目录。

(7) open、close、create、umask：对文件的操作。

(8) read、write、readv、writev、sendfile：文件 I/O 操作。

(9) chwon、fchown、lchown：更改文件所有者。

(10) pipe：通信操作。

6.7.4 挂载、卸载文件系统

Linux 操作系统的文件系统，通常是在系统启动时自动挂载根文件系统，之后就可以开始挂载其他文件系统，同时要求每个文件系统都必须有自己的持载点(mount point)，就是将新挂载的文件系统挂载到系统中已有的目录中。

对于超级用户可以使用 mount 和 umount 命令进行文件系统的挂载和卸载。例如，用户想挂载自己的文件系统 newfile 时，可用命令：

```
mount -t newfile /dev/hda5 /mnt/hda5
```

其中，newfile 就是新挂载的文件系统类型，/dev/hda5 表示文件系统所在的磁盘分区，/mnt/hda5 是新文件系统的挂载位置。

当某个文件系统要从系统中卸载时，可以使用 umount 命令。在正式卸载前，系统要进行一系列检索，包括检查该文件系统是否被修改过，若有修改则先将修改过的内容回写到该文件系统原来所在的物理存储设备。当检查完毕系统才开始进行卸载。

6.7.5 ext2 文件系统

1. ext2 发展简介

Linux 操作系统设计中最初是借用 minix 操作系统的 minix 作为其文件系统的，minix 最大的特点就是其体积小，它开发的主要目的是教学，也因此 minix 文件系统的功能较少，也有很多不足。在 1992 年出现了为 Linux 设计的文件系统——ext，通常称之为"扩展文件系统"(extended file system, ext)。1993 年又出现了 ext2，也称为"第二代扩展文件系统"。ext2 具有功能强大、使用灵活等特点而得到广泛的应用。现在 Linux 文件系统中又出现了 ext3。

2. ext2 对磁盘的组织

ext2 中的普通文件和目录文件都存储在磁盘上，每个文件的索引节点 inode 也存储在磁盘上。ext2 把磁盘的一个分区视为一个文件卷，并把它划分成一个个"块组(block group)"，块组从 0 开始编号，每个块组中有若干数据块。一个文件卷上可以有一个或多个块组。块组中存放普通文件的信息、目录文件的信息、文件的 inode 及本块组的管理信息。如图 6-12 所示为 ext2 块组的组织结构示意图。

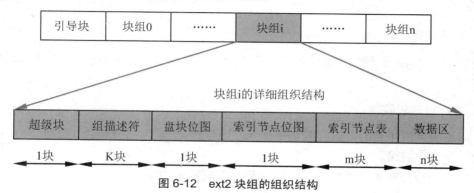

图 6-12　ext2 块组的组织结构

1) 数据区

块组中的"数据区"是存放文件(如普通文件、目录文件等)具信息的位置,它占用了块组中最多的空间。

2) 索引节点表

在 ext2 中,每个文件和目录都有自己的索引节点 inode,它是 ext2 文件系统最基本的数据。这些索引节点的集合就构成了一张索引节点表。一个块组中只有一个索引节点表。

3) 索引节点位图

索引节点位图是用来管理块组中的索引节点的,它占用一个盘块。位图中的每一位对应索引节点表中的一个表项。为 0 表示空闲,为 1 表示占用。因此,索引节点位图中位的数目代表了索引节点表中索引节点的个数,即该块组中所能容纳的文件个数,索引节点位图中位的编号(从 0 开始编号)就是该文件对应的 inode 号。

4) 盘块位图

盘块位图是用来管理块组中数据区里的盘块的。在块组中,盘块位图占用一个盘块。盘块位图中 0 表示相应盘块空闲,为 1 表示占用。因此,盘块位图中位的数目代表块组中盘块的个数,即该块组用来存放文件内容的盘块的个数。

5) 组描述符

每个块组都有一个组描述符,用于给出有关该块组整体的管理信息。通常,组描述符中都是涉及相应块组的一些较为重要的信息。

6) 超级块

每个具体的文件系统都有自己的超级块,用来描述这个文件系统的信息。因此,超级块是一个文件系统的核心。每个块组里虽然都有一个超级块,不过通常只用块组 0 中的超级块,其他块组中的超级块只是作为备份而已。

由上述可知,超级块涉及的是文件系统的总体信息;组描述符涉及的是一个块组的总体信息;盘块位图用于管理一个块组数据区中拥有的盘块个数;索引节点位图用于管理一个块组中可拥有的索引节点个数;索引节点表是一个块组中所有索引节点的集合;数据区是一个块组中所有可以分配给文件使用的盘块的集合。Linux 系统中就是通过如此的一层一层的关系实现了磁盘存储区的管理。

6.8 小型案例实训

1. 题目描述

设计一个 FAT 文件的存储结构的转换程序,要求能显示转换前的 FAT 表和转换后的索引表。

2. 程序处理过程

(1) 首先判断用户的要求;若是"插入"操作转第(2)步,否则转第(12)步。

(2) 查文件目录。

(3) 判断是否有该文件? 若有转第(4)步,否则转第(10)步。

(4)　判断是否有空闲块？若有转第(5)步，否则转第(10)步。

(5)　记录空闲块号在变量 j 中。

(6)　插入要求中的逻辑记录号给变量 k。

(7)　查 FAT 表，将 k 值赋给 i。

(8)　修改链表指针。

(9)　插入的逻辑记录块号存入第 j 块；转第(21)步。

(10) 显示：无空闲块；转第(21)步。

(11) 显示：无此文件；转第(21)步。

(12) 查文件目录表。

(13) 判断是否有同名文件，若否转第(14)步，若是转第(20)步。

(14) 查 FAT 表，按记录个数找空闲块。

(15) 判断空闲块是否够，若是转第(16)步，否则转第(19)步。

(16) 将文件名、起始块号存文件目录。

(17) 按链表结构填 FAT 表。

(18) 把逻辑记录逐个存入相应的物理块中。

(19) 显示：磁盘空间不足；转第(21)步。

(20) 显示：已有同名文件；转第(21)步。

(21) 程序结束。

3. 参考代码

```
/*包含一个头文件 file.h 和两个源文件*/

#include <stdio.h>
#include <string.h>
#define FILENAMELEN 20        //文件名最大长度
#define DISC 32               //存储空间(FAT 表长度)
#define FILENUM 32            //文件个数
#define FDF 2
#define FFF 1

//文件信息结构
typedef struct file
{
    char filename[FILENAMELEN]; //文件名
    int filestart;
    int filelen; //文件的块数
}fileinfo;

//文件数据结构
fileinfo file[FILENUM];
int filenum;
int FAT[DISC],blankspace;

void write(char *tmpname, int tmplen)
```

```
//功能：写新文件
//参数说明：
//tmpname 要写入的文件名，tmplen 要写入的文件名长度
{
    int last,i,j,p;
    //复制文件名和文件块数
    strcpy(file[filenum].filename,tmpname);
    file[filenum].filelen=tmplen;
    //存文件

     //FAT[0]和FAT[1]保留
    for(i=2;i<DISC;i++)
    {
        if(FAT[i]==0)
        {
            last=file[filenum].filestart=i;
            break;
        }
    }
    for(i=1;i<tmplen;i++)
    {
        for(j=last+1;j<DISC;j++)
        if(FAT[j]==0)
        {
            FAT[last]=j;
            last=j;
            break;
        }
    }
    FAT[last]=FFF;
     //空闲块数减少 tmplen
    blankspace-=tmplen;
    printf("文件 %d\n",filenum++);
    printf("名称和大小：%s %d\n",tmpname,tmplen);

    for(p=0;p<DISC;p++)
    {
        printf("%d",FAT[p]);;
    }
}

void cover(char *tmpname, int tmplen)
//功能：覆盖写文件
//参数说明：
//tmpname一要覆盖的文件名，tmplen一要写入的文件长度
{
    int last, end, w, i, r, j;
    //寻找要覆盖的文件名，将其数组下标存入 last
    for(i=0;i<filenum;i++)
    {
```

```
            if(strcmp(file[i].filename,tmpname) ==0)
            {

                last=i;
              break;
            }


    }
    //若要写入的文件长度小于原文件长度
    if(file[last].filelen>tmplen)
    {//寻找结束位置
        for(i=0;i<(tmplen+2);i++) end=FAT[i];
        FAT[end]=FFF;
        //逐位置零
        for(w=FAT[end+1];FAT[w]!=FFF;w++)
            FAT[w]=0;
        FAT[w]=0;
        for(r=0;r<DISC;r++)
            printf("%d\n",FAT[r]);
    }


    //若要写入的文件长度大于原文件长度
    else if(file[last].filelen<tmplen)
    {//写入前判断是否有足够空间
        if(tmplen>blankspace-file[last].filelen)
        {
            printf("没有足够的空间 ");
            return;
        }
        //寻找原始标记，存入 end
        for(end=file[last].filestart;FAT[end]!=FFF;end=FAT[end]);
        //从结束位开始，寻找空闲块存入文件
        for(i=0;i<tmplen-file[last].filelen;i++)
            for(j=0;j<DISC;j++)
                if(FAT[j]==0)
                {
                    FAT[end]=j;
                    end=j;
                }
        FAT[end]=FFF;
    }
    //改变空闲块个数与文件长度
    blankspace-=file[last].filelen-tmplen;
    file[last].filelen=tmplen;
    printf("文件 %d\n",(filenum-1));
    printf("名称和大小：%s %d\n",tmpname,tmplen);
}

void insert(char *tmpname, int insertpoint)
//功能：在文件指定位置插入一个块
```

```
//参数说明:
//tmpname,要执行插入的文件名,insertpoint,要插入块的位置
{
    int last,brpoint, i;
    //寻找要执行插入的文件,将其数组下标放入 last
    for(i=0;i<filenum;i++)
        if(strcmp(file[i].filename,tmpname)==0)
        {
            last=i;
            break;
        }
    if(insertpoint>=file[last].filelen)
    {
        printf("插入点溢出\n");
        return;
    }

    //brpoint 记录当前文件扫描到的位置
    brpoint=file[last].filestart;
    for(i=0;i<insertpoint-1;i++)          //扫描直到找到一个插入点
        brpoint=FAT[brpoint];
    //寻找一个空闲块插入
    for(i=0;i<DISC;i++)
        if(FAT[i]==0)
        {
            FAT[i]=FAT[brpoint];
            FAT[brpoint]=i;
            break;
        }

    //改变空闲块个数与文件长度
    file[last].filelen++;
    blankspace--;

    printf("文件 %d\n",(filenum-1));
    printf("名称和大小: %s %d\n",tmpname,file[last].filelen);


}
int main(int argc, char *argv[])
{
    char tmpname[FILENAMELEN];
    int tmplen;
    int order;
    int i = 0;
    char tmpch;
    int insertpoint;

    //初始化 FAT 表
    for(i=0;i<DISC;i++) FAT[i]=0;
```

```
FAT[0]=FDF;
FAT[1]=FFF;
filenum=0;

    //空闲块数98
    blankspace=98;
while(1)
{
    printf("请选择操作: \n");
    printf("1 存\n");
    printf("2  插入\n");
    printf("按其他键退出! \n");
    scanf("%d",&order);
    switch(order)
    {
        case 1: printf("请输入文件名称: \n");
            scanf("%s",tmpname);
            printf("请输入文件的页数: \n");
            scanf("%d",&tmplen);;
            //判断是否有重名文件
            for(i=0;i<filenum;i++)
                if(strcmp(file[i].filename,tmpname)==0)
                {//若同意覆盖,则进入覆盖函数,否则执行下一次操作
                    printf("覆盖原来的文件? (y/n)\n");
                    tmpch=getchar();
                    if(tmpch=='y'||tmpch=='Y')
                    {
                        cover(tmpname,tmplen);
                        break;
                    }
                    else break;
                }
            //若无重名文件则写入,写入前判断是否有足够空间
            if(tmplen>blankspace)
            {
                printf("没有足够的空间! \n");
                break;
            }
            if(i==filenum) write(tmpname,tmplen);
                break;
        case 2:
            printf("请输入要插入的文件名称: \n");
            scanf("%",tmpname);

            printf("请输入要插入的文件块位置: \n");
            scanf("%d", &insertpoint);
            for(i=0;i<filenum;i++)
                if(strcmp(file[i].filename,tmpname)==0)
                    break;
            if(i==filenum)
```

```
                {
                        printf("没有此文件名\n");
                        break;
                }
                //若无空间，则不插入
                if(blankspace==0)
                {
                        printf("没有足够的空间！\n");
                        break;
                }
                insert(tmpname,insertpoint);
                break;
            default:break;
            }
            //询问是否继续输入命令
            printf("继续? (y/n)\n");
            fgets(tmpname,sizeof(tmpname),stdin);
            if(*tmpname!='y'&&*tmpname!='Y')
                return 0;
            putchar('\n');
    }
}
```

本 章 小 结

　　现代计算机系统都使用高速大容量磁盘作为系统的外存储器。用户使用外存上的信息是通过系统提供的"按名存取"的方法。简单地说，文件系统是操作系统中负责存取和管理信息的模块，它用统一的方式管理用户和系统信息的存储、检索、更新、共享和保护，并为用户提供一整套方便有效的文件使用和操作方法。

　　文件这一术语不但反映了用户概念中的逻辑结构，而且和存放它的辅助存储器的存储结构紧密相关。所以，同一个文件必须从逻辑文件和物理文件两个侧面来观察它，本章的内容围绕这两方面展开。在介绍了文件的概念、文件命名、文件类型、文件属性、文件存取方式后，先讨论了文件的逻辑结构，也就是用户如何来配置信息构造逻辑文件。文件的逻辑结构分两种：一种是流式文件；另一种是记录式文件。大多数现代操作系统对用户仅仅提供流式文件，记录式文件往往由高级语言或数据库管理系统提供。逻辑上的文件总得以不同方式保存到物理存储设备的存储介质上去，所以，文件的物理结构是指逻辑文件在物理存储空间中的存放方法和组织关系。文件的存储结构涉及块的划分、记录的排列、索引的组织、信息的搜索等许多问题。因而，其优劣直接影响文件系统的性能。本章中讨论了各种文件的物理结构，包括顺序文件、串联文件、索引文件3种。

　　文件目录是实现按名存取的主要工具，文件系统的基本功能之一就是负责文件目录的建立、维护和检索，要求编排的目录便于查找、防止冲突，目录的检索方便迅速。实际的操作系统常使用树型目录结构，目录可以按不同方法组织，有的把文件名、文件属性、磁盘地址放在一起存放；有的仅放文件名字，其他信息放到文件索引节点中。

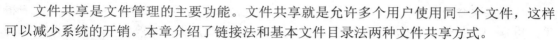

　　文件共享是文件管理的主要功能。文件共享就是允许多个用户使用同一个文件，这样可以减少系统的开销。本章介绍了链接法和基本文件目录法两种文件共享方式。

　　文件保护是指根据不同的用户对文件进行存取控制和保密控制。

　　文件系统是操作系统与用户的接口，它必须为用户使用文件提供操作命令和系统调用两种接口。

　　一个文件系统为便于设计和实现，易于调试和修改，更便于管理和维护，将其分割为若干个层次，故本章简要介绍了文件的层次结构。

　　最后本章对 Linux 文件系统的特点、文件类型、VFS 系统、文件系统的挂载及卸载做了简单说明。

　　本章的学习应该从操作系统面向用户的资源管理角度来深入理解。操作系统面向用户时须为用户提供方便的操作及便捷的接口，对于用户使用的软件资源——文件，操作系统使用户通过用户名就可访问文件，而不必关心文件管理的底层细节。

习　　题

一、问答题

1.　列举文件系统面向用户的主要功能。

2.　什么是文件的逻辑结构？它有哪几种组织方式？

3.　什么是文件的物理结构？它有哪几种组织方式？

4.　试述各种文件物理组织方式的主要优缺点。

5.　解释：路径名、绝对路径名、相对路径名。

6.　什么是设备文件？如何实现设备文件？

7.　什么是文件的共享？介绍文件共享的分类和实现思想。

8.　什么是文件的安全控制？有哪些方法可实现文件的安全控制。

9.　什么叫"按名存取"？文件系统如何实现文件的按名存取？

10.　使用文件系统时，通常要显式地进行 open 及 Close 等操作。

(1)　这样做的目的是什么？

(2)　系统提供显式的 open，close 操作有什么优点？

(3)　系统不提供显式的 open，close 操作，那么系统如何实现对文件信息的存取？

二、计算题

　　1.　某操作系统的磁盘文件空间共有 100 块，若用字长为 16 位的位示图管理磁盘空间，试问：位示图需要多少个字？第 i 字第 j 位对应的页面号是多少？

　　2.　在 UNIX 系统中，如果一个盘块的大小为 1KB，每个盘页面号占 4 个字节，即每块可放 256 个地址。请转换下列文件的字节偏移量为物理地址：(1)9999；(2)18000；(3)420000。

　　3.　在 UNIX 系统中，若当前目标是/root/usr，相对路径是.../wang/xxx 文件的绝对路径是什么？

4. 设某文件为连接文件，由 4 个逻辑记录组成，每个逻辑记录的大小与磁盘块大小相等，均为 512 字节，并依次存放在 23、120、90、77 号磁盘块上。若要存取文件的第 1636 逻辑字节处的信息，要访问哪一个磁盘块？

5. 设某个文件系统的文件目录中，指示文件数据块的索引表长度为 13，其中 0 到 9 项为直接寻址方式，后 3 项为间接寻址方式。试描述出文件数据块的索引方式；给出对文件第 n 个字节(设块长 512 字节)的寻址算法。

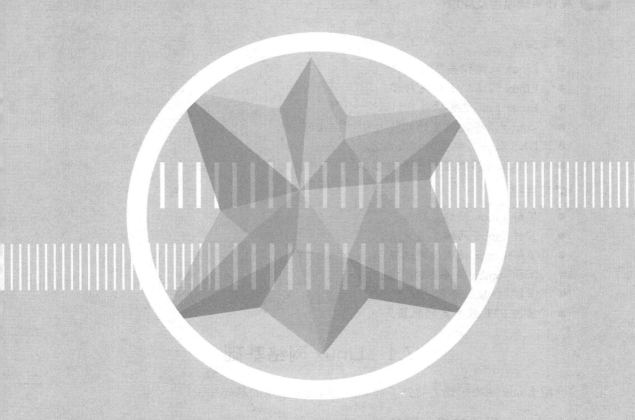

第 7 章

Linux 网络及服务器配置实例

本章要点

- Linux 网络相关基础知识。
- Linux 网络配置相关内容。
- Linux 网络服务软件及协议。
- samba 服务器配置的相关内容。
- DNS 服务器配置的相关内容。
- FTP 服务器配置的相关内容。

学习目标

- 了解 Linux 网络基础知识。
- 掌握 Linux 网络配置方法。
- 了解 Linux 提供的网络服务。
- 掌握 samba 服务器的配置。
- 掌握 DNS 服务器的配置。
- 掌握 FTP 服务器的配置。

7.1　Linux 网络基础

介绍 Linux 网络配置之前先了解 Linux 网络中涉及的基础知识。

7.1.1　Linux 网络的相关概念

1. Linux 网络协议

网络中常见的协议有 FTP（文件传输协议，实现交互式文件的传输）、Telnet(远程登录协议，实现远程登录功能)、SMTP（简单邮件传输协议，实现网络中电子邮件传送功能）、HTTP（超文本传输协议，实现网络中的 WWW 服务）、DNS（域名系统，将域名和 IP 地址相互映射的一个分布式数据库，负责将域名解析为 IP 地址）、NFS（网络文件系统，实现网络中不同主机间的文件共享）、SMB（服务信息块，是一个网络文件共享协议，它允许应用程序和终端用户从远端的文件服务器访问文件资源，实现 Windows 主机与 Linux 间的文件共享）。

2. Linux 网络接口

为了使用外围设备的响应接口，在 Linux 核心文件(kernel)中都有相应的名字。

lo：本地回送接口用于网络软件测试以及本地主机进程间的通信。

ethn：以太网接口。

Pppn：第 n 个 ppp 接口，ppp 接口按照与它们有关的 ppp 配置顺序连接在串口上。

7.1.2　Linux 的网络端口

采用 TCP/IP 协议的服务器可为用户提供各种网络服务，如 WWW 服务、FTP 服务等。为区别不同类型的网络连接，TCP/IP 利用端口号来进行区分。端口号的范围是 0～

65535。根据服务类型的不同，Linux 将端口号分为 3 类，分别对应不同类型的服务如表 7-1 所示。

表 7-1　端口号的分类

端　口	含　义
0～255	用户最常见的服务端口，包括 WWW、FTP 等
256～1024	用于其他的专用服务
1024 以上	用于端口的动态分配

TCP/IP 协议中最常见网络服务的默认端口号如表 7-2 所示。

表 7-2　TCP/IP 标准端口号

服务名称	含　义	默认端口号
ftp-data	FTP 的数据传送服务	20
ftp-control	FTP 的命令传送服务	21
Ssh	ssh 服务	22
telnet	telnel 服务	23
Smtp	邮件发送服务	25
pop3	邮件接收服务	110
name-server	域名服务	42
www-HTTP	WWW 服务	80

7.1.3　Linux 网络的相关配置文件

/etc 目录中包含了与网络配置相关的文件及目录。

1. /etc/services 文件

services 文件中说明系统所有可用的网络服务、端口、通信协议等数据。若有两个网络服务需要使用同一端口号时，那么它们必须使用不同的通信协议。类似地，若两个网络服务使用同一个通信协议，则其端口号不同。services 部分内容如图 7-1 所示。

```
# service-name  port/protocol  [aliases ...]    [# comment]

ftp             21/tcp
ftp             21/udp         fsp fspd
ssh             22/tcp                           # SSH Remote Login Protocol
ssh             22/udp                           # SSH Remote Login Protocol
telnet          23/tcp
telnet          23/udp
```

图 7-1　services 部分内容

2. /etc/hosts

包含(本地网络中)已知主机的一个列表。如果系统的 IP 不是动态获取，就可以使用它。对于简单的主机名解析(点分表示法)，在请求 DNS 或 NIS 网络名称服务器之前，

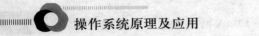

/etc/hosts.conf 通常会告诉解析程序先查看这里。

文件格式：

IP 地址主机名别名

$ cat /etc/hosts

| 127.0.0.1 | localhost.localdomain | localhost |

3. 2.2 /etc/services

Internet 网络服务文件，将网络服务名转换为端口号 / 协议。由 inetd、telnet、tcpdump 和一些其他程序读取。文件中的每一行对应一种服务，它由 4 个字段组成，中间用 TAB 或空格分隔，分别表示"服务名称""使用端口""协议名称"以及"别名"。

文件格式：

服务端口/端口类型别名

$ cat /etc/services |more

tcpmux	1/tcp	# TCP port service multIPlexer
echo	7/tcp	
echo	7/udp	
discard	9/tcp	sink null
discard	9/udp	sink null
systat	11/tcp	users
daytime	13/tcp	
daytime	13/udp	
netstat	15/tcp	
qotd	17/tcp	quote
msp	18/tcp	# message send protocol

4. /etc/hostname

主机名配置文件，该文件只有一行，记录着本机的主机名。

文件格式：

主机名

$ cat /etc/hostname

tonybox

5. /etc/host.conf

当系统中同时存在 DNS 域名解析和/etc/hosts 主机表机制时，由该/etc/host.conf 确定主机名解释顺序。示例：

```
order hosts,bind      #名称解释顺序
multi on              #允许主机拥有多个 IP 地址
nospoof on            #禁止 IP 地址欺骗
```

order 是关键字，定义先用本机 hosts 主机表进行名称解释，如果不能解释，再搜索 bind 名称服务器(DNS)。

6. /etc/nsswitch.conf

名称服务交换设定档。它控制了数据库搜寻的工作，包括承认的主机、使用者、群组等。此外，这个档案还定义了所要搜寻的数据库，例如此行：

```
hosts: files DNS
指明主机数据库来自两个地方，files ( /etc/hosts file) 和 DNS，并且本机上档案优先于
DNS。
$ cat /etc/nsswitch.conf
passwd:         compat
group:          compat
shadow:         compat

hosts:          files DNS
networks:       files

protocols:      db files
services:       db files
ethers:         db files
rpc:            db files

netgroup:       nis
```

7. /etc/resolv.conf

该文件是 DNS 域名解析的配置文件，它的格式很简单，每行以一个关键字开头，后接配置参数。resolv.conf 的关键字主要有 4 个，分别是：

```
nameserver         #定义 DNS 服务器的 IP 地址
domain             #定义本地域名
search             #定义域名的搜索列表
sortlist           #对返回的域名进行排序
下边是一个示例：
#cat /etc/resolv.conf
domain mydebian.com
nameserver 192.168.1.1      //最多 3 个域名服务器地址
```

8. /etc/network/interfaces

网络接口参数配置文件，下面是一个配置示例，有两个网络接口，其中 eth0 分配静态 IP 地址，eth1 动态获取 IP 地址：

```
        # This file describes the network interfaces available on your
system
        # and how to activate them. For more information, see
interfaces(5).
        # The loopback network interface
        auto lo
        iface lo inet loopback
        # The primary network interface
        auto eth0
        iface eth0 inet static
                address 192.168.1.254
                network 192.168.1.0
                netmask 255.255.255.0
                broadcast 192.168.1.255
                gateway 192.168.1.1
        auto eth1
        iface eth1 inet dhcp
```

如果对此文件进行修改，需要重启网络方能生效：

```
# /etc/init.d/networking restart
```

7.2 配 置 网 卡

7.2.1 配置 TCP/IP 网络

配置文件用于在 Linux 系统启动时加载系统所需的硬件驱动模块，RH9 模块配置文件的全路径名为/etc/modules.conf，例如：grep eth0 /etc/modules.conf。

alias eth0 pcnet32 当前系统的网卡 eth0 所使用的驱动模块名称为 pcnet32。

TCP/IP 参数：所有的网络参数都是通过配置文件生成的。

配置 TCP/IP 步骤：

(1) 配置网卡。

打开/etc/syscnfig/network-scrIPts/ifcfg-eth0 文件，其中各项内容配置如下：

```
device=eth0                          (设定物理设备名字)
bootproto=static|dhcp|bootp          (静态的|使用 dhcp 协议|使用 bootp 协议)
broadcast=192.168.1.255              (广播地址)
IPadd=192.168.1.67                   (表示 IP 地址)
netmask=255.255.255.0                (子网掩码)
network=192.168.1.0                  (网络号)
onboot=yes|no                        (表示系统启动时是否激活该网卡)
/etc/rc.d/init.d/network restart     (重新启动网卡)
```

(2) 指定服务器上网络配置信息。

打开/etc/sysconfig/network 文件，其中各项内容配置如下：

```
networking=yes|no                    (网络是否被配置)
hostname=Linux9                      (服务器主机名)
gateway=192.168.1.1                  (网络网关的 IP 地址)
```

(3) DNS 客户配置

打开文件/etc/resolv.conf 设置 DNS 服务器。

```
nameserver 192.168.1.2     (表示解析域名时使用该地址指定的主机为域名服务器，最多
指定于 3 个 DNS 服务器)
domain abc.com             (指定当前主机所在域的域名)
```

(4) 指定主机名的解析顺序。

打开名称解析顺序文件/etc/host.conf，其中各项内容配置如下：

```
order  hosts,bind    (表示先查询/etc/hosts/文件，再使用 DNS 来解析主机名)
multi on             (指定是否/etc/hosts 文件中指定的主机可以有多个地址)
nospoof on           (指不允许对该服务器进行 IP 地址欺骗)
```

(5) 主机名与 IP 地址的映射。

打开 host 文件配置文件/etc/hosts，例如 Linux8 localhost.localdomain localhost，设置如下：

```
166.111.219.157 wnt-hp
166.111.219.181 wnt-sun
```

7.2.2　网络相关命令

1. ifconfig

显示当前活动的网卡设置#ifconfig。

#ifconfig –a：显示系统中所有网卡的信息。

#ifconfig：网卡设备名称，例如：#ifconfig lo|eth0。

#ifconfig：网卡设备名称，up|down 用于启动|停止系统中指定的非活动网卡。

设置网卡的的 IP 地址：ifconfig 网卡设备名称 IP 地址，例如：#ifconfig eth0 192.168.2.57。

2. Ifup

启动指定的非活动网卡设备。

ifup|ifdown：网卡设备名，例如：ifup|ifdown eth0。

3. route

显示和动态修改系统当前的路由表信息。

#route：显示路由信息

#route add –net 网络地址 netmask 子网掩码 dev 网卡设备名

```
例如：#route add -net 10.0.0.0 netmask 255.0.0.0 dev eth0
```

#route del -net 网络地址 netmask 子网掩码

```
例如：route del -net 10.0.0.0 netmask 255.0.0.0
```

#route add default gw 网关 IP 地址 dev 网卡设备名

```
例如：#route add default gw 192.168.2.1 dev eth0
```

#route del default gw 网关 IP 地址

```
例如：route del default gw 192.168.2.1
```

4. ping

ping [-c 发出报文数] 目的主机地址：该命令通过向被测试的目的主机地址发送 icmp 报文并收取回应报文，来测试当前主机到目的主机的网络连接状态。

例如：ping 192.168.2.57，按 Ctrl+C 组合键停止当前命令。

5. nslookup

用于使用系统设定的 DNS 服务器解析域名，该命令有交互式查询方式和命令行查询方式。

6. netstat

交互式查询方式：

```
nslookup
>
www.abc.com
>192.168.2.57
>exit
```

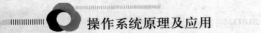

命令行查询方式:

```
nslookup 主机域名|IP 地址例#nslookup
www.abc.com
#nslookup 192.168.2.57
```

7. netstat

```
#netstat -i              快速检查接口状态信息
#netstat -t              显示所有活动的 tcp 连接
#netstat -vat            显示所有活动和被监听的 tcp 连接
```

7.2.3　桌面环境下配置网卡

在桌面环境下 root 用户依次单击"主菜单"→"系统设置"→"网络",如图 7-2 所示。

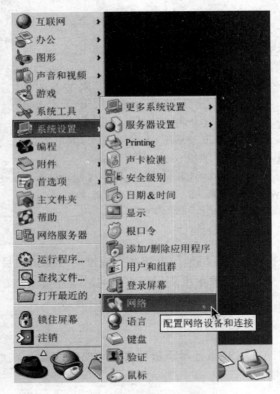

图 7-2　网络配置的操作

这时弹出"网络配置"对话框,如图 7-3 所示,计算机中有一块网卡正处于活跃状态,因为安装 Redhat 9.0 时系统自动安装了网卡,在系统开机后网卡自动激活。

1. 设置 IP 地址、子网掩码与网关地址

在图 7-3 中单击"编辑"按钮,打开"以太网设备"对话框,如图 7-4 所示。再在"常规"选项卡中选中"静态设置的 IP 地址"单选按钮,根据网络的具体情况输入计算机

的 IP 地址、子网掩码及默认的网关 IP。同时，在这个选项卡中修改网卡的别名。在"路由"选项卡中可设置网卡所采用的静态网络路由；在"硬件设备"选项卡中可查看网卡型号和 MAC 地址。

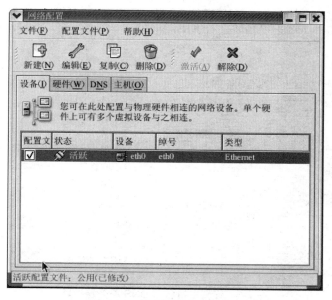

图 7-3　"网络配置"对话框

图 7-4　"以太网设备"对话框

2. 设置主机名和 DNS 服务器地址

在图 7-3 中选择 DNS 选项卡，如图 7-5 所示。若计算机想与其他计算机通过计算机名来互访，就需要设置计算机名，默认的计算机名为 localhost.localdomain。在 DNS 选项卡中设置 DNS 服务器地址，可以设 3 个地址，同时还可设 DNS 搜寻路径。对于 DNS 服务器和 DNS 搜寻路径的设置将保存在配置文件/etc/resolv.conf 中。

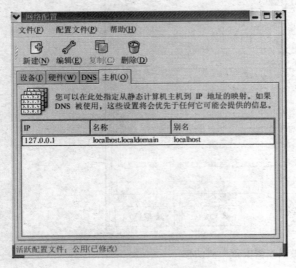

图 7-5　设置主机名和 DNS 服务器地址

3. 设置主机列表

在"网络配置"对话框中选择"主机"选项卡，如图 7-6 所示。单击工具栏中的"新建"按钮，弹出"添加/编辑主机项目"对话框，如图 7-7 所示，输入主机名和 IP 地址后，单击"确定"按钮。这些设置保存在/etc/hosts 配置文件中。

图 7-6　"主机"选项卡　　　　图 7-7　"添加/编辑主机项目"对话框

4. 激活与停用网卡

通常在操作系统启动时会将网卡激活。在修改了网卡设置后，也可以重新启动网卡，但是这种重启时必须保证网卡的"配置文件"前的复选框被勾选，如图 7-3 所示。

5. 删除网卡

要删除现有的网卡，首先确定其是否处于激活状态，若是则先停用网卡，再删除。

7.2.4 配置网络的 shell 命令

1. hostname 命令

功能：查看或修改计算机的名称。

格式：hostname [主机名]

【例 7-1】 查看当前计算机的名称。

```
[root@localhost root]# hostname
Locslhost.localdomain
[root@loca lhost root]#
```

【例 7-2】 将主机名设为 RH9.Linux.com。

```
[root@loca lhost root]# hostname
Localhost.localdomain
[root@localhost root]#hostname RH90linux.com
[root@localhost root]#hos tname
RH9.linux.com
```

2. ifconfig 命令

功能：查看网络接口的配置情况，还可设置网卡相关参数，激活或停用网卡。

格式：ifconfig [网络接口名] [IP 地址] [netmask 子网掩码] [up|down]

【例 7-3】 查看当前网络配置情况。

```
[root@localhost root]# ifconfig
lo      Link encap:Local Loopba ck
        inet addr:127.0.0.1 Mask:255.0.0.0
        UP LOOPBACK RUNNING MTU:16436 Metric:1
        RX packets:8735 errors:0 dropped:0 overruns:0 frame:0
        TX packets:8735 errors:0 dropped:0 overruns:0 carrier:0
        collisions:0 txqueuelen:0
RX bvtes:596611 (582.6 Kb)   TX bvtes:596611 (582.6 Kb)
```

【例 7-4】 将网卡的地址设为 192.168.0.233。

```
[root@localhost root]# ifconfig eth0 192.168.0.233
[root@localhost root]# ifconfig eth0
eth0    Link encap:Ethernet HWaddr 00:0C:29:AA:4B:AE
        inet addr:192.168.0.233 Bcast:192.168.0.255  Mask:255.255.255.0
        UP BROADCAST RUNNING MLLTICAST MTU:1500  Metric:1
```

```
          RX packets:34 errors:0 dropped:0 overruns:0 frame:0
          TX packets:22 errors:0 dropped:0 overruns:0 carrier:0
          collisions:0 txqueuelen:100
          RX bytes:2788 (2.7 Kb)  TX bytes:996 (996.0 b)
          Interrupt:5 Base address:0x2000
```

【例 7-5】 将网卡停用。

```
[root@localhost root]# ifconfig eth0 down
[root@localhost root]# ifconfig
Lo        Link encap:Local Loopback
          inet addr:127.0.0.1  Mask:255.0.0.0
          UP LOOPBACK RUNNING MTU:16436  Metric:1
          RX packets:8735 errors:0 dropped:0 overruns:0 frame:0
          TX packets:8735 errors:0 dropped:0 overruns:0 carrier:0
          collisions:0 txqueuelen:0
          RX bytes:596611 (582.6 Kb)  TX bytes:596611 (582.6 Kb)
```

3. ping 命令

功能：测试网络的连通性。

格式：ping [-c 次数] IP 地址|主机名

【例 7-6】 测试与 IP 地址为 192.168.0.198 的主机连通情况。

```
[root@RH9 root]# ping 192.168.0.198
PING 192.168.0.198 (192.168.0.198) 56(84) bytes of data.
64 bytes from 192.168.0.198:icmp_seq=1 ttl=128 time=0.246 ms
64 bytes from 192.168.0.198:icmp_seq=2 ttl=128 time=0.256ms
64 bytes from 192.168.0.198:icmp_seq=3 ttl=128 time=0.221ms
```

【例 7-7】 测试与域名为 www.sina.com.cn 地址的连通情况。

```
[root@RH9 root]# ping-c 4 www.sina.com.cn
PING jupiter.sina.com.cn (218.30.66.102) 56(84) bytes of data.
64 bytes from 218.30.66.102:icmp_seq=1 ttl=245 time=38.5ms
64 bytes from 218.30.60.102:icmp_seq=2 ttl=245 time=40.7ms
64 bytes from 218.30.66.102:icmp_seq=3 ttl=245 time=38.5ms
64 bytes from 218.30.66.102:icmp_seq=4 ttl=245 time=38.7ms

--- jupiter.sina.com.cn ping statistics ---
4 packets transmitted.4received. 0% packet loss.time 3032ms
rtt min/avg/max/mdev=38.542/39.148/40.785/0.967 ms
```

当测试域名的连通情况时，ping 命令由 DNS 服务器解析其 IP。这个命令也可用于测试 DNS 服务器工作是否正常。还可 ping 本机地址，查看本机网卡工作是否正常。

4. route 命令

功能：查看内核路由表的配置情况，添加或取消网关 IP 地址。

格式：route [[add|del] default gw 网关的 IP 地址]

【例 7-8】 查看当前内核路由表的配置情况。

```
[root@RH9 root]# route
Kernel IP routing table
Destination    Gateway       Genmask         Flags   Metric   Ref    Use    Iface
192.168.0.0    *             255.255.255.0   U       0        0      0      eth0
169.254.0.0    *             255.255.0.0     U       0        0      0      eth0
127.0.0.0      *             255.0.0.0       U       0        0      0      lo
```

【例 7-9】　添加网关，IP 设为 192.168.0.100。

```
[root@RH9 root]# route add default gw 192.168.0.100
[root@RH9 root]# route
Kernel IP routing table
Destination    Gateway        Genmask         Flags   Metric   Ref    Use    Iface
192.168.0.0    *              255.255.255.0   U       0        0      0      eth0
169.254.0.0    *              255.255.0.0     U       0        0      0      eth0
127.0.0.0      *              255.0.0.0       U       0        0      0      lo
default        192.168.0.100  0.0.0.0         UG      0        0      0      eth0
```

7.3　Linux 网络服务

7.3.1　服务器软件与网络服务

在 Linux 的发行版中已经附带了多套服务器软件，无论是架设网页服务器、邮件服务器，还是 FTP 服务器，都可以轻而易举地实现。Linux 系统的常用网络服务软件如表 7-3 所示。

表 7-3　Linux 中常见的网络服务器软件

服务类型	软件名称
Web 服务	apache
mail 服务	sendmail、postfix、Qmail
DHCP 服务	dhcp
FTP 服务	vsftpd、WU-ftpd、proftpd
DNS 服务	bind
samba 服务	samba
数据库服务	mySQL、postgreSQL
proxy 服务	squid

网络服务软件安装配置后通常由运行在后台的守护进程(Daemon)来执行，每一种网络服务软件对应一个守护进程。表 7-4 列出了与网络相关的一些服务。

表 7-4　与网络相关的服务

服 务 名	功 能 说 明
HTTPd	apache 服务器的守护进程，用于提供 WWW 服务
dhcpd	DHCP 服务器的守护进程，用于提供 DHCP 的访问支持

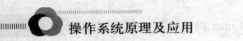

续表

服 务 名	功能说明
iptables	用于提供 iptables 防火墙服务
named	DNS 服务器的守护进程，用于提供域名解析服务
network	激活/停用各网络接口
sendmail	sendmail 服务器的守护进程，用于提供邮件收发服务
smb	可启动和关闭 smbd 和 nmbd 程序，供 SMB 网络服务
vsftpd	vsftpd 服务器的守护进程，用于提供文件传输服务
mysql	mySQL 服务器的守护进程，用于提供数据库服务
postgresql	postgreSQL 服务器的守护进程，用于提供数据库服务

7.3.2 管理服务

管理服务的 service 命令

功能：启动、终止或重启指定的服务。

格式：service   服务名   start|stop|restart

【例 7-10】 启动 samba 服务器。

```
[root@RH9 root]# service smb start
启动 SMB 服务:                                        [   确定   ]
启动 NMB 服务:                                        [   确定   ]
```

【例 7-11】 停止 smb 服务器。

```
[root@RH9 root]# service smb stop
关闭 SMB 服务:                                        [   确定   ]
关闭 NMB 服务:                                        [   确定   ]
```

【例 7-12】 重启 vsftpd 服务器。

```
[root@RH9 root]# service vsftpd restart
关闭 vsftpd:                                          [   确定   ]
为 vsftpd 启动 vsftpd:                                [   确定   ]
```

7.4 samba 服务器

7.4.1 samba 概述

samba(SMB 是其缩写)是一个网络服务器，用于 Linux 和 Windows 共享文件之用。samba 既可以用于 Windows 和 Linux 之间的共享文件，也一样用于 Linux 和 Linux 之间的共享文件。不过对于 Linux 和 Linux 之间共享文件有更好的网络文件系统 NFS，NFS 也是需要架设服务器的。

在 Windows 网络中的每台机器既可以是文件共享的服务器，也可以同是客户机。

samba 也一样能行，比如一台 Linux 的机器，如果架了 samba Server 后，它能充当共享服务器，同时也能作为客户机来访问其他网络中的 Windows 共享文件系统或其他 Linux 的 samba 服务器。

在 Windows 网络中的共享文件当作本地硬盘来使用。在 Linux 中，就是通过 samba 向网络中的机器提供共享文件系统的，也可以把网络中其他机器的共享挂载在本地机上使用。

1. SMB 协议

SMB 协议是 Microsoft 和 Intel 在 1987 年开发的，该协议可以用在 TCP/IP 之上，也可以用在其他网络协议(如 IPX 和 NetBEUI)之上。通过 SMB 协议，客户端应用程序可以在各种网络环境下读、写服务器上的文件，以及对服务器程序提出服务请求。此外通过 SMB 协议，应用程序还可以访问远程服务器端的文件、打印机等资源，如图 7-8 所示。

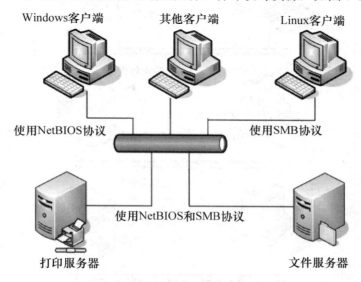

图 7-8　samba 协议

2. samba 服务

Linux 使用一个被称为 samba 的程序集来实现 SMB 协议。通过 samba，可以把 Linux 系统变成一台 SMB 服务器，使 Windows95 以上的 Windows 用户能够使用 Linux 的共享文件和打印机，同样的 Linux 用户也可以通过 SMB 客户端使用 Windows 上的共享文件和打印机资源。

目前 samba 的主要功能如下。

(1) 提供 Windows 风格的文件和打印机共享。Windows 95、Windows 98、Windows NT、Windows 2000、Windows XP、Windows 2003 等操作系统可以利用 Samba 共享 Linux 等其他操作系统上的资源，而从外表看起来和共享 Windows 的资源没有区别。

(2) 在 Windows 网络中解析 NetBIOS 的名字。为了能够利用局域网上的资源，同时使自己的资源也能被别人所利用，各个主机都定期地向局域网广播自己的身份信息。负责收集这些信息、提供检索的服务器也被称为浏览服务器，而 samba 能够实现这项功能。同时

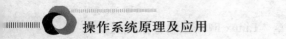

在跨越网关的时候 samba 还可以作为 WINS 服务器使用。

(3) 提供 SMB 客户功能。利用 samba 程序集提供的 smbclient 程序可以在 Linux 中以类似于 FTP 的方式访问 Windows 共享资源。

(4) 提供一个命令行工具，利用该工具可以有限制地支持 Windows 的某些管理功能。

3. samba 工作原理

samba 服务的具体工作过程如图 7-9 所示。

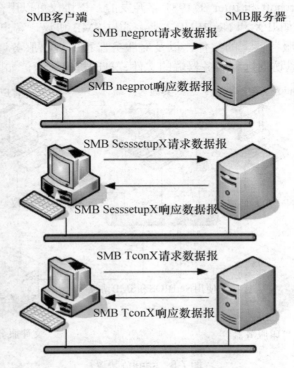

图 7-9　samba 工作原理

(1) 首先，客户端发送一个 SMB negprot 请求数据报，并列出它所支持的所有 SMB 协议版本。服务器收到请求信息后响应请求，并列出希望使用的协议版本。如果没有可使用的协议版本则返回 0XFFFFH，结束通信。

(2) 协议确定后，客户端进程向服务器发起一个用户或共享的认证，这个过程是通过发送 SesssetupX 请求数据报实现的。客户端发送一对用户名和密码或一个简单密码到服务器，然后服务器通过发送一个 SesssetupX 应答数据报来允许或拒绝本次连接。

(3) 当客户端和服务器完成了磋商和认证之后，它会发送一个 Tcon 或 TconX SMB 数据报并列出它想访问网络资源的名称，之后服务器会发送一个 TconX 应答数据报以表示此次连接是否被接受或拒绝。

(4) 连接到相应资源后，SMB 客户端就能够通过 open SMB 打开一个文件，通过 read SMB 读取文件，通过 write SMB 写入文件，通过 close SMB 关闭文件。

7.4.2　samba 的安装

默认情况下，Red Hat 9 安装程序没有安装 samba 服务，可使用下面的命令检查系统是否已经安装了 samba 或查看已经安装了何种版本。

```
rpm -q samba
```

如果系统还没有安装 samba 服务。如果现在要安装，可将 Red Hat 的第 2 张安装盘放入光驱，加载光驱后在光盘的 Server 目录下找到 samba 服务程序的 RPM 安装包文件 samba-0.23c-2.i386.rpm，然后使用下面的命令安装 samba。

```
rpm -ivh /mnt/Server/samba-0.23c-2.i386.rpm
```

7.4.3　samba 的配置文件

1. samba 服务的主配置文件

samba 服务的主配置文件/etc/samba/smb.conf 由两部分构成。

1) Global Settings

该设置都是与 samba 服务整体运行环境有关的选项，它的设置项目是针对所有共享资源的。

2) Share Definitions

该设置针对的是共享目录个别的设置，只对当前的共享资源起作用。

2. samba 服务的密码文件

与 samba 服务相关的密码文件共有两个。

(1) /etc/samba/smbpasswd。

(2) /etc/samba/smbusers。

3. samba 服务的日志文件

samba 服务的日志默认存放在/var/log/samba 目录中，samba 服务为所有连接到 samba 服务器的计算机建立个别的日志文件，同时也将 NMB 服务和 SMB 服务的运行日志分别写入 nmbd.log 和 smbd.log 日志文件中。

7.4.4　samba 的文件共享

1. 全局参数

设置 samba 服务器所属的群组名称或 Windows 的域名：

```
workgroup = MYGROUP
```

设置 samba 服务器的简要说明：

```
server string = Samba Server
```

设置可访问 samba 服务器的主机、子网或域：

```
hosts allow = 192.168.1. 192.168.2. 127.
```

设置 samba 服务启动时，将自动加载的打印机配置文件：

```
printcap name = /etc/printcap
```

设置是否允许打印配置文件中的所有打印机开机时自动加载：

```
load printers = yes
```

设置 guest 账号名：

```
guest account. = pcguest
```

指定 samba 服务器使用的安全等级：

```
security = user
```

有多个网卡的 samba 服务器设置需要监听的网卡：

```
interfaces = 网卡 IP 地址或网络接口
```

设置 samba 服务器同时充当 WINS 服务器：

```
wins support = yes
```

设置 WINS 服务器的 IP 地址：

```
wins server = w.x.y.z
```

samba 服务器的安全等级共有以下 5 类。

(1) share 安全等级。

(2) user 安全等级。

(3) server 安全等级。

(4) domain 安全等级。

(5) ads 安全等级。

2. 用户映射

用户映射通常是在 Windows 和 Linux 主机之间进行的。两个系统拥有不同的用户账号，用户映射的目的就是将不同的用户映射成为一个用户。做了映射后的 Windows 账号，在使用 samba 服务器上的共享资源时，可以直接使用 Windows 账号进行访问。

要使用用户映射，只需要将 smb.conf 配置文件中 username map = /etc/samba/smbusers 前的注释符号"；"去除。

然后编辑文件/etc/samba/smbusers，将需要映射的用户添加到文件中。参数格式为：

单独的 Linux 账号＝要映射的 Windows 账号列表。

3. 使用加密口令

全局参数 encrypt password 设置项可用来指定用户的密码是否以加密的方式发送到 samba 服务器，默认值是使用此功能。参数格式为：

encrypt password = yes 或 no

使用 yes 表示采用加密的方式发送密码，使用 no 则相反。Windows 操作系统也是采用加密的方式发送密码。如果此参数设置为 no 的话，就必须修改 Windows 系统的注册表。

为了简化用户的操作，samba 提供了多种 Windows 操作系统类型的注册表文件，这些文件存放在/usr/share/doc/samba-0.23c/registry 目录中。

4. 共享目录

1）设置用户个人的主目录

它的相关设置项目如图 7-10 所示。

```
[homes]
   comment = Home Directories
   browseable = no
   writable = yes
```

图 7-10　共享目录设置

2）设置一个共享目录

例如，设置共享目录 share，它的本机路径为/home/share，只有 share 组的用户可以读写该目录，tom 用户只能读取。具体操作步骤如下。

（1）以 root 用户登录系统，使用命令 groupadd share 建立 share 组，并利用命令 usermod -G share ygj 将 ygj 用户添加到 share 组中。

（2）使用命令 mkdir/home/share 在/home 目录下建立子目录 share。

（3）使用命令 chown:share/home/share 设置 share 目录所属的组为 share 组，然后使用命令 chmod -c g+wxr /home/share 设置 share 组对该目录具有读写和执行权限。

（4）在 smb.conf 配置文件末尾添加相应的配置项目，如图 7-11 所示。

```
[share]
   comment = Samba's share Directory
   read list = tom
   write list = @share
   path = /home/share
```

图 7-11　smb.conf 配置文件添加信息

7.4.5　samba 的打印共享

与共享打印有关的配置文件主要是在 smb.conf 中的[printers]配置项中，如图 7-12 所示。配置参数与共享目录是基本相同的。

```
# NOTE: If you have a BSD-style print system there is no need to
# specifically define each individual printer
[printers]
   comment = All Printers
   path = /var/spool/samba
   browseable = no
# Set public = yes to allow user 'guest account' to print
   guest ok = no
   writable = no
   printable = yes
```

图 7-12　samba 共享打印设置

7.4.6 启动和停止 samba 服务

1. 启动 samba 服务

/etc/rc.d/init.d/smb start

2. 停止 samba 服务

etc/rc.d/init.d/smb stop

3. 重新启动 samba 服务

/etc/rc.d/init.d/smb restart

4. Windows 客户端的访问

Windows 的客户端不需要更改任何设置，就可以在"网上邻居"中打开在前节定义的工作组查看到安装了 samba 的 Linux 服务器，或选择菜单"开始→运行"，在打开的"运行"窗口中输入"\\服务器名"或"\\服务器 IP 地址"，然后单击"确定"按钮即可。如图 7-13 所示是利用主机名访问 samba 服务器。

图 7-13　用主机名访问 samba 服务器

7.4.7 编辑文件配置 samba 服务器实例

匿名用户可读可写的 samba 服务器配置举例。

1. 更改 smb.conf

实现一个最简单的功能，让所有用户可以读写一个 samba 服务器共享的一个文件夹；要修改 smb.conf，首先要备份一下 smb.conf 文件：

```
[root@localhost ~]# cd /etc/samba
[root@localhost samba]# mv smb.conf smb.confBAK
```

然后重新创建一个 smb.conf 文件，可用 vi smb.conf。

然后把下面这段写入 smb.conf 中：

```
[global]
workgroup = LinuxSir
netbios name = LinuxSir05
server string = Linux Samba Server TestServer
security = share
[Linuxsir]
        path = /opt/Linuxsir
        writeable = yes
        browseable = yes
        guest ok = yes
```

注解：

[global]这段是全局配置，是必须写的。其中有如下几行。

(1) workgroup：就是 Windows 中显示的工作组；在这里设置的是 LinuxSIR (用大写)。

(2) netbios name：就是在 Windows 中显示出来的计算机名。

(3) server string：就是 samba 服务器说明，可以自己来定义，这个不是关键。

(4) security：这是验证和登录方式，这里用了 share ；验证方式有好多种，这是其中一种；另外一种常用的是 user 的验证方式；如果用 share，就不用设置用户和密码了。

[Linuxsir] 这个在 Windows 中显示出来是共享的目录。

(1) path =：可以设置要共享的目录放在哪里。

(2) writeable：设置是否可写，这里设置为可写。

(3) browseable：设置是否可以浏览，这里设置为可以；可以浏览意味着在工作组下能看到共享文件夹。如果不想显示出来，那就设置为 browseable=no。

(4) guest ok：匿名用户以 guest 身份登录。

2. 建立相应目录并授权

[root@localhost ~]# mkdir -p /opt/Linuxsir

[root@localhost ~]# id nobody

[root@localhost ~]# chown -R nobody:nobody /opt/Linuxsir

注释：关于授权 nobody，先用 id 命令查看了 nobody 用户的信息，发现他的用户组也是 nobody，要以这个为准。有些系统 nobody 用户组并非是 nobody。

3. 启动 smbd 和 nmbd 服务器

[root@localhost ~]# smbd

[root@localhost ~]# nmbd

4. 查看 smbd 进程，看 samba 服务器是否运行起来

[root@localhost ~]# pgrep smbd

5. 访问 samba 服务器的共享

在 Linux 中可以用下面的命令来访问：

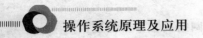

[root@localhost ~]# smbclient -L //LinuxSir05，如图 7-14 所示。

```
[root@loca lhost init.d]# smbclient -L //LinuxSir05
barams.c: Parameter() - lgnoring badly formed line in configuration file:
barams.c: Parameter() - lgnoring badly formed line in configuration file:
added interface ip=192.168.0.234 bcast=192.168.0.255 nmask=255.255.255.0
Got a positive name query response from 192.168.0.234 (192.168.0.234)
Password:
Doma in=[LINUXSIR] OS=[Unix] Server=[Samba 2.2.7a]

        Sharename       Type        Comment
        - - - - - - -   - - -       - - - - - -
        linuxsir        Disk
        IPC$            IPC         IPC Service (Linux Samba Server TestServer)
        ADMN$           Disk        IPC Service (Linux Samba Server TestServer)

        Server                      Comment
        - - - - - - -               - - - - -
        LINUXSIR05                  Linux Samba Server TestServer

        Workgroup                   Master
        - - - - - - -               - - - - -
        LINUXSIR
```

图 7-14   samba 服务器共享显示信息

在 Windows 中，可以用下面的办法来访问：

\\LinuxSir05\或：\\Linux IP

7.5   DNS 服务器

DNS 是 Domain Name System 域名系统，它能够把形如 www.lampmaster.cn 本站域名转换为 219.136.249.93 这样的 IP 地址；没有 DNS，浏览 www.lampmaster.cn 时，就必须用 219.136.249.93 这么难记的数字来访问。提供 DNS 服务的就是 DNS 服务器。

DNS 服务器可以分为 3 种：高速缓存服务器(Cache-only Server)、主服务器(Primary Name Server)、辅助服务器(Second Name Server)。

7.5.1   配置主 DNS 服务器

首先做以下假设：A 服务器为 www.lampmaster.cn 的主域名服务器，其 IP 地址为 10.0.0.1，B 服务器为 www.lampmaster.cn 的辅助域名服务器，其 IP 地址为 10.0.0.2。

下面配置服务器 10.0.0.1 为 lampmaster.cn 的主 DNS 服务器。

Linux 下的 DNS 功能是通过 bind 软件实现的。bind 软件安装后，会产生几个固有文件，分为两类，一类是配置文件，在/etc 目录下；另一类是 DNS 记录文件，在/var/named 目录下。加上其他相关文件，共同设置 DNS 服务器。下面是所有和 DNS 设置相关文件的列表与说明。

位于/etc 目录下主要有：resolv.conf,named.conf。

(1) resolv.conf 文件，nameserver 10.0.0.211。文件内容：

```
nameserver 10.0.0.1    //它的首选 DNS, 和 Windows 类似
```

（2）named.conf 文件。named.conf 是 DNS 配置的核心文件。

```
# named.conf - configuration for bind
#
# Generated automatically by bindconf, alchemist et al.
controls {
inet 127.0.0.1 allow { localhost; } keys { rndckey; };
};
include "/etc/rndc.key";options {
directory "/var/named/";
};
zone "." {
type hint;
file "named.ca";
};
zone "0.0.127.in-addr.arpa" {
type master;
file "0.0.127.in-addr.arpa.zone";
};
zone "localhost" {
type master;
file "localhost.zone";
};
zone "lampmaster.cn" {
type master;
file "db.lampmaster.cn.zone";
};
```

添加下面一段内容就好：

```
zone "lampmaster.cn" {
type master;
file "db.lampmaster.cnzone";
};
```
以上语句表示域 lampmaster.cn 的 DNS 数据存放在/var/named/目录下的
db.lampmaster.cn.zone 中；
```
#vi /var/named/db.lampmaster.cn，写入下面内容：
$TTL 86400
@ IN SOA dns.lampmaster.cn. root.lampmaster.cn. (
20071103 ; serial
28800 ; refresh
7200 ; retry
604800 ; expire
86400 ; ttl
)
@ IN NS dns.lampmaster.cn

www IN A 11.0.0.10
```

该文件的前部分是相应的参数设置，此部分不需要改动，后面的部分就是具体的 DNS 数据。例如：www IN A 11.0.0.10，表示将 www.lampmaster.cn 解析到地址 11.0.0.10。

7.5.2 配置辅助 DNS 服务器

配置服务器 11.0.0.2 为 lampmaster.cn 辅助 DNS 服务器。

辅助 DNS 服务器，可从主服务器中转移一整套域信息。区文件是从主服务器中转移出来的，并作为本地磁盘文件存储在辅助服务器中。在辅助服务器中有域信息的完整拷贝，所以也可以回答对该域的查询。这部分的配置内容如下：

```
zone "lampmaster.cn
slave;
file "db.lampmaster.cn.zone";
masters { 10.0.0.1; };
};
```

把 type 改成 slave，file 和主服务器相同；masters 指向它的主服务器的地址，注意 master 加上 s。

7.5.3 测试 DNS 服务器

启动服务 service name start。

在客户机上运行 nslookup，输入要查询的主机名，看是否返回正确的 IP 地址。

输入 www.lampmaster.cn 会返回 IP：10.0.0.10。

内联网主机服务器的主机名为 dns，IP 是:192.168.1.254，启用 by.com 作为域名。

整个过程需要配置以下几个配置文档：

```
/etc/hosts
/etc/host.conf
/etc/resolv.conf
/etc/named.conf
/var/named/named.192.168.1
/var/named/named.by.com
```

(1) 首先配置 /etc/hosts 指定 IP 到主机的影射，下面是配置好的文档。

```
#IP Address Hostname Alias
127.0.0.1 localhost
192.168.1.254 dns dns.by.com
```

(2) 接下来是 /etc/host.conf 的配置。

```
order hosts, bind
multi on
```

这个配置的意思是从 /etc/hosts 开始查询,然后是 DNS，如果是多个主机将全部返回

(3) 配置 /etc/resolv.conf。

```
search by.com
nameserver 192.168.1.254
```

这里配置的是 DNS 客户，search 指定的是客户默认域名，nameserver 则是指定使用

的，DNS 服务器的 IP 地址，这里使用的是正在配置 DNS 服务器的主机 IP 地址：192.168.1.254。

(4) 配置 /etc/named.conf(这个文档的配置很重要)。

```
// generated by named-bootconf.pl

options {
directory "/var/named";
/*
* If there is a firewall between you and nameservers you want
* to talk to, you might need to uncomment the query-source
* directive below. Previous versions of BIND always asked
* questions using port 53, but BIND 8.1 uses an unprivileged
* port by default.
*/
// query-source address * port 53;
};
//
// a caching only nameserver config
//
zone "." {
type hint;
file "named.ca";
};
zone "0.0.127.in-addr.arpa" {
type master;
file "named.local";
};
zone "1.168.192.in-addr.arpa" {
type master;
file "named.192.168.1";
};
zone "by.com" {
type master;
file "named.by.com";
};
```

里面的 // 和 /* */ 里的内容都是注释，尤其要注意里面的标点要正确，zone "1.168.192.in-addr.arpa" 是配置反序查找，而 zone "by.com" 则是配置正序查找。

(5) 创建区数据文件 /var/named/named.192.168.1，只需复制 /var/named/named.local 为 /var/named/named.192.168.1 进行修改(注意：是复制不是更名)，修改后的内容如下。

```
@ IN SOA dns.by.com. hostnaster.dns.by.com. (
1997022700 ; Serial
28800 ; Refresh
14400 ; Retry
3600000 ; Expire
86400 ) ; Minimum
IN NS dns.by.com.
1 IN PTR dns.by.com.
```

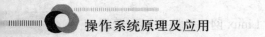

里面各个标点也必须正确。

(6) 创建数据文件 /etc/named.by.com ，正确结果如下。

```
@ IN SOA dns.by.com. hostmaster.dns.by.com. (
1997022700 ; Serial
28800 ; Refresh
14400 ; Retry
3600000 ; Expire
86400 ) ; Minimum
IN NS dns
dns IN A 192.168.1.254
www IN CNAME dns
```

这里 NS 是域名服务器，A 是地址记录，CNAME 是规范的名称也指替换，也就是说用 dns.by.com 与 www.by.com 是一样的。

(7) 仔细检查确保正确后，重新启动 DNS 守护进程 named。

```
#/etc/rc.d/init.d/named restart
```

(8) 检查 DNS 服务器。

先 telnet 192.168.1.254，然后 ping 外部网址，再用 nslookup。正确的话 DNS 服务器配置成功。这时内部网的计算机都可用 192.168.1.254 作为域名服务器。

7.6 FTP 服务器

7.6.1 FTP 服务器简介

FTP 服务器用于实现本地计算机和远程计算机之间的文件传输，工作在客户机／服务器的模式下。用户利用 FTP 客户机程序连接到远程主机 FTP 服务器程序，然后向服务器程序发送命令，服务器程序执行用户所发出的命令，并将执行结果返回给客户机，FTP 服务器的工作模式如图 7-15 所示。FTP 服务器可以根据服务对象的不同分为两类：一类是系统 FTP 服务器，它只允许系统上的合法用户使用；另一类是匿名 FTP 服务器(Anonymous FTP Server)，它使任何人都可以登录到 FTP 服务器上去获取文件。

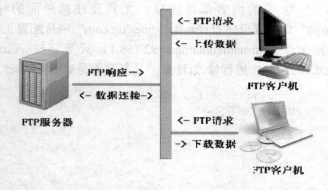

图 7-15　FTP 服务器的工作模式

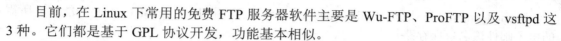

目前，在 Linux 下常用的免费 FTP 服务器软件主要是 Wu-FTP、ProFTP 以及 vsftpd 这 3 种。它们都是基于 GPL 协议开发，功能基本相似。

(1) Wu-FTP 广泛应用在众多的 UNIX 和 Linux 系统中，是 RedHat Linux 默认的 FTP 服务器软件，功能比较强大，设置比较麻烦，其最大的缺点就是限制不了用户只能在自己的目录下。

(2) ProFTP 正是针对 Wu-FTP 的弱项而开发的，除了改进的安全性，还具备许多 Wu-FTP 没有的特点，如设置简单，能以 Stand-alone 模式运行，等等。ProFTP 已经成为继 Wu-FTP 之后最为流行的 FTP 服务器软件，越来越多的站点选用它构筑安全高效的 FTP 站点，安全性也较高，能对用户进行限制。

(3) vsftpd 是一个基于 GPL 发布的类 UNIX 系统上使用的 FTP 服务器软件。其中 vs 就是 very secure 的缩写，其软件编写初衷就是代码的安全性。使用 ASCII 模式下载数据时，vsftpd 的速度是 Wu-FTP 的 2 倍。这里以 vsftpd 服务器为例进行介绍。

7.6.2　vsftpd 服务器配置基础

1. vsftpd 用户

用户和用户组是一切应用的基础。一般情况下，用户必须经过身份验证才能访问并使用 vsftpd 服务器。这里有必要详细了解 Linux 系统中的用户和用户组的管理。vsftpd 服务器的用户有两类：本地用户和匿名用户。

(1) 本地用户是在 vsftpd 服务器上拥有用户账号的用户。输入用户名和口令就进入其主目录。

(2) 匿名用户是在 vsftpd 服务器上没有用户账号的用户。若 vsftpd 服务器提供匿名访问的功能，则匿名用户(ftp 或 anoymous)就可输入自己的 E-mail 地址作为口令登录，进入匿名 FTP 目录：/var/ftp。

2. 配置文件

在 Red Hat Linux 9.0 里的 vsftpd 共有 3 个配置文件，

1) vsftpd.ftpusers

位于/etc 目录下。它指定了哪些用户账户不能访问 FTP 服务器，如 root 等。

2) vsftpd.user_list

位于/etc 目录下。该文件里的用户账户在默认情况下也不能访问 FTP 服务器，仅当 vsftpd .conf 配置文件里启用 userlist_enable=NO 选项时才允许访问。

3) vsftpd.conf

位于/etc/vsftpd 目录下。它是一个文本文件，可以用 Kate、Vi 等文本编辑工具对它进行修改，以此来自定义用户登录控制、用户权限控制、超时设置、服务器功能选项、服务器性能选项、服务器响应消息等 FTP 服务器的配置。

(1) 用户登录控制。

anonymous_enable=YES，允许匿名用户登录。

no_anon_password=YES，匿名用户登录时不需要输入密码。

local_enable=YES，允许本地用户登录。

deny_email_enable=YES，可以创建一个文件保存某些匿名电子邮件的黑名单，以防止这些人使用 DOS 攻击。

banned_email_file=/etc/vsftpd.banned_emails，当启用 deny_email_enable 功能时，所需的电子邮件黑名单保存路径(默认为/etc/vsftpd.banned_emails)。

(2) 用户权限控制。

write_enable=YES，开启全局上传权限。

local_umask=022，本地用户的上传文件的 umask 设为 022(系统默认是 077，一般都可以改为 022)。

anon_upload_enable=YES，允许匿名用户具有上传权限，很明显，必须启用write_enable=YES，才可以使用此项。同时还必须建立一个允许 ftp 用户可以读写的目录(前面说过，ftp 是匿名用户的映射用户账号)。

anon_mkdir_write_enable=YES，允许匿名用户有创建目录的权利。

chown_uploads=YES，启用此项，匿名上传文件的属主用户将改为别的用户账户，注意，这里建议不要指定 root 账号为匿名上传文件的属主用户！

chown_username=whoever，当启用 chown_uploads=YES 时，所指定的属主用户账号，此处的 whoever 自然要用合适的用户账号来代替。

chroot_list_enable=YES，可以用一个列表限定哪些本地用户只能在自己目录下活动，如果 chroot_local_user=YES，那么这个列表里指定的用户是不受限制的。

chroot_list_file=/etc/vsftpd.chroot_list，如果 chroot_local_user=YES，则指定该列表(chroot_local_user)的保存路径(默认是/etc/vsftpd.chroot_list)。

nopriv_user=ftpsecure，指定一个安全用户账号，让 FTP 服务器用作完全隔离和没有特权的独立用户。这是 vsftpd 系统推荐选项。

async_abor_enable=YES，强烈建议不要启用该选项，否则将可能导致出错！

ascii_upload_enable=YES；ascii_download_enable=YES，默认情况下服务器会假装接受 ASCⅡ模式请求而实际上忽略这样的请求，启用上述的两个选项可以让服务器真正实现ASCⅡ模式的传输。

注意：启用 ascii_download_enable 选项会让恶意远程用户们在 ASCⅡ模式下用SIZE/big/file 这样的指令大量消耗 FTP 服务器的 I/O 资源。

这些 ASCⅡ模式的设置选项分成上传和下载两个，这样就可以允许 ASCⅡ模式的上传(可以防止上传脚本等恶意文件而导致崩溃)，而不会遭受拒绝服务攻击的危险。

(3) 用户连接和超时选项。

idle_session_timeout=600，可以设定默认的空闲超时时间，用户超过这段时间不动作将被服务器踢出。

data_connection_timeout=120，设定默认的数据连接超时时间。

(4) 服务器日志和欢迎信息。

dirmessage_enable=YES，允许为目录配置显示信息，显示每个目录下面的message_file 文件的内容。

ftpd_banner=Welcome to blah FTP service，可以自定义 FTP 用户登录到服务器所看到的欢迎信息。

xferlog_enable=YES，启用记录上传/下载活动日志功能。

xferlog_file=/var/log/vsftpd.log，可以自定义日志文件的保存路径和文件名，默认是/var/log/vsftpd.log。

7.6.3　配置 vsftpd 服务器

【例 7-13】　配置 vsftpd 服务器，要求只允许匿名用户登录。匿名用户可在/var/ftp/pub
目录中新建目录、上传和下载文件。

(1) 编辑 vsftpd.conf 配置文件。

使配置文件中包含以下内容：

```
anonymous_enable = YES
local_enable = NO
write_enable = YES
anon_upload_enable = YES
anon_mkdir_write_enable = YES
connect_from_port_20 = YES
listen = YES
tcp_wrappers =YES
```

(2) 修改/var/ftp/pub 目录的权限，允许其他用户写入文件：

```
chmod o+w /var/ftp/pub
```

(3) 重新启动 vsftpd 服务器。

vsftpd 服务程序存放在：/etc/init.d/，执行：

```
cd /etc/init.d
./vsftpd restart
```

执行结果如图 7-16 所示。

```
[root@chenmin root]# chmod o⁺w/var/ftp/pub
[root@chenmin root]# cd /etc/init.d
[root@chenmin init.d]# ./vsftpd restart
关闭 vsftpd:                                            [  确定  ]
为 vsftpd 启动 vsftpd:                                   [  确定  ]
```

图 7-16　Linux 命令行修改 vsftpd 共享目录权限及重启 vsftpd 服务器

【例 7-14】　在 Windows 操作系统中以匿名用户登陆 vsftpd 服务器(配置的 IP 地址为
192.168.0.233)。再将 abc.txt 文件上传，下载 vsftpd 服务器上的 test.txt 文件，并在服务器
上新建目录，取名为 new。

登录 vsftpd 服务器，如图 7-17 所示。

图 7-17　在 Windows 的"运行"中登录 Linux 下的 vsftpd 服务器

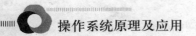

登录 vsftpd 服务器之后的上传、下载、新建目录等操作如图 7-18 所示，查看结果如图 7-19 所示。

```
C:\Users\cm>ftp 192.168.0.233
连接到 192.168.0.233。
220 (vsFTPd 1.1.3)
用户(192.168.0.233:(none)): ftp
331 Please specify the password.
密码:
230 Login successful. Have fun.
ftp> cd pub
250 Directory successfully changed.
ftp> put abc.txt
200 PORT command successful. Consider using PASV.
150 Ok to send data.
226 File receive OK.
ftp: 发送 8 字节，用时 0.07秒 0.12千字节/秒。
ftp> mkdir newDirectory
257 "/pub/newDirectory" created
ftp> get test.txt
200 PORT command successful. Consider using PASV.
150 Opening BINARY mode data connection for test.txt (5 bytes).
226 File send OK.
ftp: 收到 5 字节，用时 0.00秒 5000.00千字节/秒。
ftp> _
```

图 7-18　登录 vsftpd 服务器后的上传、下载、新建目录等操作

```
C:\Users\cm>dir test.txt
驱动器 C 中的卷是 system
卷的序列号是 E025-FD3E

C:\Users\cm 的目录

2010.09.07  下午 17:39                   5 test.txt
                   1 个文件              5 字节
                   0 个目录  1,577,156,608 可用字节
```

图 7-19　在 Windows 环境中查看从 vsftpd 服务器下载的文件信息

本 章 小 结

本章介绍了 Linux 环境下网络的基本知识，网络配置的基本操作，与网络配置相关的文件；如何利用图形化配置工具和 Shell 命令手工配置网络。介绍了 Linux 中常用的服务器软件、服务(守护进程)以及防火墙的相关知识。基于前面介绍的网络基础知识，介绍了服务器配置内容实例：samba 服务器、DNS 服务器、vsftpd 服务器等详细的知识及过程。

习　　题

问答题

1. 试简述 Linux 的网络端口号的分类。
2. 简述 Linux 网络的相关配置文件。
3. 试简述在 Linux 的 RH9 下配置网卡的步骤。
4. 在 Linux 系统中 samba 服务器的作用是什么？
5. 什么是 DNS？DNS 服务器的分类是什么？
6. FTP 服务是什么？Linux 下免费 FTP 服务器有哪几种？

附　　录

实验一　　Linux 入门

一、学时：2。

二、实验类型：验证性实验。

三、实验目的。

1. 熟悉 Linux 环境。
2. 熟悉 Linux 的常用命令。
3. 掌握在 Linux 下运行一个简单 C 程序。
4. 掌握 Linux 与 Windows 之间文件共享。

四、实验内容。

1. Linux 的登录。
实验环境：虚拟机+redhat 9.0
2. 熟悉 Linux 的常用基本命令。
(1) 目录操作。

Linux 的通配符有 3 种，其中"？"可替代单个字符，"*"可替代任意字符，方括号"[charset]"可替代 charset 集中的任何单个字符。 [cChH]通配符便可替代 c 或 h 字符的大小写形式。通配符集还能描述介于字符对之间的所有字符。如"[a-z]"就可以代替任意小写字母，而[a-zA-Z]则可替代任意字母。注意可替代的字符包括字符对之间的所有字符。

显示目录文件命令：

内　容	命　令	备　注
命令名称	ls	显示当前目录下的文件
执行格式	ls　[-atFlgR] [name]	name 可为文件或目录名称
使用示例	ls　-l	显示目录下所有文件的许可权、拥有者、文件大小、修改时间

建新目录命令

内　容	命　令	备　注
命令名称	mkdir	
执行格式	mkdir　directory-name	
使用示例	mkdir　dir1	新建一名为 dir1 的目录

删除目录命令：

内　容	命　令	备　注
命令名称	rmdir	
执行格式	rmdir　directory-name 或 rm　　directory-name	
使用示例	1.rmdir　dir1 2.rm　-r　dir1 3.rm　-rf dir1	1.删除目录 dir1，但它必须是空目录，否则无法删除 2.删除目录 dir1 及其下所有文件及子目录 3.不管是否空目录，统统删除，而且不给出提示,使用时要小心

改变工作目录位置命令：

内　容	命　令	备　注
命令名称	cd	改变目录位置至用户 login 时的 working　directory
执行格式	cd　[name]	
使用示例	cd　dir1	改变目录位置，至 dir1 目录

显示当前所在目录命令：

内　容	命　令	备　注
命令名称	pwd	
执行格式	pwd	
使用示例	pwd	显示当前所在的文件目录

(2) 文件操作。

查看文件(可以是二进制的)内容命令：

内　容	命　令	备　注
命令名称	cat	查看文件(可以是二进制的)内容
执行格式	cat filename 或 more filename 或 cat filename|more	
使用示例	1.cat file1 2.cat　file1|more	1.以连续显示方式，查看文件 file1 的内容 2.以分页方式查看文件的内容 注：查看的文件已经建立好，或已经存在，才能查看

删除文件命令：

内　容	命　令	备　注
命令名称	rm	
执行格式	rm　　filename	
使用示例	rm　　file? rm　　f*	加入通配符的文件删除命令

复制文件命令：

内　容	命　令	备　注
命令名称	cp	
执行格式	cp　[-r]　source　destination	
使用示例	1.cp　file1　file2 2.cp　file1　dir1 3.cp　/tmp/file1	1.将 file1 复制成 file2 2.将 file1 复制到目录 dir1 3.将 file1 复制到当前目录 注：删除文件和复制文件都只能针对文件进行操作，而非文件夹

移动或更改文件、目录名称命令：

内　容	命　令	备　注
命令名称	mv	
执行格式	mv　source　destination	
使用示例	1.mv　file1　file2 2.mv　file1　dir1 3.mv　dir1　dir2	1.将文件 file1，更名为 file2 2.将文件 file1，移到目录 dir1 下 3.将文件 file1，移到目录 dir2 下

新建用户命令：

内　容	命　令	备　注
命令名称	useradd 或 adduser	
执行格式		
使用示例		

为新建用户设置密码命令：

内　容	命　令	备　注
命令名称	passwd	为新建用户设置权限： vi /etc/passwd 打开上述 passwd 文件，查看其中 root 用户权限，如为： root:x:0:0:root:/root:/bin/bash 在该文档中查找自己的用户名，再把后面的数字改为 root 后面 0:0 就和 root 一样的用户权限了
执行格式	passwd	
使用示例	passwd	

改变自己的 username 的账号与口令命令：

内　容	命　令	备　注
命令名称	su	
执行格式	su　　username	
使用示例	su　　username	输入账号，之后系统会显示"passwd"提示输入密码

查看系统目前的进程命令：

内　容	命　令	备　注
命令名称	ps	
执行格式	ps　[-aux]	
使用示例	1.ps　或 2.ps　-x	1.查看系统中属于自己的 process 2.查看正在 background 中执行的 process

结束或终止进程命令：

内　容	命　令	备　注
命令名称	kill	
执行格式	kill　　[-9]　　PID	PID 为利用 ps 命令所查出的 process　ID
使用示例	kill　　456 或 kill　-9　456	终止 process　ID 为 456 的 process

命令在线帮助命令：

内　容	命　令	备　注
命令名称	man	
执行格式	man　　　command	
使用示例	man　ls	查询 ls 这个指令的用法

3. 使用 gcc 编译器和 vi 编辑器调试运行一个输出：Hello!的简单 C 程序。

程序编辑方式一：

文件编辑器 vi

进入 vi，直接执行 vi 编辑程序即可。(无法使用鼠标操作)

例：$vi　test.c

显示器出现 vi 的编辑窗口，同时 vi 会将文件复制一份至缓冲区(buffer)。vi 先对缓冲区的文件进行编辑，保留在磁盘中的文件则不变。编辑完成后，使用者可决定是否要取代原来旧有的文件。

vi 提供两种工作模式：输入模式(insert　mode)和命令模式(command　mode)。使用者进入 vi 后，即处在命令模式下，此刻键入的任何字符皆被视为命令，可进行删除、修改、存盘等操作。要输入信息，应转换到输入模式，按 Esc 键。

(1) 命令模式。

在输入模式下，按 Esc 键可切换到命令模式。命令模式下，可选用下列指令离开 vi：

| q! | 离开 vi，并放弃刚在缓冲区内编辑的内容 |
| wq | 将缓冲区内的资料写入磁盘中，并离开 vi |

(2) 命令模式下光标的移动。

H	左移一个字符
J	下移一个字符
K	上移一个字符
L	右移一个字符

(3) 输入模式。

输入以下命令即可进入 vi 输入模式：

a(append)	在光标之后加入资料
i(insert)	在光标之前加入资料
o(open)	新增一行于该行之下，供输入资料用
Dd	删除当前光标所在行
X	删除当前光标字符
X	删除当前光标之前字符
U	撤销
F	查找
Esc	离开输入模式

程序编辑方式二：

在 Linux 待机界面，点击：从这里开始→应用程序→文本编辑器(gedit)，其中可使用鼠标操作。

程序编译方式：

前提：要编译的 c 程序已经存在。

```
[root@localhost root]# ls
anaconda-ks.cfg chenmin install.log install.log.syslog test.c
[root@localhost root]# gcc-o test test.c
[root@localhost root]#
```

4. 熟练掌握 Linux 与 Windows 之间文件共享。

方法一：通过 SSH

(1) 安装 SSH。

(2) 查看当前 Windows 网络 IP。

查看计算机上 Windows IP 方法：开始→运行→cmd 回车→ipconfig/all 回车，查看以太网 IP 地址(即，ethernet IP V4)。

例如 Winodws IP 为：192.168.0.2，后面以 IP1 代替此地址，以简化说明。

(3) 在 Linux 终端中输入：

ifconfig eth0 192.168.0.125 up   (注：这是给 Linux 设置 IP——IP2，须和 Windows 的 IP1 在同一网段，即第四个数字不同，建议不要取同一 IP，若系统有提示 IP 冲突时，需重新设置)

service iptables stop(关闭防火墙)

(4) 在虚拟机右下角有许多图标：

右击上面红色框的图标，出来菜单：

点击：setting

进入设置网络连接方式界面：

选择桥接方式连接网络。

(5) 再返回终端界面，测试与 Windows 是否已经连接成功：

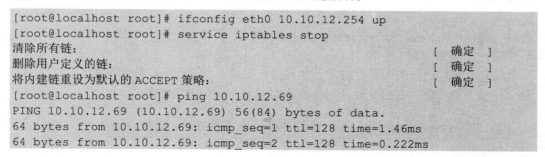

```
[root@localhost root]# ifconfig eth0 10.10.12.254 up
[root@localhost root]# service iptables stop
清除所有链:                                            [  确定  ]
删除用户定义的链:                                      [  确定  ]
将内建链重设为默认的 ACCEPT 策略:                      [  确定  ]
[root@localhost root]# ping 10.10.12.69
PING 10.10.12.69 (10.10.12.69) 56(84) bytes of data.
64 bytes from 10.10.12.69: icmp_seq=1 ttl=128 time=1.46ms
64 bytes from 10.10.12.69: icmp_seq=2 ttl=128 time=0.222ms
```

测试连接 PING 是一直执行的，想要退出 PING，按 Ctrl+C 组合键，终止程序的运行。

(6) 打开 SSH，点击 quick launch。

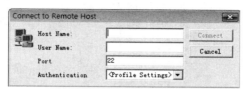

在弹出的对话框中，Host name 填 LINUX ip 地址；User name 填 root。

Authentication 选择 password。然后连接，成功后会有提示界面(以下界面因系统不同而可能不同)。

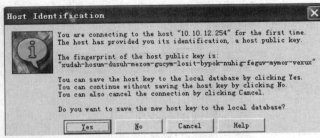

再出现输入密码界面(这个界面是一致的)：

输入 Linux 系统中 ROOT 用户的密码，成功后出来界面：

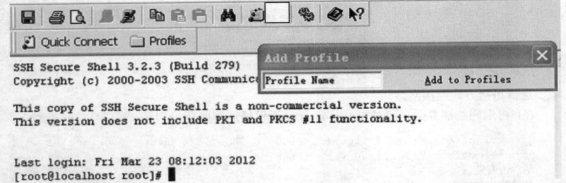

点击上面红色框的图标，出来下面界面，左边是 Windows 桌面的文件，右边是 Linux /root 目录下的文件，左右文件通过拖曳可完成两个系统的文件共享。

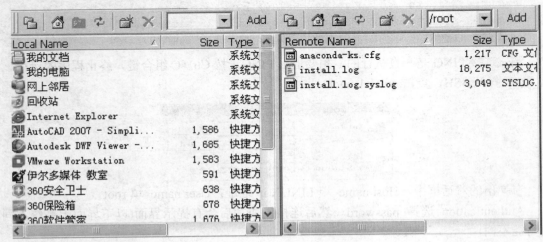

方法二：通过 U 盘

首先，使虚拟机的 Linux 窗口为当前活动窗口，再输入下述命令。

命令：mount /dev/sdb1 /mnt

说明：挂载 U 盘，将 U 盘所有文件放在/mnt 下，挂载成功后，U 盘所有文件在/mnt 下。

命令：umount /dev/sdb1

说明：当前 Linux 目录不是/mnt 情况下，卸载 U 盘。如果以上操作失效，可右击虚拟机最右下角的硬盘连接图标，右击设其连接。连接成功就出现(这个图标也因系统的不同而有所不同)。

注：此方法经常因 U 盘的不同，而出现 U 盘无法挂载成功的现象。

实 验 二　进 程 控 制

一、学时：2，课外学时 8。

二、实验类型：设计性实验。

三、实验目的。

1. 加深对进程概念的理解，明确进程与程序的区别。
2. 进一步认识并发执行的实质。
3. 分析进程争用资源的现象，学习解决进程互斥的方法。
4. 熟悉 Linux 下 gcc 工具的使用。

四．实验内容。

1. 使用 ps –Al 命令查看系统进程，并画出系统进程家族树。

要求：至少画出父进程、子进程、孙子进程、重孙进程，而其中对于子进程至少写 3 个进程。

2. 2 个 fork。

写出以下程序输出结果，并画出进程家族树(必须编号)。

```
#include <unistd.h>
int main(void)
{
    fork();
    fork();
    putchar('A');
}
```

3. 3 个 fork。

写出以下程序输出结果，并画出进程家族树(必须编号)。

```
#include <unistd.h>
int main(void)
{
    fork();
    fork();
    fork();
    putchar('A');
}
```

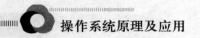

4. 父进程不创建孙子进程。

如果父进程需要创建 3 子进程，但不想创建孙子进程。编写程序，并画出进程家族树 (进程家庭树中填写进程 PID，使用 getpid, getppid)。

5. 进程创建。

编写一段程序，使用系统调用 fork()创建两个子进程。当此程序运行时，在系统中有一个父进程和两个子进程活动。让每一个进程在屏幕上显示一个字符：父进程显示 a；两个子进程分别显示字符 b 和字符 c。试观察记录屏幕上的显示结果，并分析原因。

6. 子进程利用 exec 函数执行特定操作。

用 fork()创建一个进程，再调用 exec()用新的程序替换该子进程的内容；利用 wait()来控制进程执行顺序。

实验三　进　程　通　信

一、学时：2。

二、实验类型：设计性实验。

三、实验目的。

了解和熟悉 Linux 的管道通信、软中断通信、SOCKET 通信等。

四、实验内容。

1. 3 个子进程和父进程的管道通信。

编写一个程序，建立一个管道。同时，父进程生成子进程 P1、P2、P3 这 3 个子进程分别向管道中写入消息(消息由键盘输入)，父进程将消息读出。

2. 软中断一。

编写一个程序循环输出 how are you?，当按 Ctrl+C 组合键时终止，当输出次数不超过 5000 次时在此过程中使用 Ctrl+C 组合键不能中断显示，5000 次后才能用 Ctrl+C 组合键中断显示，然后输出 Byebye.

3. 软中断二。

使用软中断实现父子进程同步，父进程先输出 A，然后子进程输出 B。

4. 编程实现基于 SOCKET 的进程间通信，实现网络中不同终端间可相互通信。

要求：分别编写服务器端和客户端两个程序(使用线程)，编译后分别在不同终端运行程序，二者间可相互进行通信。

实验四　内　存　管　理

一、学时：2。

二、实验类型：设计及验证性。

三、实验目的。

请求分页存储管理中常用页面置换算法模拟，理会操作系统对内存的调度管理。

四、实验内容

1. 假设有一程序某次运行访问的页面依次是：0,1,2,4,3,4,5,1,2,5,1,2,3,4,5,6，试计算当内存为 4～20 页时，下列不同页面调度算法的命中率。

(1) 先进先出算法(FIFO)。

(2) 最近最少使用算法(LRU)。

命中率的算法为：命中率 = 1-缺页中断次数/总页数。

2. 阅读对下面的程序，并完成：

(1) 实验报告对程序进行注释；

(2) 说明下列两程序完成的功能；

(3) 对不同算法的性能进行评价。

```c
#include <stdio.h>
#define N 20
#define M 4
int main(void)
{   int pages[N],i,j,q,mem[M]={0},table[M][N],k=0;
    char flag,f[N];
printf("input serials of pages:\n");
    for(i=0;i<N;i++)
        scanf("%d",&pages[i]);          //输入访问串
    for(i=0;i<N;i++)
    {   q=0;
        while((pages[i]!=mem[q]) && (q!=M))
            q++;
        if(q==M)
            flag='*';
        else
            flag=' ';
        if(flag=='*')
        {   for(j=M-1;j>0;j--)
                mem[j]=mem[j-1];
                mem[0]=pages[i];
        }
        for(j=0;j<M;j++)
            table[j][i]=mem[j];
        f[i]=flag;
    }
    printf("'0' stands for blank,'*'stands for missing pages\n");
    putchar('\n');
    for(i=0;i<M;i++)
    {   for(j=0;j<N;j++)
            printf("%3d",table[i][j]);
        printf("\n");
    }
    for(i=0;i<N;i++)
    {
        if(f[i]=='*') k++;
```

```
            printf("%3c",f[i]);
        }
        printf("\nmemory:%d--missing:%d times.\n",M,k);
        return 0;
    }


    #include <stdio.h>
    #define N 20
    #define M 4
    int main(void)
    {   int pages[N],i,j,q,mem[M]={0},table[M][N],k=0;
        char flag,f[N];
        printf("input serials of pages:\n");
        for(i=0;i<N;i++)
            scanf("%d",&pages[i]);        //输入访问串
        for(i=0;i<N;i++)
        {   q=0;
            while((pages[i]!=mem[q]) && (q!=M))
                q++;
            if(q==M)
                flag='*';
            else
                flag=' ';
            for(j=q;j>0;j--)
                mem[j]=mem[j-1];
            mem[0]=pages[i];

            for(j=0;j<M;j++)
                table[j][i]=mem[j];
            f[i]=flag;
        }
        printf("\n'0' stands for blank,'*'stands for missing pages\n");
        putchar('\n');
        for(i=0;i<M;i++)
        {   for(j=0;j<N;j++)
                printf("%3d",table[i][j]);
            printf("\n");
        }
        for(i=0;i<N;i++)
        {
            if(f[i]=='*') k++;
                printf("%3c",f[i]);
        }
        printf("\nmemory:%d--missing:%d times.\n",M,k);
        return 0;
    }
```

实验五　Linux 文件系统的调用

一、学时：2。

二、实验类型：验证性。

三、实验目的。

学习 Linux 中文件系统的使用，理解链接、权限的概念和使用；掌握常用的文件系统的系统调用，加深对文件系统界面的理解。

四．实验内容。

1. 文件链接与复制 (hard link)。
(1) 使用 vi a 创建一个文件 a。
(2) 使用 ln a b 命令创建一个链接。
(3) 使用 cp a c 创建一个复制版本。
(4) 观察 3 个文件的大小、时间、属主(owner)等属性。
(5) 修改文件 a。
(6) 观察文件 b 的内容，观察文件 c 的内容，观察 3 个文件的大小、时间、属主等属性。
(7) 使用 ls –li 命令，观察文件 a、b、c 的 inode 编号。
(8) 使用 rm a 删除文件 a。
(9) 观察文件 b、c 是否仍然存在，内容如何。
(10) 使用 rm b 删除文件 b，再观察文件 b、c 是否存在。
2. 符号链接(软链接)symbolic link / soft link。
(1) 创建文件 a。
(2) 使用 ln –s a b 创建一个符号链接。
(3) 执行上述步骤(3)～(8)，观察有什么异同。
3. 不同用户之间的硬链接和符号链接。
(1) 在用户 stu 下创建文件 a。
注意使用 chmod 命令，将主目录(~stu)权限改为所有其他用户可访问(r-x)。
(如果不知道 chmod 命令的用法，可以使用 man chmod 来查阅)
chmod o+rx ~
(2) 在另一个登录窗口内(使用 Alt+F2 组合键切换到另一个登录窗口，使用 Alt+F1 组合键切换回原登录窗口)，以用户 stu2 登录，分别使用 ln ~stu/a ha 和 ln –s ~stu/a sa 命令创建硬链接 ha 和符号链接 sa。观察 3 个文件的大小、时间、属主等属性。
(3) 在用户 stu 下，修改文件 a；在用户 stu2 下分别观察文件 ha 和 sa 的内容。
(4) 在用户 stu 下，修改文件 a 的访问权限；在用户 stu2 下，用 ls –l 命令观察 ha 和 sa 的访问权限、用户属主等信息，并使用 cat 命令、cp 命令、vi 命令验证访问控制权限的作用。
(5) 两个用户下，分别使用 ls –li 命令检查文件 a、ha、sa 的 inode 编号，想一下为什么。

(6) 在用户 stu2 下删除 ha；观察 sa 存在与否，用户 stu 下文件 a 存在与否。

(7) 在用户 stu 下可以删除文件 a 吗？删除后，用户 stu2 下的文件 sa 还存在吗？内容是什么？

4. Linux 中与文件系统相关的系统调用。

通过使用 man 命令，查阅以下的系统调用的使用手册。

(1)文件操作。

① open, close, read, write, seek。

② creat, truncate, mknod, dup, dup2。

③ link, unlink, rename, symlink。

④ chmod, chown, umask。

⑤ fcntl, flock, fstat, lstat, stat, utime。

⑥ fsync, fdatasync。

(2) 目录操作。

① mkdir, chdir, rmdir。

② readdir, getdents。

(3) 库函数。

fopen, fclose, fread, fwrite, fscanf, fprintf, fseek ,ftell, feof 等。

5. 文件系统的系统调用的编程练习。

利用上面的系统调用，试写出自己的命令程序，完成以下功能。

(1) 如何创建一个文件?

(2) 如何删除一个文件? (rm 命令)

(3) 如何将一个文件拷贝到另一个文件? (cp 命令)

(4) 如何重命名一个文件? (mv file 命令)

(5) 如何截断一个文件(或使其长度为零)? How to truncate a file (or make it be of length zero)?

(6) 如何向一个文件中追加内容?

(7) 如何锁定一个文件? (read lock, write lock)

(8) 如何创建一个目录? (mkdir 命令)

(9) 如何删除一个目录? (rmdir 命令)

(10) 如何遍历一个目录(或称浏览该目录下所有文件)? (ls –lR 命令)

实验六　Linux 文件系统的编程

一、学时：2。

二、实验类型：验证性。

三、实验目的。

了解 Linux 文件系统应用。

四、实验内容。

1. 仔细阅读以下代码。
2. 画出系统功能框图。
3. 程序注释。
4. 截屏程序运行结果，分析说明结果。

```c
#include<stdio.h>
#include<sys/types.h>
#include<unistd.h>
#include<fcntl.h>
#include<sys/stat.h>
#include<syslog.h>
#include<string.h>
#include<stdlib.h>

#define MAX 128
int chmd();
int chmd ()
{   int c;
    mode_t mode=S_IWUSR;
    printf(" 0. 0700\n 1. 0400\n 2. 0200 \n 3. 0100\n ");
    //还可以增加其他权限
    printf("Please input your choice(0-3):");
    scanf("%d",&c);
    switch(c)
    {   case 0: chmod("file1",S_IRWXU);break;
        case 1: chmod("file1",S_IRUSR);break;
        case 2: chmod("file1",S_IWUSR);break;
        case 3: chmod("file1",S_IXUSR);break;
        default:printf("You have a wrong choice!\n");
    }
    return(0);
}

main()
{   int fd;
    int num;
    int choice;
    char buffer[MAX];
    struct stat buf;
    char* path="/bin/ls";
    char* argv[4]={"ls","-l","file1",NULL};
    while(1)
    {   printf("********************************\n");
        printf("0. 退出\n");
        printf("1. 创建新文件\n");
        printf("2. 写文件\n");
        printf("3. 读文件\n");
```

```
        printf("4. 修改文件权限\n");
        printf("5. 查看当前文件的权限修改文件权限\n");
        printf("*******************************\n");

        printf("Please input your choice(0-6):");
        scanf("%d",&choice);

        switch(choice)
    {
            case 0:close(fd);      //关闭file1文件
            exit(0);
        case 1:
            /*创建file1*/
            fd=open("file1",O_RDWR|O_TRUNC|O_CREAT,0750);
            if(fd==-1)
                printf("File Create Failed!\n");
            else
                printf("fd = %d\n",fd);                    /*显示file1*/
            break;
        case 2:
            num=read(0,buffer,MAX);   //从键盘里面读取最多128个字符
            write(fd,buffer,num);     //把读入的信息送到file1里面去
            break;
        case 3:
            /* 把file1文件的内容在屏幕上输出*/
            read(fd,buffer,MAX);
            write(1,buffer,num);
            break;
        case 4:
            chmd ();
            printf("Change mode success!\n");
            break;
         case 5:
    execv(path,argv);          //执行ls -l file1
            break;
        default:
            printf("You have a wrong choice!\n");
    }
 }
}
```

参 考 文 献

1. 陈向群,马洪兵等译. Andrew S. Tannenbaum. 现代操作系统. 北京:机械工业出版社,2009

2. 陈渝译. William Stallings. 操作系统——精髓与设计原理(第五版). 北京:电子工业出版社,2006

3. 孙钟秀,费祥林等编. 操作系统教程(第 4 版). 北京: 高等教育出版社, 2008

4. 张尧学,宋虹等. 计算机操作系统教程(第 4 版). 北京: 清华大学出版社,2013

5. 刘腾红,骆正华. 计算机操作系统. 北京: 清华大学出版社,2008

6. 颜彬,李登实.计算机操作系统.北京: 清华大学出版社,2007

7. 谢旭升, 朱明华等编. 操作系统教程. 北京: 机械工业出版社,2012

8. 孟静,唐志敏.操作系统教程. 北京: 人民邮电出版社,2009

9. 黄刚,徐小龙,段卫华.操作系统教程.北京: 人民邮电出版社,2009

10. 罗宇,邹鹏,邓胜兰.操作系统(第 2 版). 北京: 电子工业出版社,2007

11. William Stallings 著, 彭蔓蔓等译. 计算机组成与体系结构: 性能设计(原书第 8 版).北京:机械工业出版社, 2011

12. HTTP://www.ccf.org.cn/Web/resource/0809-2.pdf

13. HTTP://www.hudong.com/wiki/%E5%BE%AE%E5%86%85%E6%A0%B8

14. HTTP://sist.sysu.edu.cn/OS-course/course/index.htm

15. HTTP://doc.Linuxpk.com/2280.html

16. HTTP://www.ccw.com.cn/soft/apply/os/htm2005/20050414_19US8.htm

17. William Stallings 著, 魏迎梅等译.操作系统内核与设计原理.北京: 电子工业出版社,2005

18. 孟静,唐志敏编著. 操作系统教程. 北京: 人民邮电出版社,2009

19. 胡明庆, 等编著. 操作系统教程与实验. 北京: 清华大学出版社,2007

20. 肖竞华,陈建勋主编. 计算机操作系统原理 Linux 实例分析.西安: 西安电子科技大学出版社, 2008

21. 毛德操, 胡希明著. Linux 内核源代码情景分析. 杭州: 浙江大学出版社, 2002

22. http://www.cnblogs.com/joey-hua/archive/2016/07/29/5707780.html

23. http://blog.csdn.net/dongyanxia1000/article/details/51852088

24. HTTP://q.yesky.com/group/review-17803073.html

25. HTTP://hi.baidu.com/swl0503/blog/item/47d4af0f361eacecaa645705.html

26. HTTP://all.zcom.com/mag2/shehuikexue/wenkejiaoti/31480/200303/16108234/

27. HTTP://www.heibai.net/article/info/info.php?infoid=17105

28. 谢蓉, 巢爱棠编著. Linux 基础及应用.北京: 中国铁道出版社, 2005